Java 程序设计

（项目教学版）

主　编　王　岩
副主编　靳　新　杨　柯　白　静

北京理工大学出版社
BEIJING INSTITUTE OF TECHNOLOGY PRESS

内 容 简 介

本书以一个完整的课程项目"图书借阅系统"为牵引，分为 7 个子项目，将相关知识点有机融合到各个子项目，通过逐一完成子项目，最终完成一个基本的图书借阅系统的研发。其中，核心子项目由教师带领学生完成一定量的示范任务，而其余任务都由学生独立渐进完成。渐进分为两种方式：一种方式为给出设计方案及步骤，由学生独立完成指定的内容（即会直接做）即可；另一种方式为仅给出任务要求，由学生独立进行分析、设计及实现。这样既能培养学生的工程实践能力，又能在一定程度上培养学生的创新能力，从而激发学生的学习积极性。

本书遵循实际的项目教学过程，内容安排便于教师教学，既可作为应用类本科生 Java 程序设计或 Java 应用开发的项目教学教材，又可作为高职高专 Java 应用技术教材。对于计算机应用人员和计算机爱好者而言，本书也是一本实用的参考书。

版权专有　侵权必究

图书在版编目（CIP）数据

Java 程序设计：项目教学版/王岩主编 . —北京：北京理工大学出版社，2019.4
（2023.1 重印）

ISBN 978 – 7 – 5682 – 6941 – 4

Ⅰ.①J… Ⅱ.①王… Ⅲ.①JAVA 语言 – 程序设计 – 教材 Ⅳ.①TP312.8

中国版本图书馆 CIP 数据核字（2019）第 071774 号

出版发行 /	北京理工大学出版社有限责任公司
社　　址 /	北京市海淀区中关村南大街 5 号
邮　　编 /	100081
电　　话 /	（010）68914775（总编室）
	（010）82562903（教材售后服务热线）
	（010）68944723（其他图书服务热线）
网　　址 /	http：//www.bitpress.com.cn
经　　销 /	全国各地新华书店
印　　刷 /	三河市天利华印刷装订有限公司
开　　本 /	787 毫米 × 1092 毫米　1/16
印　　张 /	20.5
字　　数 /	482 千字
版　　次 /	2019 年 4 月第 1 版　2023 年 1 月第 3 次印刷
定　　价 /	49.80 元

责任编辑 /	梁铜华
文案编辑 /	曾　仙
责任校对 /	周瑞红
责任印制 /	李志强

图书出现印装质量问题，请拨打售后服务热线，本社负责调换

前　言

应用型人才培养目标,要求培养出的学生能够学以致用,能真正掌握并运用所学知识来解决实际的问题。对于程序设计课程而言,最终目的是培养学生的研发能力,亦即利用所学语言进行软件开发的能力。然而,一个真正的软件系统的开发,会涉及很多方面的技术,包括数据库技术、数据库访问技术及程序设计等。而且,在掌握所需技术的基础上,更重要的是掌握如何进行系统开发,即系统开发的流程。要想将这些知识及技术融合在一起,就必须采用项目教学来驱动,从而实现应用型人才培养目标。此外,采用项目教学还可以激发学生的学习兴趣和内在潜力,充分调动学生的学习积极性。

目前,真正适应项目教学的实用教材非常匮乏。大多数冠以"项目教学"或"任务驱动型"的教材,仅仅是在原教材体系的基础上,在每章(或部分章节)的后面增加一个小项目(或任务)而已,并没有给出一个完整的项目开发的概念。

本书是一部以项目教学方式展开的 Java 程序设计教材,主要针对应用型人才培养目标,遵循"以人为本　学以致用"的办学理念,及多年校企深度融合而形成的"基础理论与实际应用相结合,教学内容与工程实践相结合"的项目教学内容体系。由项目驱动,以任务引领,在教师导引下,学生从学到做,进一步从独立设计到实现。

本书针对"Java 程序设计"课程,遵循"由简单到复杂、由易到难"的认知学习规律,选取学生能够接触到的课程驱动项目——图书借阅系统,以项目的实施为导向,并以细化的工作任务为载体来实施项目教学。本书在编写时,根据图书借阅系统的需求,分析并确定具体要实现的功能模块,结合 Java 语言课程的知识点,按照软件工程的开发流程,遵循企业的实际工作过程,将完整的系统划分成 7 个子项目。"Java 程序设计"课程的项目鱼骨图示意如图 0-1 所示。

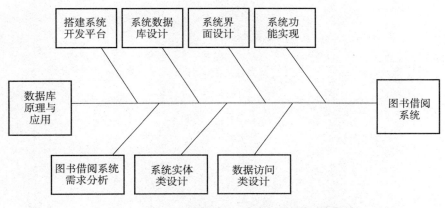

图 0-1　"Java 程序设计"课程的项目鱼骨图示意

这种以项目为核心的教学方式突破了教室和实验室的限制，实现了理论教学与实践教学的高度融合，学生的工程实践能力得到了显著加强。教师由主讲到导引，到发布任务；学生则由学习到完成任务，到自主设计研发。教师通过导引实际任务来激发学生的学习热情，挖掘学生的内在潜力；学生通过做项目，其创新精神与团队合作意识得到了培养，不但学会了做事，而且学会了合作，从而在毕业时真正成为"懂专业、技能强、能合作、善做事"的、可以直接上岗的技术应用型人才。

  本教材在内容的选择、深度的把握上充分考虑了初学者的特点，并结合了多年的教学、管理及开发经验来进行编写，将完整的"图书借阅系统"项目融合到教学中，并在内容的安排上力求做到循序渐进。本书不仅适合教学，还适合 Java 语言的各类培训和使用 Java 语言进行系统开发的用户学习与参考。

  本书由王岩担任主编，靳新、杨柯、白静担任副主编，赵云鹏、高永香、郭鲁参与了本书的编写工作。本书的出版得到了相关院校领导、教师的积极支持和密切配合，在此一并表示衷心的感谢！本书在编写过程中参阅了相关文献资料，在此向原作者表示诚挚的谢意！

教 学 建 议

【教学目的】

本课程的教学目的：通过做项目来激发学生的学习热情和求知欲望，使学生在做项目的过程中对 Java 语言的编程思想、基础语法、核心技术，以及在真实项目中的应用有较深的理解；培养学生在掌握 Java 技术的同时，具备良好的 Java 实际应用开发能力，掌握系统开发的流程，以及从需求分析、软件设计到编码调试的整个过程，并形成良好的软件开发思维方式和编程习惯，能够灵活应用 Java 语言解决实际问题；不但要培养学生分析问题、解决问题的能力，而且要培养学生的创新精神和团队协作意识。

【先修、后续课程及关系】

本课程的先修课程有"C 语言程序设计""数据库原理与应用""计算机网络技术"等，后续课程有"CS 系统开发综合实训""Java Web 程序设计""SSH 框架技术"等。

对于计算机科学与技术专业的学生来说，本课程是核心专业课，是综合提升自己的 Java 软件开发能力、面向对象编程思维方式、软件开发综合实践能力及创新意识的重要课程，在课程体系中具有重要作用。

【教学方法及建议】

本课程的核心教学方法是项目教学。教师由主讲到导引到发布任务，而学生则由学习到完成任务，到自主设计研发，从而激发学生的学习热情，挖掘学生的内在潜力。

在项目实施的过程中，教师还可以采取启发式教学法和讨论式教学法、学生分享教学法（学生讲解相关知识）等多种教学方法和手段，从而充分锻炼学生的实际动手能力，突出对其应用能力的培养。

【考核建议】

本课程对学生的考核应注重 5 个方面：操作能力、学习过程、学习实效、学习态度、学习兴趣。

建议将整个项目考核分成以下 3 部分：

1. 日常考核（建议比例：10%）

日常考核包括考勤、学生课堂表现成绩。

2. 实验项目考核（建议比例：50%）

实验项目考核包括实验项目过程考核、实验项目完成情况及实验报告。

3. 上机考核（建议比例：40%）

上机考核是指上机测试情况。

【学时与进程分配】

本课程建议安排 60~80 学时，表 0-1 所示为按照 74 学时（包括授课学时和项目考核学时）进行的学时与进程分配（供参考）。

表 0-1 学时与进程分配

教学进程	内容	授课学时	课外学时	项目考核学时
第 1 周	子项目 1：图书借阅系统开发环境部署	2	0	0
	子项目 2：图书借阅系统需求分析	2	2	0
第 1~2 周	子项目 3：图书借阅系统数据库设计	6	4	2
第 3~4 周	子项目 4：图书借阅系统中类的应用	10	4	2
第 5~7 周	子项目 5：图书借阅系统界面设计与实现	12	4	4
第 7~10 周	子项目 6：图书借阅系统数据访问方法	12	6	4
第 10~12 周	子项目 7：图书借阅系统功能设计与实现	12	8	4
第 13 周	课程复习与总结（机动）	2	0	0
合计		58	28	16

其中，教学进程按照每周 6 学时进行安排，授课学时即对课程学时的安排。由于本课程采取项目教学，理论和实践相结合，因此没有单独设置理论学时和实验学时，而是将其统一涵盖在授课学时中。课外学时是指学生利用业余时间来完成项目任务所需的时间。表 0-1 所示的课外学时分配以学习能力中等的同学作为参考对象。根据学生能力的不同，教师可对该学时分配进行合理调整。项目考核学时为项目教学需要考核学生整个项目每一过程的完成情况，此学时根据具体的考核方式和学生人数而有所增减，此值仅供参考。

本书提供书中所有案例源码及整个项目的源代码和相关文档，如有需要，请发邮件至 30305865@qq.com。

由于编者水平有限，书中难免有疏漏和错误之处，恳请广大读者批评指正。

图书借阅系统简介

本书为项目教学教材,学生在学习的同时,同步进行项目开发,待学完教材内容,就可以利用 Java 语言,结合 SQL Server 2008 数据库开发出图书借阅系统。该系统主要针对中小型高校图书馆实现教师及学生的图书借阅管理。

【项目成果展示】

运行系统,出现系统的登录界面,如图 0-2 所示。在该界面输入系统管理员的用户名和密码,如图 0-3 所示。用户输入正确的信息后,单击"登录"按钮,进入系统主界面,如图 0-4 所示。

图 0-2　系统登录界面

图 0-3　输入用户名和密码

图 0-4　图书借阅系统主界面

在主菜单中选择"读者信息管理",在其下拉菜单中选择"读者信息添加",出现图 0-5 所示的"读者信息添加"界面。在该界面可以实现添加读者信息的功能。

图 0-5 "读者信息添加"界面

在主菜单中选择"读者信息管理",在其下拉菜单中选择"读者信息查询与修改",出现图 0-6 所示的"读者信息查询与修改"界面。

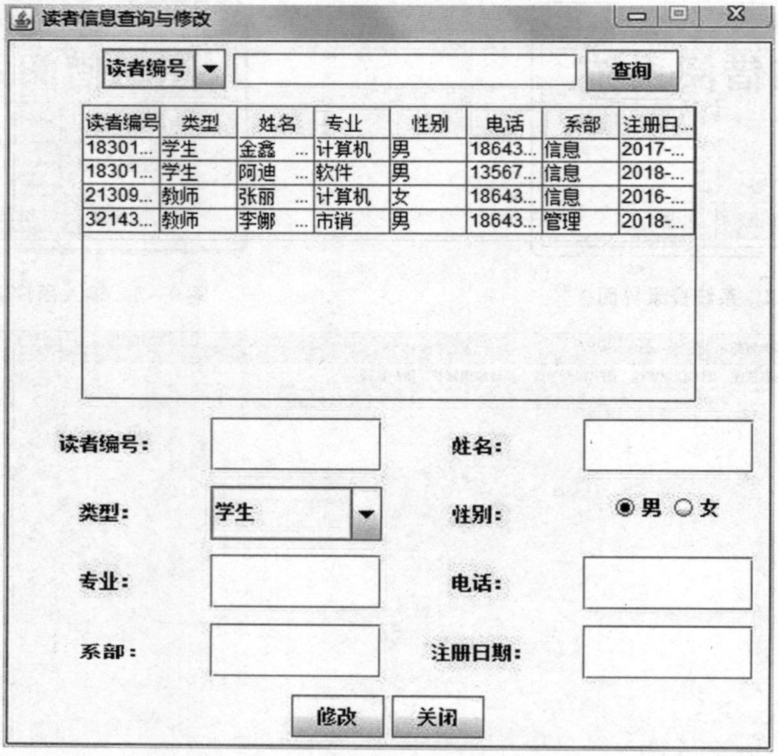

图 0-6 "读者信息查询与修改"界面

在主菜单中选择"图书借阅管理",在其下拉菜单中选择"图书借阅",进入"图书借阅"界面。在该界面输入读者编号后,按〈Enter〉键,该编号对应的读者姓名和类型信息将自动显示，同时该读者的借书情况将也显示在中间的表格中，运行效果如图0-7所示。在该界面的下半部分，输入该读者要借阅的图书的 ISBN 后，按〈Enter〉键，在界面中将显示该图书的其他信息。其中，"当前日期"是系统的当前时间，自动生成；"操作人员"为当前登录系统的管理员的用户名。

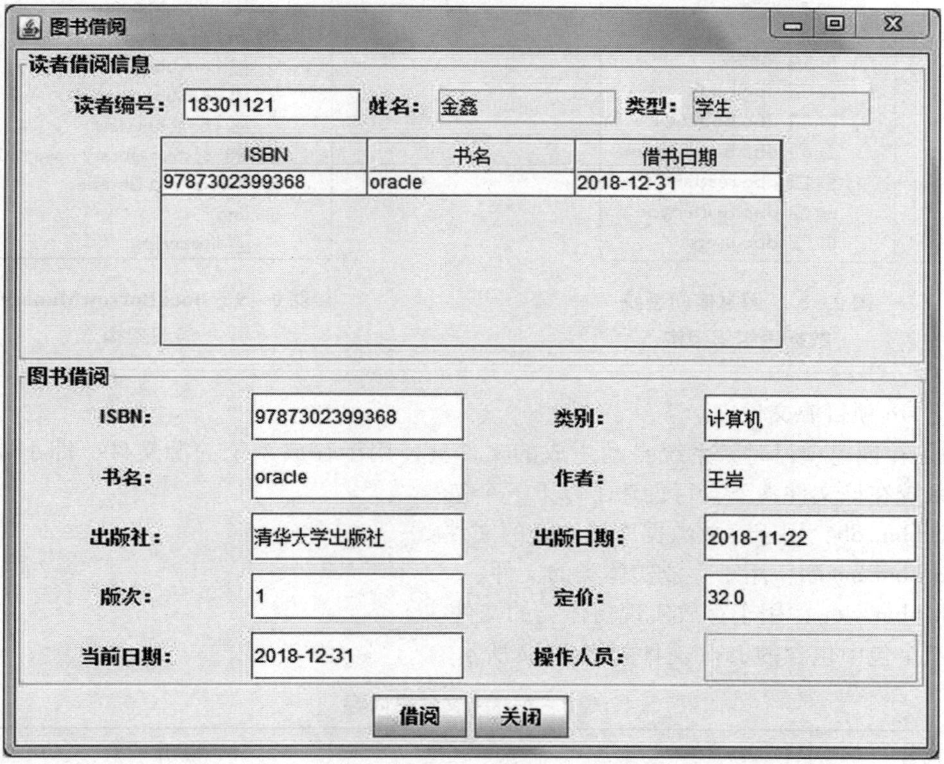

图 0-7 "图书借阅"界面

【项目架构】

1. 项目的开发环境——用什么做

要完成图书借阅系统，应先在计算机系统安装相应的工具，即开发环境。本系统采用的开发环境为：

操作系统：Windows 7
数据库：SQL Server 2008
开发工具：MyEclipse 2014
Java 开发包：JDK 7.0

2. 项目的组织架构——要完成的工作

要想实现图书借阅系统，还要完成以下工作。

1）数据库组织架构

该图书借阅系统的数据采用 SQL Server 2008 数据库管理系统来进行管理，最终完成数据库 db_bookborrow 和表的创建，组织架构如图 0-8 所示。

2）应用程序组织架构

应用程序采用 MyEclipse 9.0 开发，本系统的项目名称为 BookBorrowManager，图 0-9 所示为最终完成的系统组织架构。

图 0-8　图书借阅系统
数据库组织架构

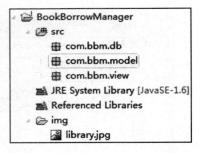

图 0-9　BookBorrowManager
组织架构

（1）src 项目源文件夹。

src 是在创建项目时，系统自动生成的文件夹，用于存放系统的源文件，即 Java 文件。同时，系统在该文件夹下自行创建了以下三个包：

com.bbm.db：用于存放数据库操作类的文件。

com.bbm.model：用于存放实体类的文件。

com.bbm.view：用于存放实现窗体类的文件。

这三个包中包含的 Java 文件如表 0-2 所示。

表 0-2　src 文件夹内容

包名	文件名	说明
com.bbm.db	Dao.java	实现数据库的连接和封装查询、修改
	BookDao.java	实现图书信息的添加、删除、修改、查询
	BookTypeDao.java	实现图书类型的添加、删除、修改、查询
	BookBorrowDao.java	实现图书的借阅与归还
	ReaderDao.java	实现读者信息的添加、删除、修改、查询
	ReaderTypeDao.java	实现读者类型的添加、删除、修改、查询
	UserDao.java	实现用户的添加、删除、查询，以及修改密码
com.bbm.model	Book.java	图书信息类模型
	BookType.java	图书类型类模型
	BorrowBook.java	图书借阅类模型
	Reader.java	读者信息类模型
	ReaderType.java	读者类型类模型
	Users.java	用户类模型

续表

包名	文件名	说明
com.bbm.view	Login.java	登录界面实现
	Library.java	系统主界面实现
	BookAdd.java	图书信息添加界面实现
	BookBorrow.java	图书借阅界面实现
	BookReturn.java	图书归还界面实现
	BookSelectandUpdate.java	图书查询与修改界面实现
	BookTypeManage.java	图书类型管理界面实现
	ReaderAdd.java	读者信息添加界面实现
	ReaderSelectandUpdate.java	读者查询与修改界面实现
	ReaderTypeManage.java	读者类型管理界面实现
	FineSet.java	罚金设置界面实现
	UpdatePWD.java	更改用户密码界面实现
	UserAdd.java	添加用户界面实现
	UserDel.java	删除用户界面实现

（2）Referenced Libraries。

在 Referenced Libraries 中，保存了数据库 SQL Server 的驱动包——sqljdbc4.jar，此包需要自行导入，具体导入方法将在子项目 3 中详细介绍。

（3）img 文件夹。

在 img 文件夹中，保存了运行系统的图片文件。管理员可以将磁盘上的文件直接复制粘贴到此文件夹下。

CONTENTS 目录

子项目 1　图书借阅系统开发环境部署 ……………………………………………（ 1 ）
  1.1　项目任务 ……………………………………………………………………（ 1 ）
  1.2　项目的提出 …………………………………………………………………（ 1 ）
  1.3　项目实施 ……………………………………………………………………（ 2 ）
    1.3.1　任务 1：安装 MyEclipse 9.0 ……………………………………（ 2 ）
    1.3.2　任务 2：认识 MyEclipse 9.0 开发工具 ………………………（ 3 ）
    1.3.3　任务 3：安装 SQL Server 2008 …………………………………（ 4 ）
    1.3.4　任务 4：认识 SQL Server Management Studio ………………（ 8 ）
  1.4　项目实施过程中可能出现的问题及解决方法 ……………………………（ 9 ）
  1.5　后续项目 ……………………………………………………………………（ 10 ）

子项目 2　图书借阅系统需求分析 …………………………………………………（ 11 ）
  2.1　项目任务 ……………………………………………………………………（ 11 ）
  2.2　项目的提出 …………………………………………………………………（ 11 ）
  2.3　项目实施 ……………………………………………………………………（ 12 ）
    2.3.1　任务 1：图书借阅系统的需求分析 ……………………………（ 12 ）
    2.3.2　任务 2：图书借阅系统的功能结构设计 ………………………（ 12 ）
    2.3.3　任务 3：图书借阅系统流程 ……………………………………（ 14 ）
  2.4　本项目实施过程中可能出现的问题 ………………………………………（ 14 ）
  2.5　后续项目 ……………………………………………………………………（ 15 ）

子项目 3　图书借阅系统数据库设计 ………………………………………………（ 16 ）
  3.1　项目任务 ……………………………………………………………………（ 16 ）
  3.2　项目的提出 …………………………………………………………………（ 17 ）
  3.3　项目预备知识 ………………………………………………………………（ 17 ）
    3.3.1　数据库的设计 ……………………………………………………（ 17 ）
    3.3.2　SQL 语句 …………………………………………………………（ 18 ）
  3.4　项目实施 ……………………………………………………………………（ 19 ）
    3.4.1　任务 1：概念结构设计 …………………………………………（ 20 ）
    3.4.2　任务 2：逻辑结构设计 …………………………………………（ 22 ）
    3.4.3　任务 3：物理结构设计 …………………………………………（ 23 ）

3.5 本项目实施过程中可能出现的问题 ……………………………………… （30）
3.6 后续项目 ………………………………………………………………… （31）
子项目 4　图书借阅系统中类的应用 ………………………………………… （32）
4.1 项目任务 ………………………………………………………………… （32）
4.2 项目的提出 ……………………………………………………………… （33）
4.3 项目预备知识 …………………………………………………………… （33）
　　4.3.1 标识符、关键字及注释 ……………………………………………（34）
　　4.3.2 数据类型 ………………………………………………………… （36）
　　4.3.3 变量与常量 ……………………………………………………… （40）
　　4.3.4 运算符与表达式 ………………………………………………… （46）
　　4.3.5 面向对象程序设计 ……………………………………………… （54）
　　4.3.6 Java 语言简介 …………………………………………………… （55）
　　4.3.7 类的定义 ………………………………………………………… （58）
　　4.3.8 构造方法和创建对象 …………………………………………… （60）
　　4.3.9 类成员的定义 …………………………………………………… （61）
　　4.3.10 包 ………………………………………………………………… （65）
　　4.3.11 封装 ……………………………………………………………… （67）
4.4 项目实施 ………………………………………………………………… （69）
　　4.4.1 任务 1：创建项目 ………………………………………………… （69）
　　4.4.2 任务 2：创建包 …………………………………………………… （70）
　　4.4.3 任务 3：创建图书信息类 ………………………………………… （72）
　　4.4.4 任务 4：创建图书类别类 ………………………………………… （77）
　　4.4.5 任务 5：创建读者信息类 ………………………………………… （77）
　　4.4.6 任务 6：创建读者类型类 ………………………………………… （78）
　　4.4.7 任务 7：创建用户类 ……………………………………………… （79）
　　4.4.8 任务 8：创建图书借阅类 ………………………………………… （79）
4.5 本项目实施过程中可能出现的问题 ……………………………………… （80）
4.6 后续项目 ………………………………………………………………… （80）
子项目 5　图书借阅系统界面设计与实现 …………………………………… （81）
5.1 项目任务 ………………………………………………………………… （81）
5.2 项目的提出 ……………………………………………………………… （82）
5.3 项目预备知识 …………………………………………………………… （82）
　　5.3.1 类的继承与覆盖 ………………………………………………… （82）
　　5.3.2 重载 ……………………………………………………………… （88）
　　5.3.3 图形用户界面概述 ……………………………………………… （90）
　　5.3.4 顶层容器 ………………………………………………………… （92）
　　5.3.5 中间容器 ………………………………………………………… （94）
　　5.3.6 基本组件 ………………………………………………………… (104)
　　5.3.7 布局管理 ………………………………………………………… (117)

5.3.8　日期时间类 …………………………………………………………（125）
　5.4　项目实施 …………………………………………………………………（130）
　　　5.4.1　任务1：创建登录界面 …………………………………………（130）
　　　5.4.2　任务2：创建主界面 ……………………………………………（134）
　　　5.4.3　任务3：创建读者信息管理界面 ………………………………（136）
　　　5.4.4　任务4：创建图书信息管理界面 ………………………………（147）
　　　5.4.5　任务5：创建图书借阅管理界面 ………………………………（149）
　　　5.4.6　任务6：创建基础信息维护界面 ………………………………（150）
　　　5.4.7　任务7：创建用户管理界面 ……………………………………（151）
　5.5　本项目实施过程中可能出现的问题 ……………………………………（152）
　5.6　后续项目 …………………………………………………………………（153）

子项目6　图书借阅系统数据访问方法 …………………………………………（154）
　6.1　项目任务 …………………………………………………………………（154）
　6.2　项目的提出 ………………………………………………………………（155）
　6.3　项目预备知识 ……………………………………………………………（155）
　　　6.3.1　流程控制 …………………………………………………………（155）
　　　6.3.2　数组 ………………………………………………………………（166）
　　　6.3.3　字符串 ……………………………………………………………（172）
　　　6.3.4　集合类 ……………………………………………………………（178）
　　　6.3.5　异常处理 …………………………………………………………（189）
　　　6.3.6　抽象类 ……………………………………………………………（196）
　　　6.3.7　接口 ………………………………………………………………（197）
　　　6.3.8　使用JDBC访问数据 ……………………………………………（202）
　6.4　项目实施 …………………………………………………………………（216）
　　　6.4.1　任务1：基本数据访问操作类 …………………………………（217）
　　　6.4.2　任务2：读者信息操作类 ………………………………………（219）
　　　6.4.3　任务3：图书信息操作类 ………………………………………（225）
　　　6.4.4　任务4：读者类型操作类 ………………………………………（230）
　　　6.4.5　任务5：图书类别操作类 ………………………………………（232）
　　　6.4.6　任务6：图书借阅操作类 ………………………………………（234）
　　　6.4.7　任务7：用户操作类 ……………………………………………（237）
　6.5　本项目实施过程中可能出现的问题 ……………………………………（239）
　6.6　后续项目 …………………………………………………………………（242）

子项目7　图书借阅系统功能设计与实现 ………………………………………（243）
　7.1　项目任务 …………………………………………………………………（243）
　7.2　项目的提出 ………………………………………………………………（244）
　7.3　实施项目的预备知识 ……………………………………………………（244）
　　　7.3.1　Java事件处理机制 ………………………………………………（244）
　　　7.3.2　Java事件类 ………………………………………………………（246）

  7.3.3 事件监听器 ……………………………………………………………（248）
  7.3.4 事件适配器 ……………………………………………………………（251）
  7.3.5 内部类 …………………………………………………………………（253）
  7.3.6 多态 ……………………………………………………………………（259）
 7.4 项目实施 ……………………………………………………………………（261）
  7.4.1 任务1：实现登录界面功能 …………………………………………（261）
  7.4.2 任务2：实现主界面功能 ……………………………………………（267）
  7.4.3 任务3：实现读者信息添加功能 ……………………………………（268）
  7.4.4 任务4：实现读者信息查询与修改功能 ……………………………（278）
  7.4.5 任务5：实现图书信息添加功能 ……………………………………（291）
  7.4.6 任务6：实现图书信息查询与修改功能 ……………………………（293）
  7.4.7 任务7：实现图书借阅管理功能 ……………………………………（297）
  7.4.8 任务8：实现图书归还功能 …………………………………………（299）
  7.4.9 任务9：实现读者类型设置功能 ……………………………………（302）
  7.4.10 任务10：实现图书类别设置功能 …………………………………（305）
  7.4.11 任务11：实现修改密码功能 ………………………………………（306）
  7.4.12 任务12：实现用户添加功能 ………………………………………（307）
  7.4.13 任务13：实现用户删除功能 ………………………………………（307）
 7.5 本项目实施过程中可能出现的问题 ………………………………………（307）
 7.6 后续项目 ……………………………………………………………………（308）

参考文献 ………………………………………………………………………………（309）

子项目 1

图书借阅系统开发环境部署

1.1 项目任务

本项目主要完成以下任务：
- 确定图书借阅系统的开发环境。
- 部署前端应用的开发环境。
- 部署后台数据库的开发环境。

具体任务指标如下：
- 安装 MyEclipse 9.0。
- 认识 MyEclipse 9.0 常用开发工具。
- 安装 SQL Server 2008。
- 认识 SQL Server 2008 常用开发工具。

1.2 项目的提出

工欲善其事，必先利其器。要开发一个项目，就必须先准备好相应的开发工具。

如果仅开发一个 Java 应用程序，通常在记事本中即可完成。然而，对于开发大型项目，则应使用 IDE（Integrated Development Environment，集成开发环境）来编程设计，既可以加快开发速度、大幅度减小程序员的工作量，又方便程序的调试与发布。目前常用于开发 Java 应用程序的 IDE 有 NetBeans、JBuilder、JCreater、Eclipse 和 MyEclipse 等。其中，MyEclipse 企业级工作平台（MyEclipseEnterprise Workbench，简称 MyEclipse）是对 Eclipse IDE 的扩展，是一种功能丰富、支持广泛并且具有跨平台性的集成开发环境，具有完备的编码、调试、测试和发布功能。

数据库开发工具有 Access、VB、SQL Server、Oracle、DB2 等。其中，SQL Server 2008 是一个全面的数据库平台，通过集成的商业智能（BI）工具来提供企业级的数据管理。SQL Server 2008 数据库引擎能为关系型数据和结构化数据提供安全可靠的存储功能，使用户可以构建和管理用于业务的高可用和高性能的数据应用程序。

根据以上分析，结合本项目开发的实际需求，从简单、方便、安全可靠、性能等方面考虑，本系统采用 MyEclipse 9.0 和 SQL Server 2008 作为开发工具。本章主要完成开发工具的安装，以及对工具的初步认识。

1.3 项目实施

1.3.1 任务1：安装 MyEclipse 9.0

登录 MyEclipse 的官方网站，下载所需的 MyEclipse 9.0 版本，从而得到一个可执行文件 MyEclipse 9.0.exe。双击可执行文件，显示图1-1所示的 MyEclipse 初始安装界面。

单击初始安装界面中的"Next"按钮，进行图1-2所示的接受许可证协议对话框。在该对话框中，勾选"I accept the terms of the license agreement"单选框。

图1-1 MyEclipse 初始安装界面

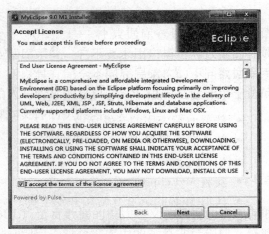

图1-2 接受许可证协议对话框

然后，单击"Next"按钮，进入图1-3所示的选择安装路径对话框。单击"Browse"按钮，即可选择 MyEclipse 9.0 的安装路径，也可以采用默认的安装路径。然后，单击"Next"按钮，进入图1-4所示的安装完成对话框。

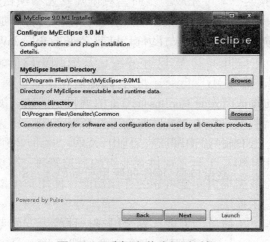

图1-3 选择安装路径对话框

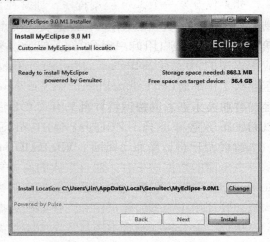

图1-4 安装完成对话框

接下来，单击"Install"按钮，MyEclipse 开始自动安装，直至完成。

1.3.2　任务2：认识 MyEclipse 9.0 开发工具

　　MyEclipse 9.0 安装成功后，单击"开始"菜单，依次选择"所有程序"→"MyEclipse"→"MyEclipse 9.0 M1"，启动 MyEclipse 应用程序，弹出图 1-5 所示的"Workspace Launcher"对话框，可以在"Workspace"文本框中输入存放项目的工作空间，这将是以后项目存放的默认路径。单击"Browse"按钮，可以另外选择存放项目的工作空间。

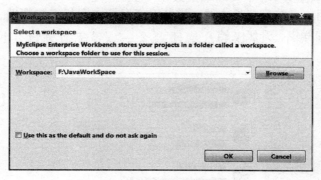

图 1-5　工作空间选择对话框

　　工作空间选择完成后，单击"OK"按钮，即可进入 MyEclipse Java Enterprise 工作台主界面。如果是第一次运行，MyEclipse 将显示欢迎界面，此时选择"Workbench"即可进入图 1-6 所示的工作台主界面。工作台主界面包含多个视图界面，常用的视图有以下几种：

- Package Explorer：显示当前 Workspace 目录下的工程文件及子文件。
- Outline：显示当前打开的 Java 文件结构。
- Problems：显示当前编辑 Java 类的错误信息。
- Console：显示程序控制台的输出信息。

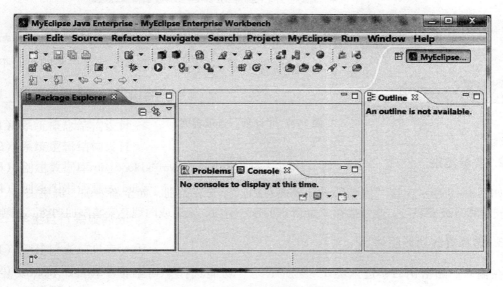

图 1-6　MyEclipse 工作台主界面

1.3.3 任务3：安装 SQL Server 2008

安装 SQL Server 2008，从运行软件中的 Setup.exe 开始，可以完成"计划""安装""维护""工具""资源""高级""选项"等功能。

1. 计划

如图1-7所示，在"计划"选项界面，可选择查看的文档有：硬件和软件要求、安全文档、联机发行说明、系统配置检查器、安装升级顾问、联机安装帮助、如何开始使用 SQL Server 2008 故障转移群集、升级文档。

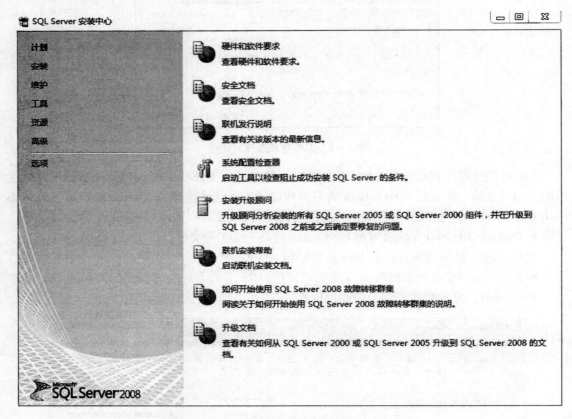

图1-7 "计划"选项界面

2. 安装类别

如图1-8所示，在"安装"选项界面可以选择安装类别，如全新安装、群集安装、群集节点安装和升级安装等，此处选择"全新 SQL Server 独立安装或向现有安装添加功能"选项。

3. 选择安装功能组件

在输入产品密钥后，进入图1-9所示的"功能选择"对话框。在此，选择安装全部功能。

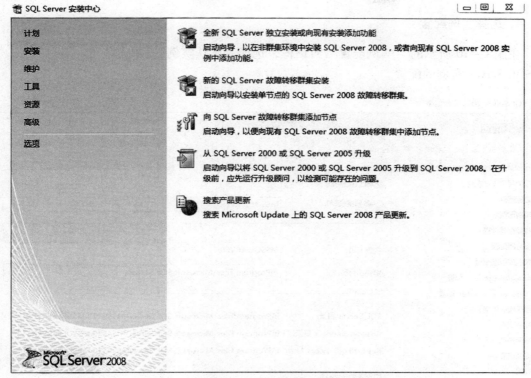

图1-8 "安装"选项界面

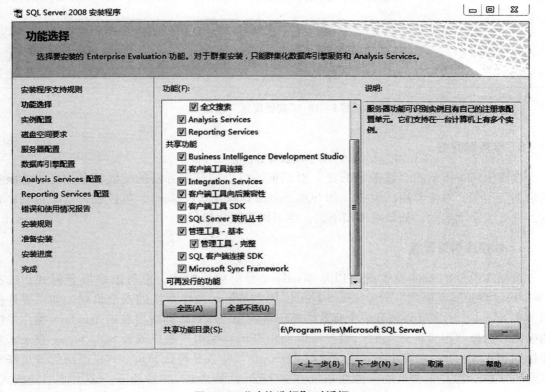

图1-9 "功能选择"对话框

4. 选择实例配置

在图1-10所示的"实例配置"对话框,选择"默认实例",单击"下一步"按钮,完成 SQL Server 实例的配置。

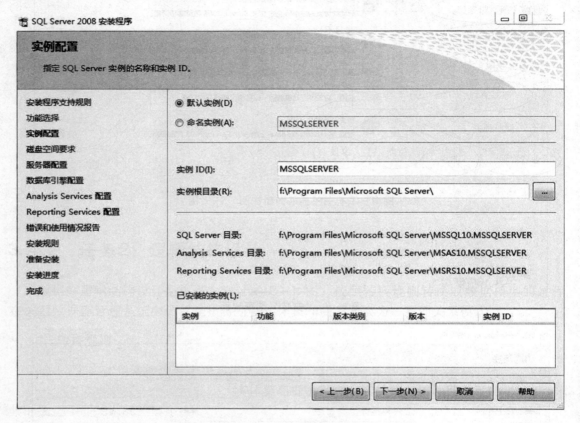

图1-10 "实例配置"对话框

5. 服务器配置

在图1-11所示的"服务器配置"对话框,可以完成服务器的配置任务,完成各服务的启动类型等。对于常用的服务(如 SQL Server Database Engine),可设置为自动启动;否则,设置为手动启动;如果根本用不到,也可以设置为禁用。

6. 数据库引擎配置

数据库引擎的验证模式既可以是 Windows 身份验证模式,也可以是混合模式。选择"Windows 身份验证模式"时,SQL Server 使用 Windows 操作系统的安全机制。如果要连接到 SQL Server,用户就必须有一个有效的 Windows 用户账户,同时要获得 Windows 操作系统的确认。选择"混合模式"时,用户可以使用 Windows 用户账户或者 SQL Server 登录账户连接到 SQL Server。在 SQL Server 验证模式下,必须输入并确认 SQL Server 系统管理员账户的密码,在安装了非 Windows 操作系统(如 Linux)和 Internet 环境下,必须使用此模式。此处选择"混合模式",如图1-12所示。

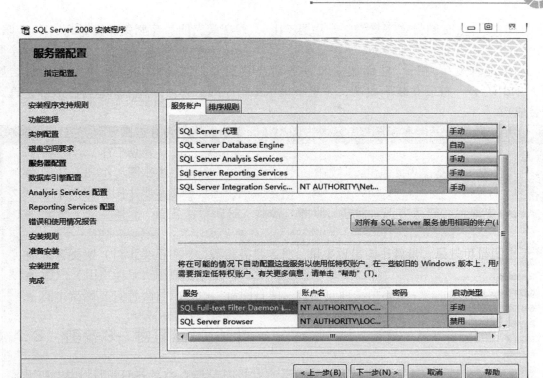

图 1-11 "服务器配置"对话框

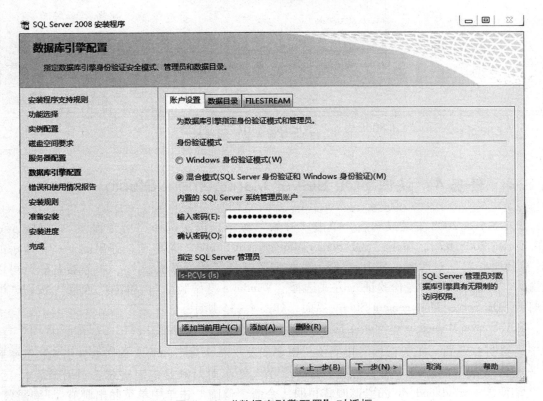

图 1-12 "数据库引擎配置"对话框

7. 完成安装

如果没有发生意外，在完成安装任务后，其摘要日志将相应保存在本地磁盘，如图1-13所示。如果安装不成功，系统将提示出错原因。必须按提示信息排除故障，直到安装成功。

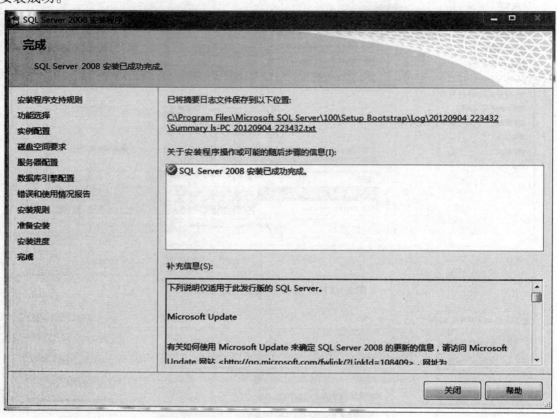

图1-13 "完成安装"对话框

1.3.4 任务4：认识 SQL Server Management Studio

SQL Server 2008 安装成功后，单击"开始"菜单，依次选择"所有程序"→"Microsoft SQL Server 2008 R2"，单击"SQL Server Management Studio"菜单项，弹出图1-14所示的"连接到服务器"对话框。其中，"服务器类型"选择"数据库引擎"；"服务器名称"可以设置为"localhost"；"身份验证"方式选择"Windows 身份验证"，单击"连接"按钮，即可打开 SQL Server Management Studio 界面，如图1-15所示。

SQL Server Management Studio 是 SQL Server 2008 提供的一个可视化图形集成管理平台，可用于访问、配置、控制、管理和开发 SQL Server 的所有组件，进行数据库的开发就需要使用此工具。Microsoft SQL Server Management Studio 不仅可以用图形方式来操作完成各项任务，还可以编写、分析和运行 T-SQL 脚本。其中，对象资源管理器具有查看和管理所有服务器类型的对象的功能。

图 1-14 "连接到服务器"对话框

图 1-15 SQL Server Management Studio 界面

1.4 项目实施过程中可能出现的问题及解决方法

1. 安装 SQL Server 2008 过程中可能出现的问题及解决方法

服务器配置页面，出现××凭据无效的问题及解决方法，如表 1-1 所示。

表 1-1 出现××凭据无效的问题及解决方法

问题	解决方法
为 SQL Server 代理服务提供的凭据无效	将"SQL Server 代理"选择 SYSTEM
为 SQL Server 服务指定的凭据无效	将"SQL Server Database Engine"选择 NETWORK SERVICE
为 Analysis Services 服务提供的凭据无效	将"SQL Server Analysis Services"选择 NETWORK SERVICE
为 Reporting Services 服务提供的凭据无效	将"SQL Server Reporting Services"选择 NETWORK SERVICE
为 Integration Services 服务提供的凭据无效	将"SQL Server Integration Services"选择 NETWORK SERVICE

2. "连接服务器"过程中可能出现的问题及解决方法

在"连接服务器"对话框中,单击"连接"按钮,出现图1-16所示的错误提示,原因之一可能是数据库的服务没有开启。

图1-16 "连接到服务器"错误提示

解决方法:
单击"开始"按钮,打开"开始"菜单,依次选择"控制面板"→"管理工具"→"服务"→"SQL Server(MS SQL SERVER)",右键单击,选择"启动"菜单项。此时,该项服务的状态将变成"已启动",然后即可进行数据库服务器的连接。

1.5 后续项目

至此,开发图书借阅系统的环境已经部署完成,接下来就可以进入项目的研发流程。按照软件工程的开发流程,首先应进行需求分析,确定项目到底要做什么,然后进行设计、编程实现等。所以,接下来就要进行项目的整体需求分析,确定项目要实现哪些功能。

子项目 2 图书借阅系统需求分析

2.1 项目任务

本项目主要完成以下任务：
- 图书借阅系统的需求分析。
- 图书借阅系统的功能结构设计。
- 图书借阅系统的系统流程图。

具体任务指标如下：
- 设计图书借阅系统的功能模块图。
- 设计图书借阅系统的系统流程图。

2.2 项目的提出

随着计算机的普及和信息技术的发展，人们的生活发生了日新月异的变化，各类计算机软件逐渐渗透到社会的每个角落，大大改善了人们的生活质量，提高了人们的工作效率。在高校，图书借阅是教师、学生获取知识的重要途径。因此，如何既能方便读者借书，又能减轻图书馆管理人员的工作负担，还能高效地完成图书借阅管理工作，是一件非常重要的事情。

A 高校拥有一座小型图书馆，为全校师生提供学习、阅读的空间。近几年来，随着生源的不断扩大，图书馆的规模随之扩大，馆藏图书不断增多，有关图书借阅的各种信息成倍增加。面对如此巨大的信息量，图书馆管理人员很难支撑对其的管理负荷。因此，学校领导决定开发一套合理实用的图书借阅系统软件，实现图书借阅管理的系统化、规范化和自动化，从而实现对图书借阅信息的集中、统一管理。

2.3 项目实施

2.3.1 任务1：图书借阅系统的需求分析

图书借阅系统对高校图书馆而言是不可缺少的一部分，传统手工方式效率低且容易出错，而且工作流程烦琐。图书借阅系统能够实现计算机化的图书借阅管理，能够提供方便快速的图书信息检索功能和便捷的图书借阅、归还功能，并且能够对图书信息和读者信息进行管理。

图书借阅系统应具备以下特点：
（1）操作简单，易用。
（2）数据存储可靠，具备较高的处理效率。
（3）系统安全、稳定。
（4）开发技术先进、功能完备、扩展性强。

2.3.2 任务2：图书借阅系统的功能结构设计

1．功能需求

本系统主要实现对图书馆图书借阅信息的管理，主要管理读者信息、图书信息、借阅与归还信息、系统用户的信息。

1）读者信息管理

读者信息管理是指对读者的基本信息进行管理，包括以下功能：

（1）添加读者信息。例如，学校新进一名教师，如果他来借书，就必须在系统中添加该教师的相关信息。

（2）修改读者信息。例如，某个学生转了专业，此时就应修改该学生的基本信息。

（3）删除读者信息。例如，某个学生毕业了，就可以将其信息删除。

（4）查询读者信息。例如，某学生拾到了一张借阅卡，由于卡上有读者的读者编号，因此就可以通过此编号来查询该读者的联系电话，从而找到该读者。

2）图书信息管理

图书信息管理是指能够对图书的基本信息进行管理，包括以下功能：

（1）添加图书。例如，学校每年都会购进新书，此时就需要将新书的信息录入系统。

（2）图书信息的修改。例如，学生借书后却丢失，此时就需要修改图书的总数量。

（3）删除图书。例如，学校在购进新书的同时，每年都会对破损的图书进行清理，不再提供借阅，此时就需要将这些图书的信息从系统中删除。

（4）查询图书的信息。例如，查看哪些是与Java相关的书籍；查看指定ISBN的图书；等等。

3）图书借阅管理

图书借阅管理是指能够对图书的借阅信息进行记录，包括记录读者信息、图书信息、借阅时间等。

4）图书归还管理

图书归还管理是指能够对图书的归还信息进行记录，包括记录读者信息、图书信息、归还时间、是否超期、罚金等信息。

5）用户管理

用户管理是指能够对系统用户的信息进行管理，包括添加新的系统操作用户，对当前系统用户的密码进行修改，以及删除某一用户。

2. 功能设计

根据上述功能需求，将图书借阅系统的功能分为读者信息管理模块、图书信息管理模块、图书借阅管理模块、基础信息维护模块和用户管理模块，功能结构示意如图 2-1 所示。

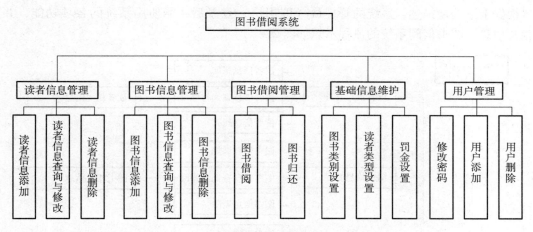

图 2-1 图书借阅系统功能结构示意

1）读者信息管理

读者信息管理模块用于实现读者信息添加功能和读者信息查询与修改功能。用户登录成功之后，既可以浏览所有读者信息，也可以检索特定读者的信息，还可以对读者信息进行维护，包括添加、删除及修改读者信息。

2）图书信息管理

图书信息管理模块用于实现图书信息添加功能和图书信息查询与修改功能。用户登录成功后，既可以浏览所有图书信息，也可以检索特定图书的信息，还可以对图书信息进行维护，包括添加、删除及修改图书信息。

3）图书借阅管理

图书借阅管理模块用于实现图书借阅功能和图书归还功能。

（1）图书借阅：先输入读者的编号，再录入要借阅的图书的信息，记录系统当前日期（即借阅日期）。

（2）图书归还：先输入读者的编号，再选择其已借阅的图书，判断系统当前日期（即归还日期）与借阅日期的差值是否超过了规定的期限，计算罚金，从而进行图书的归还操作。

4）基础信息维护

基础信息维护模块用于实现图书类别设置功能、读者类型设置功能及罚金设置功能。

（1）图书类别设置：可以对图书的类别进行添加、删除、修改和查询。

（2）读者类型设置：可以对读者的类型进行添加、删除、修改和查询。

（3）罚金设置：可以指定超期一天的罚金标准。

5）用户管理

用户管理模块用于实现修改密码、用户添加和删除功能。

（1）修改密码：当前用户修改自己的密码。

（2）用户添加和删除：添加和删除系统操作用户时，对用户信息的维护。

2.3.3 任务3：图书借阅系统流程

根据上述功能描述，系统的管理员（即用户）登录后，能使用系统的各项功能，并涉及相关信息。图书借阅系统的流程示意如图2-2所示。

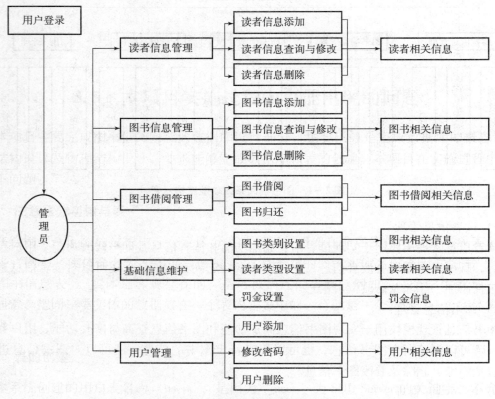

图2-2 图书借阅系统流程示意

2.4 本项目实施过程中可能出现的问题

本项目的实施内容主要是分析图书借阅系统的用户需求，划分图书借阅系统的功能，设计每一个模块的具体功能，描述系统的流程。在本项目的实施过程中，需要注意以下问题：

1. 基础信息的维护

在图书借阅系统中，图书信息、读者信息、图书借阅信息，是比较明显且直观的，图书类别、读者类型和罚金是比较隐蔽的。

1）需要对图书的类别信息进行维护

例如，学校添加一类图书，此时就需要添加一个图书类别，如果不单独维护图书类别信息，而是将图书类别名称直接绑定图书基本信息，那么当添加 100 本该类别的图书时，对应的该图书类别信息会被添加 100 遍，导致数据的冗余存储。

2）需要对读者的类型进行维护

例如，现有读者类型分为"教师"和"学生"，如果将来对教师按照职称或学历细分，那就需要对现有的读者类型进行修改。

3）需要对罚金进行维护

如果借阅图书超期，就需要缴纳罚金。罚金的计算是将超期天数与罚金标准进行乘积求得的，因此需要对罚金的标准进行设置。

以上 3 项功能是从其他功能中提取出来的，也是大家比较容易忽视的。在做项目时，一定要认真进行需求分析，不仅要考虑直观的、必须完成的功能，还要深入分析其包含哪些需要完成的功能。

2. 功能结构图和系统流程图的画法

大家可以使用 Microsoft Office Visio 来绘制功能结构图和系统流程图。它是微软公司出品的 Microsoft Office 办公软件系列中的一款，能够将难以理解的复杂文本和表格转换成一目了然的 Visio 图表，有助于 IT 人员和商务专业人员轻松地可视化、分析和交流复杂信息。

2.5 后续项目

在完成图书借阅系统的功能分析之后，就可以对该系统涉及的数据进行分析，完成数据库的分析、设计与构建。

子项目 3

图书借阅系统数据库设计

3.1 项目任务

本项目主要完成以下任务：
- 图书借阅系统的数据需求分析。
- 图书借阅系统的数据库概念设计。
- 图书借阅系统的数据库逻辑设计。
- 图书借阅系统的数据库物理设计。

具体任务指标如下：
- 完成图书借阅系统 E-R 图的绘制。
- 完成图书借阅系统关系模型的设计。
- 创建图书借阅系统数据库 db_bookborrow。
- 创建图书借阅系统数据表：图书信息表 book、图书类别表 booktype、图书借阅表 borrowbook、读者信息表 reader、读者类型表 readertype、用户表 users。

图书借阅系统数据库及表组织结构如图 3-1 所示。

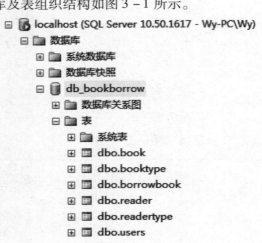

图 3-1　图书借阅系统数据库及表组织结构

3.2 项目的提出

如何对图书借阅系统中相关的图书信息、读者信息及借阅信息等信息进行存储与管理，便于高效地对数据进行检索与维护？本系统决定采用数据库系统对数据进行管理。由于系统的开发操作系统是 Windows 7，为了保证操作系统与数据库的无缝对接，并保证适当领先的原则，本系统采用 SQL Server 2008 数据库管理系统来进行系统数据库开发，使数据能够合理有效地存储、安全高效地使用，保证数据的完整性和一致性，并且拥有良好的可扩展性。本子项目主要完成图书借阅系统数据库的设计与实现。

3.3 项目预备知识

3.3.1 数据库的设计

在给定的数据库管理系统、操作系统和硬件环境下，表达出用户的需求，并将其转换为有效的数据库结构，构成较好的数据库模式，这个过程称为数据库设计。关系型数据库的设计一般分为需求分析、概念设计、逻辑设计和物理设计4个阶段。

1. 需求分析

需求分析阶段的任务是通过详细调查现实世界要处理的对象（组织、部门、企业等），充分了解原系统（手工系统或计算机系统）的工作概况，明确用户的各种需求，在此基础上确定新系统的功能。需求分析的重点是调查、收集与分析用户在数据管理中的信息要求、处理要求、安全性与完整性要求。

（1）信息要求是指用户需要从数据库获得信息的内容与性质。从用户的信息要求可以导出数据要求，即在数据库中需要存储哪些数据。

（2）处理要求是指用户要求完成哪些处理功能，对处理的响应时间有什么要求，处理方式是批处理还是联机处理。新系统的功能必须能够满足用户的信息要求、处理要求。

（3）安全性与完整性要求是指数据的一致性、正确性、有效性等。

2. 概念设计

在概念设计阶段，将需求分析中关于数据的需求，综合为一个统一的概念模型。首先，根据单个应用的需求，画出能反映每个应用需求的局部 E-R 图（实体—联系图）。然后，把这些 E-R 图合并起来，消除冗余和可能存在的矛盾，得出系统总体的 E-R 图。概念设计独立于逻辑结构设计和数据库管理系统。

3. 逻辑设计

在逻辑设计阶段，将 E-R 图转换成某一特定的数据库管理系统能够接受的逻辑模式。对关系数据库来说，就是将 E-R 图转换为关系模式，也就是主要完成表的结构和关联的设计。

4. 物理设计

在物理设计阶段,确定数据库的存储结构,包括确定数据库文件和索引文件的记录格式、物理结构、存取方法等,这个阶段的设计最困难。不过现在这些工作基本上由数据库管理系统来完成,操作起来非常简单。

在以上 4 个阶段中,数据库管理员和编程人员主要关心中间两个阶段,即概念设计阶段和逻辑设计阶段。在概念设计阶段,通常采用的设计方法是 E-R 图。

3.3.2 SQL 语句

结构化查询语言(Structured Query Language,SQL)是一种数据库查询和程序设计语言,用于存取数据以及查询、更新和管理关系数据库系统。它不要求用户指定对数据的存放方法,也不需要用户了解具体的数据存放方式,所以具有完全不同底层结构的不同数据库系统,可以使用相同的结构化查询语言作为数据输入与管理的接口。SQL 语句是设计用于访问关系数据库的标准语言。此外,.sql 是数据库脚本文件的扩展名。

1. SQL 语句分类

SQL 语句主要分为以下 4 类:
1)数据定义语言

数据定义语言(Data Definition Language,DDL)负责数据的模式定义与数据的物理存取构建,其语句包括 CREATE、ALTER 和 DROP,分别用于对数据库中的对象进行创建、修改和删除操作。

2)数据操纵语言

数据操纵语言(Data Manipulation Language,DML)负责数据操纵,其语句包括 INSERT、SELECT、UPDATE 和 DELETE,分别用于添加、查询、修改和删除表中的行。

3)数据控制语言

数据控制语言(Data Control Language,DCL)负责权限管理,其语句包括 GRANT(授权)、REVOKE(回收授权)和 DENY(拒绝授权),确定单个用户和用户组对数据库对象的访问权限。

4)事务控制语言

事务控制语言(Transaction Control Language,TCL)用于将对行所做的修改永久地存储到表中,或者取消这些修改操作。其语句包括 BEGIN TRANSACTION(启动事务)、COMMIT(提交事务,永久性地保存对行所做的修改)和 ROLLBACK(回滚,取消对行所做的修改)。

2. 本项目使用到的 SQL 语句语法

1)创建数据库

【基本语法格式】

CREATE DATABASE <数据库名>

[ON
　　{<文件说明>[,…,n]}
　　]
　　[LOG ON
　　{<文件说明>[,…,n]}
　　]

【语句功能】

执行 CREATE DATABASE 语句，创建一个数据库。其中，"数据库名"是用户定义的数据库名称；[ON] 和 [LOG ON] 中的"文件说明"分别为数据文件和日志文件的名称、位置、初始大小、增长速率等。一个数据库允许对应多个数据文件和多个日志文件。

2）创建表

【基本语法格式】

CREATE TABLE <表名>
(
<列名1>类型 列级完整性约束，
　[…
<列名N>类型 列级完整性约束，
<其他参数>]
)

【语句功能】

执行 CREATE TABLE 语句后，在当前数据库中创建一个基本表的结构（空表）。在每列的定义中说明列名、数据类型及对应列的完整性约束条件，定义所有列以后，可以通过"其他参数"来设置表级完整性约束。

3.4　项目实施

本任务的项目教学实施过程如下：

1. 教师带领学生完成内容

1）系统概念结构设计
2）系统逻辑结构设计
3）创建数据库 db_bookborrow
4）创建图书信息表 book

2. 学生自行完成部分

1）创建读者信息表 reader
2）创建读者类型表 readertype
3）创建用户表 users

4）创建图书借阅表 borrowbook

5）创建图书类别表 booktype

3.4.1 任务1：概念结构设计

分析图书借阅系统的需求，将在现实中的图书借阅管理中涉及的人、物、事进行抽象，得到系统的实体、实体属性、实体间的联系以及联系的类型、实体的键，利用 E－R 图表示，得出系统的概念模型，即概念结构设计。概念结构设计一般分为3个步骤：确定实体；确定联系；确定属性和键。

一般情况下，从需求分析中找出名词来确定实体，找出动词来确定实体间的联系。从子项目1中的需求分析中找出的名词有：图书、读者、图书类别、读者类型、用户（即管理员）。因此，可以确定的实体有图书、读者、图书类别、读者类型、用户。另外，从需求分析中还可以得到，读者和图书之间存在借阅关系，一名读者可以借阅多本图书，而一本书也可以借给不同的读者，因此读者和图书之间存在多对多联系。图书有系统的分类方法，每一种图书属于一个图书类别，而一种图书类别可以包含许多图书，因此图书类别和图书之间存在着一对多的联系。同样的道理，读者类型和读者之间也存在一对多的联系。

确定了系统的实体与联系之后，下一步确定实体与联系的属性和主键。具体分析如下：（有下划线标识的为主键）

（1）图书：<u>ISBN</u>、书名、作者、出版社、出版日期、版次、定价。

（2）图书类别：<u>图书类别编号</u>、图书类别名称。

（3）读者：<u>读者编号</u>、姓名、性别、电话、所在系部、所属专业、注册日期。

（4）读者类型：<u>读者类型编号</u>、读者类型名称、最多可借图书数量、最长可借图书天数。

（5）用户：<u>用户编号</u>、用户名、密码。

1. 图书借阅系统各实体属性图

根据以上分析，图书借阅系统主要包括5个基本实体，分别为图书、图书类别、读者、读者类型、用户，其实体属性图如图3－2～图3－6所示。实体属性图中有下划线的属性为该实体的主键。

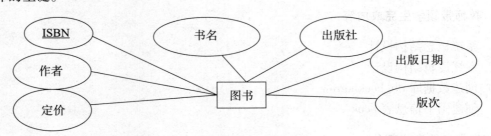

图3－2 图书实体属性图

图 3-3 图书类别实体属性图

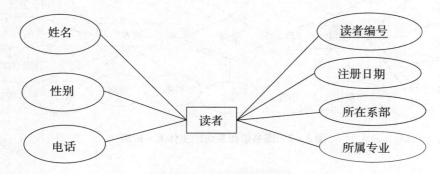

图 3-4 读者实体属性图

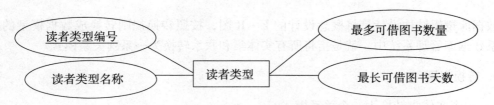

图 3-5 读者类型实体属性图

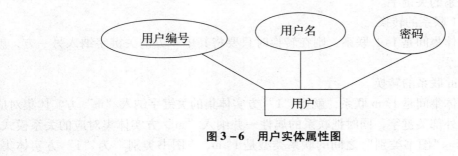

图 3-6 用户实体属性图

2. 图书借阅系统的 E-R 图

上述主要实体间的联系类型如下：
- 图书类别与图书：1∶m。
- 读者类型与读者：1∶n。
- 图书与读者：m∶n。

图书借阅系统的主体 E-R 图如图 3-7 所示。

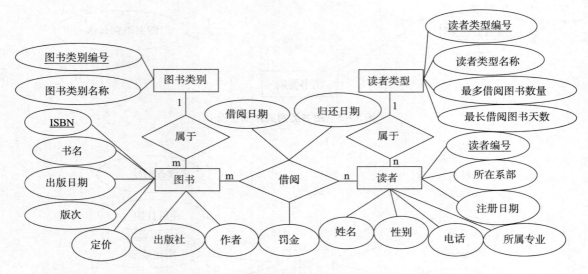

图 3-7　图书借阅系统的主体 E-R 图

3.4.2　任务2：逻辑结构设计

数据库逻辑结构设计是将概念设计的 E-R 图，按照转换规则转换成数据模型的过程。在关系数据库管理系统中，就是指将所有实体集和联系转换为一系列关系模式。

1. 转换规则

1）一个实体集转换为一个关系模式

一个实体集对应一个关系模式，实体集名即关系名，实体集的属性即关系的属性，实体集的关键字即关系的关键字。

2）一个1:1联系的转换

如果两个实体集间是1:1联系，则在转换时只要将其中一方的关键字纳入另一方，就能实现彼此的联系。

3）一个1:m联系的转换

如果两个实体集间是1:m联系，就将"1"方实体集的关键字纳入"m"方实体集对应的关系，作为其外部关键字，同时把联系的属性一并纳入"m"方实体集对应的关系模式。例如，"图书"与"图书类别"之间的联系类型是1:m，"图书类别"为"1"方实体集，"图书"为"m"方实体集，在进行关系模式转换时，可以将"图书类别"纳入"图书"，在"图书"的关系模式中添加"图书类别编号"，从而实现两个实体集间的关联。同样的道理，应在"读者"的关系模式中添加"读者类型编号"。

4）一个m:n联系的转换

如果两个实体集间是m:n联系，则应对联系单独建立一个关系，用于联系双方实体集，该关系的属性中至少要包括被它所联系的双方实体集的关键字，如果联系有属性，也要归入这个关系。例如，"读者"与"图书"之间的联系类型就是m:n，因此需要单独建立一个图书借阅关系模式来描述两者之间的关联，图书借阅关系模式应该包含图书的关键字

（即 ISBN）和读者的关键字（即读者编号），由于图书借阅联系还有借阅日期、归还日期和罚金这3个属性，而这些属性也应该纳入图书借阅关系模式中，所以图书借阅关系模式中应包含"读者编号""ISBN""借阅日期""归还日期"和"罚金"。

2. 图书借阅系统逻辑设计

根据上述转换规则与分析，将图书借阅系统的主体 E-R 图转换为关系模式，共包括6个，具体如下：（有下划线标识的为关键字）

- 图书（<u>ISBN</u>，图书类别编号，书名，作者，出版社，出版日期，版次，定价）
- 图书类别（<u>图书类别编号</u>，图书类别名称）
- 读者（<u>读者编号</u>，读者类型编号，姓名，性别，电话，所在系部，所属专业，注册日期）
- 读者类型（<u>读者类型编号</u>，读者类型名称，最多可借图书数量，最长可借图书天数）
- 用户（<u>用户编号</u>，用户名，密码）
- 图书借阅（<u>读者编号</u>，<u>ISBN</u>，借阅日期，归还日期，罚金）

3.4.3 任务3：物理结构设计

物理结构设计的任务是将逻辑结构设计在具体的数据库管理系统中实现。本系统采用 SQL Server 2008 来实现数据库管理。

1. 创建图书借阅系统数据库

数据库的创建有两种方式：使用 Microsoft SQL Server Management Studio 图形工具交互向导方式、使用 SQL 语句方式。

【第一种方法：交互向导方式】

1）启动 SQL Server 2008

依次单击"开始"→"所有程序"→"Microsoft SQL Server 2008 R2"→"SQL Server Management Studio"，启动 SQL Server 数据库管理系统。

2）登录数据库服务器

在打开的"连接到服务器"对话框中，将"服务器类型"选择"数据库引擎"，将"服务器名称"选择"本地计算机名"或"localhost"，将"身份验证"选择"Windows 身份验证"。然后，单击"连接到服务器"对话框的"连接"按钮，连接到 SQL Server 2008 数据库服务器。

3）创建数据库 db_bookborrow

在 SQL Server 2008 数据库管理系统的"对象资源管理器"信息窗格中，右键单击"数据库"，在弹出的菜单中，单击"新建数据库"命令，出现图3-8所示的"新建数据库"对话框，在"数据库名称"文本框中输入"db_bookborrow"，单击"确定"按钮。此外，在该对话框中还可以设置数据库文件的逻辑名称、文件类型、文件组、初始大小、自动增长及存储路径，本系统保持各数据库参数默认值不变。在"对象资源管理器"信息窗格中，右键单击"数据库"，在弹出的菜单中单击"刷新"命令，即可看到新建的 db_bookborrow 数据库。

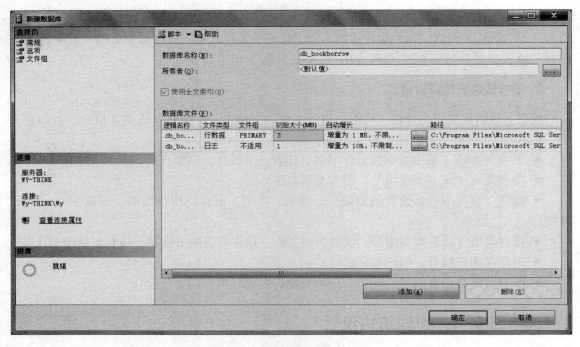

图 3-8 交互向导方式创建图书借阅系统数据库 db_bookborrow

【第二种方法：SQL 语句方式】

1）输入 SQL 语句

在 SQL Server 2008 数据库管理系统的工具栏中单击"新建查询"按钮，在新建的查询窗口中，输入创建数据库的 SQL 语句，如图 3-9 所示。具体创建数据库语句如下：

```
CREATE DATABASE db_bookborrow        //创建数据库的名字为 db_bookborrow
ON primary                           //文件组的名称为 primary,也可以是自定义文件组
//以下括号内是数据文件的信息
(
    NAME = db_bookborrow,                        //逻辑名称
    FILENAME = 'D:\db_bookborrow.mdf',           //物理名称
    SIZE = 3MB,                                  //文件初始大小
    FILEGROWTH = 1MB                             //文件的增长方式
)
LOG ON                                           //以下括号内是日志文件的信息
(
    NAME = db_bookborrow_log,                    //逻辑名称
    FILENAME = 'E:\db_bookborrow_log.ldf',       //物理名称
    SIZE = 1MB,                                  //文件初始大小
    MAXSIZE = unlimited,                         //文件的最大值
    FILEGROWTH = 10%                             //文件的增长方式
)
```

图书借阅系统数据库设计 **子项目❸**

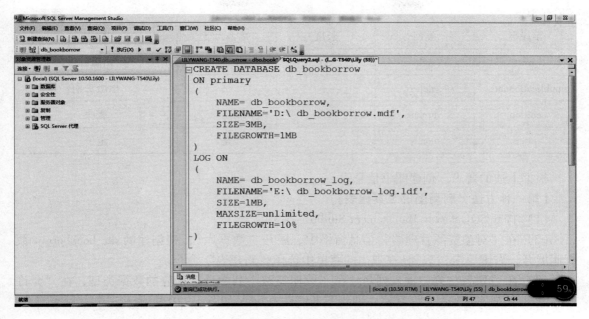

图 3-9 用 SQL 语句创建图书借阅系统数据库 db_bookborrow

2）执行 SQL 语句

在 SQL Server 2008 数据库管理系统的工具栏中单击"执行"按钮，当消息窗口提示"命令已成功完成"时，说明数据库已经成功创建。

在"对象资源管理器"信息窗格中，右键单击"数据库"，在弹出的菜单中单击"刷新"命令，即可看到新建的 db_bookborrow 数据库。

2. 创建图书借阅系统数据表

经过前面的分析，根据逻辑设计阶段得到的 6 个关系模式，创建 6 个数据表，即：图书信息表、图书类别表、读者信息表、读者类型表、图书借阅表、用户表。与创建数据库的方式类似，表的创建也包括两种方式：一种是利用 Microsoft SQL Server Management Studio 图形工具建表；另一种是利用 SQL 语句建表。

1）创建图书信息表

在图书借阅系统中，图书信息表 book 包括 8 个字段，分别是图书的 ISBN、图书类别编号、书名、作者、出版社、出版日期、版次、定价，字段的设置如表 3-1 所示。

表 3-1 图书信息表 book 字段设置

字段名	类型	长度	是否为空	描述
ISBN	char	13	否	ISBN（主键）
typeid	varchar	10	是	图书类别编号
bookname	varchar	30	是	书名
author	varchar	30	是	作者

续表

字段名	类型	长度	是否为空	描述
press	varchar	30	是	出版社
publicationdate	date	—	是	出版日期
edition	varchar	20	是	版次
price	money	—	是	定价

根据上述的要求，创建图书信息表。

【第一种方法：利用图形工具建表】

（1）打开 SQL Server Management Studio。

（2）在“对象资源管理器”信息窗格中，展开“数据库”，将创建的 db_bookborrow 数据库展开，右键单击“表”，在弹出的菜单中选择“新建表”命令。

（3）在“列名”列中输入列名，在“数据类型”列中选择相应的数据类型，在“允许 Null 值”列中选择是否允许空值，创建图书信息表 book 如图 3－10 所示。

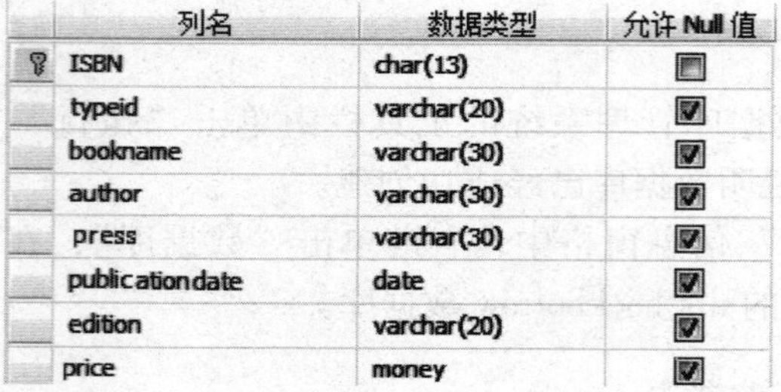

列名	数据类型	允许 Null 值
ISBN	char(13)	☐
typeid	varchar(20)	☑
bookname	varchar(30)	☑
author	varchar(30)	☑
press	varchar(30)	☑
publicationdate	date	☑
edition	varchar(20)	☑
price	money	☑

图 3－10　利用图形工具创建图书信息表 book

（4）为表添加约束条件。在图书信息表中，“ISBN”列为主键。设置主键的方法为：右键单击“ISBN”列，在弹出的快捷菜单中选择“设置主键”，设置成功后，该列的前面就会出现钥匙的标识 ISBN，代表此列为主键列。

（5）所有列输入完毕后，关闭窗口，系统提示是否存盘，单击“是”按钮，并输入表名“book”，即创建了数据表 book。此时，在“对象资源管理器”信息窗格中，右键单击“db_bookborrow”数据库下的“表”，在弹出的快捷菜单中选择“刷新”命令，再展开“表”，就可看到创建的图书信息表 book。

【第二种方法：利用 SQL 语句建表】

（1）打开 SQL Server Management Studio。

（2）单击工具栏中的“新建查询”按钮，在新建查询窗口中输入创建表的语句，如图 3－11 所示。其中，创建表的 SQL 语句如下：

```
CREATE TABLE book(
    ISBN char(13) primary key,
    typeid varchar(20),
```

```
    bookname varchar(30),
    author varchar(30),
    press varchar(30),
    publicationdate date,
    edition varchar(20),
    price money
)
```

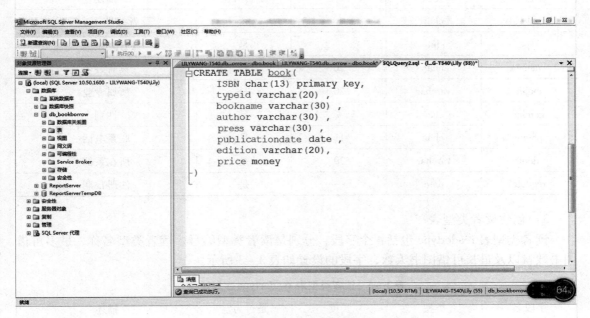

图 3-11 利用 SQL 语句创建数据表 book

其中,"primary key"表示将"ISBN"列定义为主键约束。

(3) 语句输入结束后,单击工具栏中的"执行"按钮,完成数据表 book 的创建。右键单击左侧"对象资源管理器"信息窗格中的"表",单击"刷新"命令即可看到新建的图书信息表 book。

(4) 创建表之后,在左侧"对象资源管理器"信息窗格中,依次单击表名"book"前面的加号,即可展开表,再展开"列",就会看到图 3-12 所示的"book"表结构。

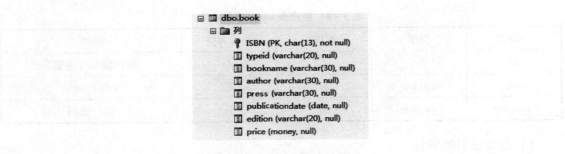

图 3-12 "book"表结构

本任务中其他表的创建方法类似，下面仅列出其他表的具体要求，请参照图书信息表的建立过程独立完成。

2）创建读者信息表

读者信息表 reader 包括 8 个字段，分别是读者编号、读者类型编号、读者姓名、所属专业、性别、联系电话、所在系部及注册日期，字段的设置如表 3-2 所示。

表 3-2 读者信息表 reader 字段设置

字段名	类型	长度	是否为空	描述
readerid	char	8	否	读者编号（主键）
type	int	—	是	读者类型编号
name	char	20	是	读者姓名
major	varchar	20	是	所属专业
gender	char	4	是	性别
phone	char	11	是	联系电话
dept	varchar	20	是	所在系部
regdate	date	—	是	注册日期

3）创建读者类型表

读者类型表 readertype 包括 4 个字段，分别是读者类型编号、读者类型名称、最多可借图书数量以及最长可借图书天数，字段的设置如表 3-3 所示。

表 3-3 读者类型表 readertype 字段设置

字段名	类型	长度	是否为空	描述
id	int	—	否	读者类型编号（主键）
typename	varchar	20	是	读者类型名称
maxborrownum	int	—	是	最多可借图书数量
limit	int	—	是	最长可借图书天数

4）创建用户表

用户表 users 包括 3 个字段，分别是用户编号、用户名、用户密码，字段的设置如表 3-4 所示。

表 3-4 用户表 users 字段设置

字段名	类型	长度	是否为空	描述
id	int	—	否	用户编号（主键）
name	varchar	20	是	用户名
password	varchar	20	是	用户密码

5）创建图书类别表

图书类别表 booktype 包括 2 个字段，分别是图书类别编号和图书类别名称，字段的设置如表 3-5 所示。

表 3-5　图书类别表 booktype 字段设置

字段名	类型	长度	是否为空	描述
id	int	—	否	图书类别编号（主键）
typename	varchar	30	是	图书类别名称

6）创建图书借阅表

图书借阅表 borrowbook 包括 5 个字段，分别是读者编号、图书的 ISBN、借阅日期、归还日期、罚金。其中，读者编号和图书的 ISBN 为复合主键，字段的设置如表 3-6 所示。

表 3-6　图书借阅表 borrowbook 字段设置

字段名	类型	长度	是否为空	描述
readerid	char	8	否	读者编号（主键）
ISBN	char	13	否	图书的 ISBN（主键）
borrowdate	date	—	否	借阅日期
returndate	date	—	是	归还日期
fine	money	—	是	罚金

使用图形工具创建图书借阅表，此表中复合主键的设置方法：

（1）在 readerid 所在行的最左边选中 readerid 所在行。

（2）按住〈Ctrl〉键，用同样的方法选中 ISBN 所在的行。此时，readerid 的所在行和 ISBN 的所在行同时被选中。

（3）右键单击，在弹出的快捷菜单中，选择"创建主键"，此时，在两行的前面同时出现钥匙形图标，表示两行均为主键，即复合主键。

图书借阅表如图 3-13 所示。

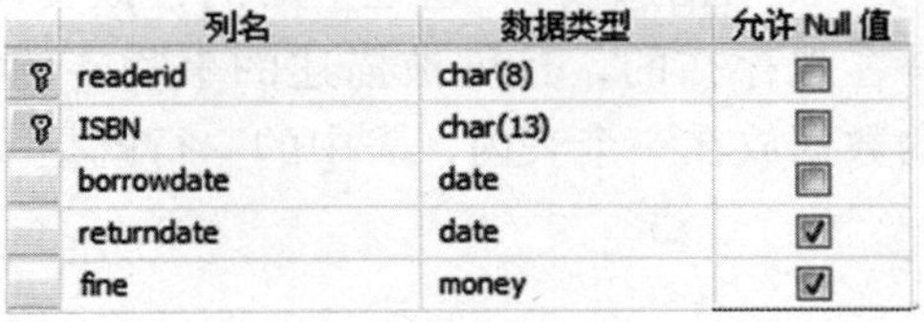

图 3-13　图书借阅表 borrowbook

创建图书借阅表的 SQL 语句如下：
CREATE TABLE borrowbook(
　　readerid char(8),
　　ISBN char(13),
　　borrowdate date not null,
　　returndate date,

```
    fine money,
    primary key(readerid,ISBN)
)
```

其中，为"borrowdate"列设置"not null"约束，表示该列不允许为空值；创建复合主键约束属于表级约束（前面表中单列主键创建的是行级约束），需要在所有字段定义结束之后，使用 primary key（readerid，ISBN）来指定，表示将"readerid"和"ISBN"列设置为复合主键。

在左侧"对象资源管理器"信息窗格中，展开表"borrowbook"，再展开其下的"列"，就会看到图 3-14 所示的结果。其中，"readerid"列和"ISBN"列前均有主键标识。

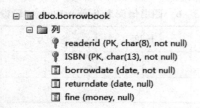

图 3-14 "对象资源管理器"中"borrowbook"表结构

3.5 本项目实施过程中可能出现的问题

本项目主要完成图书借阅系统的数据库设计部分，主要任务是完成数据库的概念设计、逻辑结构设计及物理结构设计，要求能够完成数据库和表的创建。本项目在实施过程中应注意以下问题：

1. 注意区分实体与表

在绘制 E-R 图的过程中，一定区分实体和表，切勿在命名实体时直接写成表名。例如，将"图书"实体命名为"图书信息表"。这是不对的，该实体名应该为"图书"，而不是"图书信息表"。实体是客观存在的，是可被描述的事物。例如，一个学生就是一个实体。通常，把同一类实体的数据放在一个表内，表中的一行就是一个实体，一个实体集对应一张表。

2. 表的创建

本系统创建的用户表名为"users"，是因为"user"为 SQL Server 的关键字，不允许使用关键字来为名称创建对象，所以用此方法来解决关键字冲突的问题。

在创建过程中，如果出错，就需要对表进行修改。使用图形工具修改表的方法为：选中要修改的表，右键单击，在弹出的菜单中选择"设计"，然后对表的结构进行修改。如果要修改表中的数据，则选中表，右键单击，在弹出的菜单中选择"编辑前 200 行"，然后就可以对表中的数据进行修改。如果使用 SQL 语句修改表结构，则需要使用 ALTER TABLE 语句。下面列出几个在本项目中可能用到的修改表结构的语句。

以下表为例：
```
CREATE TABLE users(
    id int not null,
    name varchar(20)
)
```
1）重命名表
【例 3-1】
EXEC SP_RENAME 'users','operator';//将表 users 改成表 operator
2）修改表——增加列
【例 3-2】
ALTER TABLE operator ADD password varchar(20);//增加 password 列
3）修改表——增加主键约束
【例 3-3】
ALTER TABLE operator ADD primary key(id);//将 id 列设置为主键
4）修改表——删除列
【例 3-4】
ALTER TABLE operator DROP COLUMN password;//删除 password 列
5）删除表
【例 3-5】
DROP TABLE operator;//删除表 operator

3.6 后续项目

子项目 3 完成了图书借阅系统数据库和数据表的创建。在此基础上，后续将进行图书借阅系统应用程序的设计与实现。

子项目 4

图书借阅系统中类的应用

4.1 项目任务

本项目主要完成以下任务：
- 创建项目。
- 创建存放各实体类的包。
- 创建图书借阅系统中的各个实体类。

具体任务指标如下：
- 创建项目 BookBorrowManager。
- 创建包 com.bbm.model。
- 创建图书借阅系统中的实体类：Book 类、BookType 类、Reader 类、ReaderType 类、Users 类和 BorrowBook 类。

图书借阅系统实体类表如表 4-1 所示。

表 4-1 图书借阅系统实体类表

包名	文件名	说明
com.bbm.model	Book.java	图书信息类模型
	BookType.java	图书类别类模型
	BorrowBook.java	图书借阅类模型
	Reader.java	读者信息类模型
	ReaderType.java	读者类型类模型
	Users.java	用户类模型

图书借阅系统实体类文件的组织结构如图 4-1 所示。

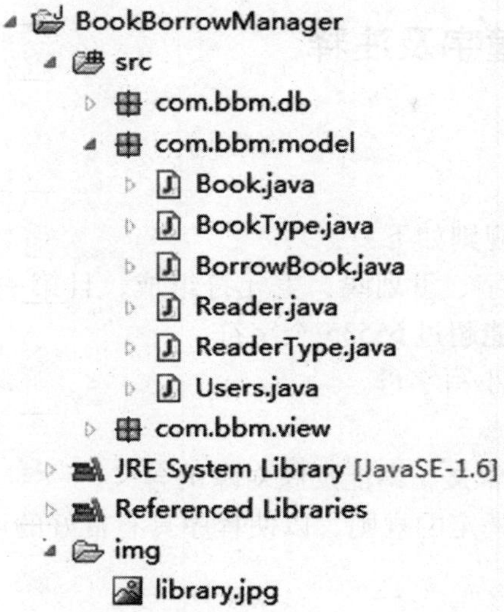

```
▲ 📁 BookBorrowManager
  ▲ 🗂 src
    ▷ ⊞ com.bbm.db
    ▲ ⊞ com.bbm.model
      ▷ 🗎 Book.java
      ▷ 🗎 BookType.java
      ▷ 🗎 BorrowBook.java
      ▷ 🗎 Reader.java
      ▷ 🗎 ReaderType.java
      ▷ 🗎 Users.java
    ▷ ⊞ com.bbm.view
  ▷ 🗎 JRE System Library [JavaSE-1.6]
  ▷ 🗎 Referenced Libraries
  ▲ 📁 img
      🖼 library.jpg
```

图 4-1 图书借阅系统实体类文件的组织结构

4.2 项目的提出

在对图书借阅系统进行需求分析和数据库创建之后，就开始实现系统的功能。在实现功能的过程中，需要对数据表进行操作，以便在程序中可以直接访问数据库。这样做的问题在于，不但降低了系统的安全性，而且系统后续维护和扩展非常不方便。因此，可以通过创建实体类来实现数据库表的映射，通过对实体类的操作，将封装到数据库中的数据映射到数据库表。这样既能提高系统的安全性，又能使程序代码简洁，还能提高程序的复用性和可扩展性。

4.3 项目预备知识

预备知识的重点内容如下：
（1）掌握 Java 语言的标识符、关键字、注释、分隔符。
（2）掌握 Java 语言的数据类型。
（3）掌握 Java 语言的变量、常量。
（4）掌握面向对象程序设计。
（5）掌握类的定义、对象的创建。
（6）掌握类成员的定义。
（7）掌握类的访问与封装。
（8）掌握 Java 语言的包。

4.3.1 标识符、关键字及注释

1. 标识符

Java 语言标识符的命名规则如下：

（1）标识符由字母、数字、下划线、美元符组成，且第一个字符必须是字母、下划线或美元符。标识符的长度不能超过 65535 个字符。
（2）标识符严格区分大小写字母。
（3）不能使用关键字。
（4）标识符应具有一定含义，即能反映对象的含义。

标识符的命名应该遵守一定的规则，以使程序具有良好的可读性，Java 语言标识符的命名规则如表 4-2 所示。

表 4-2 Java 语言标识符的命名规则

标识符类型	常规命名原则	示例
类名	每个单词的首字母大写	Book，BorrowBook
变量名、方法名	第一个单词全部小写	showBook
常量名	所有字母大写，单词之间用下划线连接	MAX_VALUE
包名	全部小写	com.bbs.model

2. 关键字

关键字是 Java 语言本身使用的标识符，有其特定的语法含义，用户只能按系统规定的方式使用。例如，public 表示公有的，static 表示静态的。Java 语言的所有关键字都不能当作一般标识符使用。关键字都用小写的英文字母表示，如表 4-3 所示。

表 4-3 Java 语言关键字

abstract	do	implements	private	this
boolean	double	import	protected	throw
break	else	instanceof	public	throws
byte	extends	int	return	transient
case	false	interface	short	true
catch	final	long	static	try
char	finally	native	strictfp	void
class	float	new	super	volatile
continue	for	null	switch	while
default	if	package	synchronized	assert

关键字按用途分类如下：
（1）用于数据类型：boolean、byte、char、double、false、float、int、long、new、null、short、true、void、instanceof。
（2）用于语句：assert、break、case、catch、continue、default、do、else、finally、for、if、return、super、switch、this、throw、try、while。
（3）用于修饰：abstract、final、native、private、protected、public、static、strictfp、synchronized、transient、volatile。
（4）用于方法、类、接口、包：class、extends、implements、interface、package、import、throws。

3. 注释符

注释是程序员为了提高程序的可读性和可理解性，便于记忆和代码维护，在源程序的开始（或中间）对程序的功能、作者、使用方法等所写的注解。注释语句仅用于阅读源程序，系统在编译程序时，编译器会把注释语句排除在外，也就是说，注释语句是不会被编译执行的。

一个好的程序应该包含足够的注释。Java 语言支持以下 3 种格式的注释。

1) //注释内容

以"//"开始，最后以回车结束，称为单行注释格式，表示注释一行，一般放在被注释语句的上一行或行末。如果注释一行写不完，则在后一行的开头添加"//"。

2) /* 注释内容 */

以"/*"开始，以"*/"结束，中间可以写多行，称为块注释格式，表示注释一行或多行。

3) /** 注释内容 */

以"/**"开始，以"*/"结束，称为 Java 文档注释格式，可以采用 JDK 提供的 javadoc 工具来根据注释内容自动生成 HTML 代码说明文档，这些注释只应用在声明之前。

4. 分隔符

Java 语言有以下常用分隔符：
- 点号(.)：用于分隔包、子包和类或分隔引用变量中的变量和方法。
- 分号(;)：Java 语句结束的标记。
- 逗号(,)：分隔方法的参数和变量声明中的连续标识符，或用于在 for 语句中连接语句等。
- 冒号(:)：说明语句标号。
- 大括号({})：用于定义复合语句、方法体、类体，以及数组的初始化。
- 方括号([])：用于定义数组类型，以及引用数组的元素值。
- 圆括号(())：用于在方法定义和访问时容纳参数表，或在表达式中定义运算的先后次序，或在控制语句中容纳表达式和类型转换。

【例 4-1】标识符、关键字、注释符和分隔符的使用。

/*第一个 Java 程序

* 演示标识符、关键字、注释符和分隔符的使用
　　*/
　　public class Example{
　　　　public static void main(String args[]){
　　　　　　//定义整型变量
　　　　　　int i = 3;
　　　　　　System.out.println(i);
　　　　}}

【说明】

（1）程序的前面是多行注释，对程序加以描述。main()方法里设置了单行注释，用于解释语句"int i"。

（2）class是关键字，用于定义类；public说明这个类是公有的。Example是标识符，用于说明类的名称。为了与类的其他成员区别，类名的第一个字母应大写。

（3）第1行末尾与最后一行是一对大括号，括号中为类体。类体中定义了变量和方法，并指明了成员的访问权限。本例中定义了一个方法main，定义了整型变量i。

（4）第2行由public static void关键字来说明方法main是公有的、静态的、无返回值的成员方法。()里的内容是参数定义；args是数组名，也称为命令行参数标识符；String是字符串类名，说明args参数数组为字符串类；[]说明args数组是一维数组，是固定用法。

（5）第3行定义了一个整型变量i，并赋初始值为3。其中，i为变量标识符。

（6）第4行，输出显示变量i的值，显示结束换行。

程序的运行结果显示如下，即将变量i的值3输出显示：

3

【补充】

编写与运行上述程序，需要使用MyEclipse开发工具。步骤如下：

第1步，创建项目。

第2步，在项目的默认包中直接创建类。右键单击项目名，然后在弹出的菜单中依次选择 "New"→"Class"。也可以先创建包，再创建类，具体操作参见4.4.1～4.4.3节。

4.3.2　数据类型

　　Java语言是一种强类型语言，在声明任何变量时，都必须为该变量指定一种数据类型。Java语言提供了两种数据类型：基本数据类型和引用数据类型。数据类型的详细分类如图4-2所示。

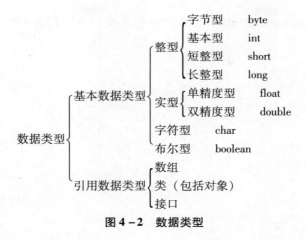

图 4-2 数据类型

1. 基本数据类型

不同的数据类型在计算机所表示的数值范围和占用的内存大小都不一样，表 4-4 所示为 Java 语言基本数据类型的长度和取值范围。其中，前 6 种为数值型数据类型。在 Java 语言中，所有数值类型都与系统平台无关。

表 4-4 Java 语言基本数据类型

数据类型	名称	位长	默认值	取值范围
字节型	byte	8	0	$-2^7 \sim 2^7-1$
短整型	short	16	0	$-2^{15} \sim 2^{15}-1$
基本型	int	32	0	$-2^{31} \sim 2^{31}-1$
长整型	long	64	0	$-2^{63} \sim 2^{63}-1$
单精度型	float	32	0.0	$-3.4 \times 10^{38} \sim 3.4 \times 10^{38}$
双精度型	double	64	0.0	$-1.7 \times 10^{308} \sim 1.7 \times 10^{308}$
字符型	char	16	'\u0000'	'\u0000' ~ '\uffff'
布尔型	boolean	1	false	true，false

【例 4-2】基本数据类型示例。

程序代码：

```
public class Variable{
    public static void main(String[] args){
        System.out.println("字符型:"+'B');
        System.out.println("短整型:"+32767);
        System.out.println("基本型:"+23);
        System.out.println("长整型:"+123456789L);
        System.out.println("布尔型:"+true);
        System.out.println("字节型:"+65);
        System.out.println("单精度型:"+12.3456789F);
```

```
            System.out.println("双精度型:" +1.23E-308);
        }
}
```

运行结果:
字符型:B
短整型:32767
基本型:23
长整型:123456789
布尔型:true
字节型:65
单精度型:12.345679
双精度型:1.23E-308

2. 引用数据类型

Java 语言中的引用数据类型包括数组、类和接口。8 种基本数据类型在 java 中都有对应的封装类型,也就是引用类型,它们不仅包含基本数据类型所能表示的数据,而且包含一些特定的方法,通过这些方法可以对数据进行专门的操作。

- 整型:Byte、Short、Integer、Long
- 单精度型:Float
- 双精度型:Double
- 字符型:Character
- 布尔类型:Boolean

常用的 Java 语言引用数据类型如表 4-5 所示。

表 4-5 常用的 Java 语言引用数据类型

数据类型	关键字	功能举例	功能说明
字符型	Character	Character.toUpperCase('a')	将小写字母转换成大写字母
		Character.toLowerCase('A')	将大写字母转换成小写字母
整型	Integer	Integer.valueOf("123")	将字符串转换成 int 数据
		Integer.MIN_VALUE	表示 int 类型数据的最小值
		Integer.MAX_VALUE	表示 int 类型数据的最大值
单精度型	Float	Float.toString(2.3F)	将 float 数值转变成字符串
		Float.MIN_VALUE	表示 float 类型数据的最小值
		Float.MAX_VALUE	表示 float 类型数据的最大值
双精度型	Double	Double.valueOf("2.3")	将字符串转换成 double 类型数据
		Double.MIN_VALUE	表示 double 类型数据的最大值
		Double.MAX_VALUE	表示 double 类型数据的最大值
字符串类	String	String.valueOf(123)	将数值 123 转换成字符串

【例4-3】 引用数据类型示例。

程序代码：

```java
public class DataType{
    public static void main(String[] args){
        //将小写"a"转换成大写"A"
        System.out.println(Character.toUpperCase('a'));
        //将字符串"12"转换成int数据
        System.out.println(Integer.parseInt("12"));
        //得到int型数据的最小值
        System.out.println(Integer.MIN_VALUE);
        //得到int型数据的最大值
        System.out.println(Integer.MAX_VALUE);
        //将字符串转换成long值
        System.out.println(Long.parseLong("12"));
        //将float型数据"2.3"转换成字符串"2.3"
        System.out.println(Float.toString(2.3F));
        //将"2.3"转换成double值
        System.out.println(Double.valueOf("2.3"));
        //将"123"转换成字符串
        System.out.println(String.valueOf(123));
    }
}
```

运行结果：

A
12
-2147483648
2147483647
12
2.3
2.3
123

基本数据类型的变量名是变量本身，而引用数据类型的变量名是变量的存储地址。因此，引用数据类型的变量不能用"=="来判断是否相等。实际上，"=="是检查两个引用变量是否指向同一地址，而不是检查其中的内容是否相等。

4.3.3 变量与常量

1. 常量

常量是指在程序中直接给出的符号串,作用是为变量赋值或参与表达式的运算。常量可以是一个具体的数值或字符串。常量在程序执行过程中是不可更改的,它与变量的区别是不占用内存。Java 语言规定:常量标识符名全部由大写字母组成(如 PI),多个单词之间以下划线连接(如 MAX_INTEGER、MAX_ARRAY_NUM)。

1)整型常量

整型常量即用计算机表示某个整数值,书写时可采用十进制、十六进制和八进制形式。十进制常量是以非 0 开头,后接多个 0~9 的数字,如十进制 12;八进制常量是以 0 开头,后接多个 0~7 的数字,如八进制 017;十六进制常量是以 0x 开头,后接多个 0~9 的数字或 a~f 的小写字母,或 A~F 的大写字母,如十六进制 0x1F。

Java 语言中提供了 4 种整型数据类型:byte、short、int 和 long。byte 和 short 类型主要应用于底层文件处理或需要占据存储空间的大型数组。int 类型是最常用的,默认为 32 位;long 类型可以表示非常大的整数,当表示 64 位的 long 类型常量时,应在普通数字后面要加上"L"或"l",如 23L。

2)实型常量

在 Java 语言中,实型常量有十进制数形式和科学计数法形式。

十进制数形式:由数字和小数点组成,且必须有小数点。例如,.123、0.123、123.0。

科学计数法形式:对于较大或较小的数,可以使用科学记数法形式。例如,1.26E5 或 1.26E-5。其中,字母 e(或 E)之前必须有数字,且 e(或 E)后的指数必须为整数。

对于一个实型常量,根据表示的精度不同,有单精度(float)和双精度(double)之分。由于 Java 语言中实型常量默认为在计算机中占 64 位的 double 型,所以单精度数应在后面加"f"或"F"来表示(如 5.1f、.4f、2e3f 等);对于精度更高的小数,则在双精度数后面加"d"或"D"来表示,或者只是小数而不加后缀(如 5.1d、.4、2e-5 等)。

3)字符型常量

单个 ASCII 字符的前后使用单引号,即为字符型常量,如'a'、'8'等。Java 语言的字符型常量采用国际编码标准 Unicode,每个码有 16 位,可容纳 65536 个字符,使 Java 语言处理多语种的能力大大加强。对于无法通过键盘输入的字符,可以使用转义符号来表示。转义符号如表 4-6 所示。

表 4-6 转义符号

转义符号	Unicode 编码	功能
'\b'	'\u0008'	光标退一格(Backspace)
'\t'	'\u0009'	水平制表符(Tab),将光标移至下一个制表符位置
'\n'	'\u000a'	换行,将光标移至下一行的开始处

续表

转义符号	Unicode 编码	功能
'\f'	'\u000c'	进纸，换页
'\r'	'\u000d'	回车，将光标移至当前行的开始，不移到下一行
'\"'	'\u0022'	双引号，输出一个双引号
'\''	'\u0027'	单引号，输出一个单引号
'\\'	'\u005c'	反斜杠，输出一个反斜杠

4）布尔型常量

布尔型常量只有两个值，即 true（真）和 false（假），且它们不对应于任何整数值，用于逻辑条件的判断。

【注意】

书写时应直接使用 true 和 false 这两个英文单词，且不能加引号。

5）字符串常量

字符串常量是用一对双引号括起来的一串字符。当字符串只包含一个字符时，切勿与字符常量混淆。例如，'A'是字符常量，而"A"是字符串常量。字符串常量中可包含转义字符，例如，"Hello\nWorld"的中间有一个换行符，因此在输出时，"Hello" "World" 将分别显示在两行。

6）null 常量

null 常量只有一个值，用"null"表示，表示对象的引用为空。

2. 变量

变量是程序中存储单元的标识符表示，是内存中的一块空间，可以存放信息和数据，具有记忆数据的功能。通常用小写字母或单词作为变量名，在程序运行过程中，其值是可以改变的。Java 程序中的变量具有名称、类型、值和作用域等特性。

1）变量命名

变量必须有一个名字，且变量名的定义必须符合以下命名规则：

（1）变量名是由 Unicode 字母或数字组成的不间断序列（中间不能有空格），长度不限，但系统只接受前 32 个字符。变量名必须以小写字母开头，且第一个字符不能是数字。

（2）变量名必须是一个合法的标识符，不能是一个关键字（如 int）、布尔值（true 或 false）或保留字（null）。

（3）变量名在同一个作用域必须是唯一的，变量名区分大小写字母。

（4）如果变量名由多个单词组成，则将单词连在一起。除了第一个单词外，其他单词的首字母均大写。例如，regDate、totalNum。

2）变量的声明

Java 语言是强类型语言，这就意味着每一个变量都必须有一个数据类型。变量在使用之前必须先声明变量，即声明变量包括的两项内容：变量名和变量的类型。通过变量名，可以使用变量包含的数据。变量的类型决定了它可以容纳什么类型的数值，以及可以对它进行怎样的操作。

声明变量的格式为:
类型 变量名[,变量名2,…,变量名n];
或
类型 变量名[,变量名2,…,变量名n]=初值,…;

3) 变量初始化

变量在声明后,可以通过赋值语句来对其进行初始化。Java语言用"="来表示给变量赋值,语法为:

varName=[varName2=]表达式;

如:
double salary;
salary=200d;

变量赋值将右边的"表达式"的值保存在左边的变量中,也可以用另一种形式同时给多个变量赋值:

类型 varName=表达式1[,varName2=表达式2];

如:
double salary1,salary2;
salary1=200d, salary2=300d;

变量还可以在声明的同时进行初始化:
double salary=200d;

【注意】

给变量赋值时,"="两边的数据类型应一致,即如果定义的变量是float,则给它赋值的常量也必须用float型常量,除非它们可以进行自动类型转换。

另外,Java语言中还有一种特殊的final类型的变量,称作常量。final类型的变量在初始化后就不能重新对其赋值,常用于表示一些固定不变的值。

声明final类型常量的格式为:

final 类型 常量名[,常量名]=值,…;

如:
final double PI=3.1415926;

【例4-4】变量示例。

程序代码:
```
public class Assign{
    public static void main(String args[]){
        //定义x,y两个整型变量
        int x,y;
        //指定变量z为float型,且赋初值为1.234
        float z=1.234f;
        //指定变量w为double型,且赋初值为1.234
        double w=1.234;
        //指定变量flag为boolean型,且赋初值为true
```

```
        boolean flag = true;
        //定义字符型变量 c
        char c;
        //定义字符串变量 str
        String str;
        //指定变量 str1 为 String 型,且赋初值为 Hi
        String str1 = "Hi";
        //给字符型变量 c 赋值'A'
        c = 'A';
        //给字符串变量 str 赋值"bye"
        str = "bye";
        //给整型变量 x 赋值 12
        x = 12;
        //给整型变量 y 赋值 300
        y = 300;
    }
}
```

4) 变量的作用域

变量要先定义,后使用。然而,在变量定义后的语句并不是一直能使用前面定义的变量。变量定义所在的位置决定了变量的作用域,根据变量定义所在的位置不同,变量可以分为类成员变量、局部变量、方法参数变量、异常处理参数变量。图 4-3 所示为变量的作用域图。

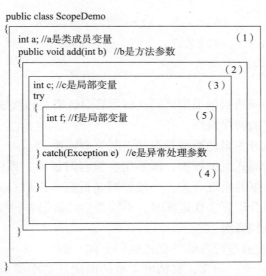

图 4-3 变量的作用域

可以用大括号将多个语句包起来,形成一个复合语句,变量只能在定义它的复合语句中使用。

【例 4-5】 常量的定义、变量的定义和其作用范围等的示例。

程序代码：
```java
public class TypeDefinition{
    //定义字符型变量charVar
    static char charVar = '\t';
    //定义单精度浮点常量floatVar
    static final float floatVar =3.1415926f;
    public static void main(String[] args){
        //字符串变量stringVar在该语句块中有效
        String stringVar ="Java";
        System.out.print("类中定义:floatVar = " + floatVar + charVar + "stringVar = " + stringVar);
        //光标换行,下面的结果在新行输出
        System.out.println();
        show();
    }
    static void show(){
      String stringVar ="北京";
      System.out.println("类中定义:floatVar = " + floatVar);
      System.out.println("方法中定义:stringVar = " + stringVar);
    }
}
```

运行结果：
类中定义:floatVar =3.1415925　　stringVar =Java
类中定义:floatVar =3.1415925
方法中定义:stringVar =北京

5）变量类型的转换

类型转换就是指在不同的数据类型之间进行运算时，需要转换成统一的类型来进行，不同的数据类型之间有一定的转换规则。

变量的类型转换可以分为自动类型转换和强制类型转换。

自动类型转换也称为隐式类型转换，即不用在编程时说明，系统能自动进行类型转换。自动类型转换的规则与数据的精度有关，一般原则是低精度可以自动转换到高精度。整型、实型、字符型数据可以混合运算。在运算时，不同类型的数据先转换为同一类型，再进行运算。转换原则为：从低级到高级。

图4-4所示为可以表示进行自动类型转换的方向。例如，byte型既可自动转换成short型，也可以自动转换成int型。但是，高精度类型转换成低精度类型时，就需要进行强制类型转换。

　　　　　　byte、short、char→int→long→float→double
　　　　　　低　　　　　　　　　　　　　　　　　　　　　高

图4-4　不同类型数据间的优先关系

强制类型转换采用在值前加上数据类型的形式进行。

变量类型强制转换的格式为：

（数据类型）数据表达式

例如：

int i;

byte b=(byte)i;/* 把 int 型变量 i 强制转换为 byte 型 */

【注意】

在进行强制类型转换时，目标类型要能容纳原类型的所有信息。整型和字符型变量位长是不同的，整型是32位，而字符型是16位，所以整型转换到字符型时可能丢失信息；同样，把64位的长整型转换为整型时，由于长整型有比32位更多的信息，因此也很可能会丢失信息；即使两个数有相同的位数，如 int 型和 float 型（都是32位），从 float 型转换为 int 型时也会丢失信息。

表4-7列出了不会丢失信息的类型转换。

表4-7　不会丢失信息的数据类型转换

原始类型	目标数据类型	原始类型	目标数据类型
byte	short、char、int、long、float、double	int	long、float、double
short	int、long、float、double	long	float、double
char	int、long、float、double	float	double

【例4-6】数据转换时的数据丢失示例。

程序代码：

```
public class TypeConversion{
    public static void main(String[] args){
        int intVar=0xff56;//十六进制的整数
        byte byteVar=(byte)intVar;
        System.out.println("intVar=" + Integer.toString(intVar,2)+";"+intVar);
        System.out.println("byteVar=" + Integer.toString(byteVar,2)+";"+byteVar);
        System.out.println("32位的整数强制转换为8位的字节数后数据丢失。");
    }
}
```

运行结果：

intVar=1111111101010110;65366

byteVar=1010110;86

32位的整数强制转换为8位的字节数后数据丢失。

Java 语言的运算符代表特定的运算指令，程序运行时，对运算符连接的操作数进行相应的运算。表达式是算法语言的基本组成部分，它表示一种求值规则，通常由操作数和运算符按一定的语法形式组成符号序列。操作数是参加运算的数据,可以是常量、常数、变量或成员方法引用。表达式中出现的变量名必须已经被初始化。

表达式按照运算符的优先级进行计算,求得一个表达式的值。Java 语言规定了表达式的运算规则,对操作数类型、运算符性质、运算结果类型及运算次序都做了严格的规定,在编写程序时必须严格遵守系统的规定,不能自定义。

按照运算符功能来分,Java 运算符有 6 种:算术运算符、关系运算符、逻辑运算符、条件运算符、赋值运算符、位运算符。

按照连接操作数的数目来分,Java 运算符有 3 种:一元运算符、二元运算符、三元运算符。

4.3.4 运算符与表达式

1. 算术运算符与表达式

Java 语言的算术运算符和功能如表 4-8 所示。

表 4-8 算术运算符

运算符	含义	示例	功能描述
-	负号运算符	-x	将 x 取负值
++	自增运算符	i++	等价于 i=i+1
--	自减运算符	i--	等价于 i=i-1
+	加法运算符	5+3→8	将 5 和 3 相加,结果为 8
-	减法运算符	5-3→2	从 5 减去 3,结果为 2
*	乘法运算符	5*3→15	将 5 和 3 相乘,结果为 15
/	除法运算符	5/3→1	5 除以 3,结果为 1
%	求余运算符	5%3→2	5 除以 3 取余数,结果为 2

算术运算符按操作数的多少分为一元运算符和二元运算符。一元运算符(-、++、--)只有一个操作数进行运算,而二元运算符有两个操作数参与运算。一元运算符与操作数之间不允许空格。自增、自减运算符不能用于表达式,只能用于简单变量。

如果对负数取模,可以把模数负号忽略不计。例如,5%-2=1。但是,如果被模数是负数,就另当别论了。

对于除号"/",它的整数除和小数除是有区别的:整数之间做除法时,只保留整数部分而舍弃小数部分。例如,"int x=3510; x=x/1000*1000;"的实际运行结果是 3000。然而,7.0%2=1.0。

Java 中的"+"除了有加法算术运算功能外,还可以用来合并两个字符串,且当"+"合并一个字符串与一个操作数时,Java 还能自动将操作数转化为字符串。例如,""x"+123;"的结果是"x123"。

【例 4-7】算术运算符的使用示例。

程序代码：
```java
public class TestArithmeticOP
{
    public static void main(String[] args){
        int n=1859,m;//m存放n逆序后的整数
        int a,b,c,d;//分别表示整数n的个、十、百和千位上的数字
        d=n/1000;
        c=n/100%10;
        b=n/10%10;
        a=n%10;
        m=a*1000+b*100+c*10+d;
        System.out.println("原来的四位数:n="+n);
        System.out.println("每位逆序后四位数:m="+m);
    }
}
```
运行结果：
原来的四位数:n=1859
每位逆序后四位数:m=9581

2. 关系运算符与表达式

关系运算符是二元运算符，用于比较两个操作数的值并确定它们之间的关系，运算结果是一个布尔值。Java语言中共有6种关系运算符，如表4-9所示。

表4-9 关系运算符

运算符	含义	示例	功能描述
>	大于运算符	'A' > 'a' → false	比较A的编码值大于a的编码值，结果取值false
<	小于运算符	'A' < 'a' → true	比较A的编码值小于a的编码值，结果取值true
>=	大于等于运算符	4>=3 → true	比较4大于或等于3，结果取值true
<=	小于等于运算符	4<=3 → false	比较4小于或等于3，结果取值false
==	等于运算符	4==3 → false	比较4大于等于3，结果取值false
!=	不等于运算符	4!=3 → true	比较4不等于3，结果取值true

【注意】
(1) 关系运算符的结果都是boolean型，也就是要么是true，要么是false。
(2) 关系运算符"=="不能误写成"="。

3. 逻辑运算符与表达式

逻辑运算符只能对布尔类型的操作数进行运算，且运算结果也是布尔类型的值。Java语言中提供了6种逻辑运算符，如表4-10所示。

表 4-10　逻辑运算符

运算符	含义	示例	功能描述
&&	逻辑与运算符	(4>3)&&(6>5)→true	"条件与",仅当两个表达式的值都为true时,结果取值true
||	逻辑或运算符	(4>3)||(6<5)→true	"条件或",至少有一个表达式的值都为true时,结果取值true
^	逻辑异或运算符	(4>3)^(6<5)→true	"异或",仅当两个表达式的值相异时,结果取值true
!	逻辑非运算符	!(4>=3)→false	"非",当表达式的值为true时,结果取值false
&	布尔逻辑与运算符	(4>3)&(6>5)→true	"与",仅当两个表达式的值都为true时,结果取值true
|	布尔逻辑或运算符	(4>3)|(6<5)→true	"或",至少有一个表达式的值都为true时,结果取值true

逻辑表达式通常由多个关系表达式构成,最终运算结果为布尔值 true 或 false。

"&"和"&&"的区别在于,如果使用前者连接,那么无论任何情况,"&"两边的表达式都会参与计算。如果使用后者连接,当"&&"的左边表达式为 false 时,将不会计算其右边的表达式即可得出结论。所以,最有可能取 false 值的表达式应尽量放在左边,以提高表达式的运算速度。

"|"和"||"的区别与"&"和"&&"的区别一样。当"||"的左边表达式为 true 时,将不再计算其右边的表达式即可得出结论。所以,应尽量将最有可能取 true 值的表达式放在左边,以提高表达式的运算速度。

【例 4-8】逻辑运算符的使用示例。

程序代码:

```java
public class TestLogicOP{
    public static void main(String[] args){
        boolean b1,b2 = true,b3,b4;
        b1 =!b2;
        System.out.println("逻辑值:b1 = "+b1+"  b2 = "+b2+"  b1&b2 = "+(b1&b2));
        int x =2,y =7;
        b3 = x > y&&x ++ == y -- ;
        System.out.println("逻辑值:b3 = "+b3+"  x = "+x+"  y = "+y);
        x =2;y =7;
        b4 = x > y&x ++ == y -- ;
        System.out.println("逻辑值:b4 = "+b4+"  x = "+x+"  y = "+y);
    }
```

}
运行结果：
逻辑值:b1 = false b2 = true b1&b2 = false
逻辑值:b3 = false x = 2   y = 7
逻辑值:b4 = false x = 3   y = 6

4. 条件运算符与表达式

条件运算符是三元运算符，有3个操作数。条件表达式的格式为：
<表达式1>？<表达式2>：<表达式3>
条件运算符的执行顺序是：先计算表达式1的值，当值为真时，则将表达式2的值作为整个表达式的值；反之，则将表达式3的值作为整个表达式的值。

【例4-9】用三元条件运算符求三个小数中的最大值和最小值。
程序代码：

```java
public class FindMaxMin
{
    public static void main(String args[])
    {
        double d1 = 1.1,d2 = -9.9,d3 = 96.9;
        double temp,max,min;
        //求三个数的最大值
        temp = d1 > d2? d1:d2;
        max = temp > d3? temp:d3;
        //求三个数的最小值
        temp = d1 < d2? d1:d2;
        min = temp < d3? temp:d3;
        //显示结果
        System.out.println("max = " +max);
        System.out.println("min = " +min);
    }
}
```

运行结果：
max = 96.9
min = -9.9

5. 位运算符与表达式

位运算符是对整数中的位进行测试、置位或移位处理，是对数据进行按位操作的手段。位运算符如表4-11所示。

表4-11 位运算符

运算符	含义	示例	功能描述
&	位与运算符	op1&op2	op1 和 op2 对应位进行与运算
|	位或运算符	op1|op2	op1 和 op2 对应位进行或运算
^	位异或运算符	op1^op2	op1 和 op2 对应位进行异或运算
~	位非运算符	~op1	对 op1 的每一位求反,即1变0、0变1
<<	位左移运算符	op1 << op2	op1 的每一位左移 op2 个位置
>>	位右移运算符	op1 >> op2	op1 的每一位右移 op2 个位置
>>>	位右移运算符	op1 >>> op2	op1 的每一位无符号右移 op2 个位置

【注意】
在操作数为布尔类型时,运算符&、|和^作为逻辑运算符。但是,当操作数为数值类型时,运算符&、|和^则作为位运算符。

位运算的操作数仅限于整型数据(short、int、long)和字符型数据(char),按每个整数的二进制位进行运算,结果为一个整数。

例如:
~4 = -5   等价于二进制   ~00000100 = 11111011
6|2 = 6   等价于二进制   0110 | 0010 = 0110
4&2 = 0   等价于二进制   0100&0010 = 0000
6^2 = 4   等价于二进制   0110^0010 = 0100
8>>2 = 2   等价于二进制   1000 右移2位,为0010
1<<2 = 4   等价于二进制   0001 左移2位,为0100

">>"与">>>"的功能都是右移,但">>"可保持符号位不变,而">>>"则用零来填充右移后留下的空位,包括符号位。

【例4-10】位运算符的使用示例。
程序代码:

```java
public class TestBitOperation
{
    public static void main(String[] args){
        byte b1 =125,b2 =38;
        int i1,i2,i3;
        i1 = b1^b2;
        System.out.println("b1 = " + Integer.toString(b1,2));
        System.out.println("b2 = " + Integer.toString(b2,2));
        i1 = i1^b2;
        System.out.println("(b1^b2)^b2 = " + Integer.toString(i1,2));
        i2 = b1>>2;
        i3 = b1<<2;
        System.out.println(b1 + "右移两位相当于除4:" + i2);
```

```
        System.out.println(b1 +"左移两位相当于乘4:" +i3);
    }
}
```
运行结果:
b1 =1111101
b2 =100110
(b1^b2)^b2 =1111101
125 右移两位相当于除4:31
125 左移两位相当于乘4:500

6. 赋值运算符与表达式

赋值运算符可以与二元运算符、逻辑运算符和位运算符组合成简捷的使用方式,从而简化一些常用的表达式。赋值运算符如表4-12所示。

表4-12 赋值运算符

运算符	用法	等效表达式	示例	功能描述
=	op1 = op2	—	x = 5	把5赋给变量x
+=	op1 + = op2	op1 = op1 + op2	x = 5, x + = 10	相当于x = x + 10,把15赋给变量x
-=	op1 - = op2	op1 = op1 - op2	x = 5, x - = 10	相当于x = x - 10,把 -5赋给变量x
*=	op1 * = op2	op1 = op1 * op2	x = 5, x * = 10	相当于x = x * 10,把50赋给变量x
/=	op1/ = op2	op1 = op1/op2	x = 5, x/ = 2	相当于x = x/2,把2赋给变量x
%=	op1% = op2	op1 = op1% op2	x = 5, x% = 2	相当于x = x%2,把1赋给变量x
&=	op1& = op2	op1 = op1&op2	x = 5, x& = 2	相当于x = x&2,把0赋给变量x
|=	op1 |= op2	op1 = op1 | op2	x = 5, x|= 2	相当于x = x | 2,把7赋给变量x
^=	op1^= op2	op1 = op1^op2	x = 5, x^= 2	相当于x = x^2,把7赋给变量x
<<=	op1 <<= op2	op1 = op1 << op2	x = 5, x <<= 2	相当于x = x <<2,把20赋给变量x
>>=	op1 >>= op2	op1 = op1 >> op2	x = -5, x >>= 2	相当于x = x >>2,把 -1赋给变量x
>>>=	op1 >>>= op2	op1 = op1 >>> op2	x = -5, x >>>= 2	相当于x = x >>>2,把1赋给变量x

Java 的语言赋值运算符与 C 语言的类似,"a + = b;"等效于"a = a + b;",其他赋值运算符(-=、*=、/=、%=)类似。此外,在 Java 语言里,可以把赋值语句连在一起。例如:
x = y = z = 5;
这条语句相当于以下三个表达式:
z = 5, y = z, x = y,
所以,三个变量的值都为5。

【例4-11】通过赋值交换两个整型变量的值示例。
程序代码:
```
public class ExchangeTest{
```

```
public static void main(String[] args){
    int a=5,b=6;
    System.out.println("a = "+a+"\tb = "+b);
    a=a+b;
    b=a-b;
    a=a-b;
    System.out.println("a = "+a+"\tb = "+b);
}
```

运行结果：
a = 5 b = 6
a = 6 b = 5

7. 运算符的优先级与表达式的类型提升

表达式的运算按照运算符的优先顺序从高到低进行，同级运算符具有相同的优先级，从左到右进行。运算符具有结合性，大多数二元运算符均有自左向右的结合性，一元运算符有自右向左的结合性。结合性确定同级运算符的运算顺序。Java 语言运算符的优先级和结合性如表 4-13 所示。

表 4-13 Java 语言运算符的优先级和结合性

优先级	运算符	含义	操作数	结合性
1	. [ ] ( )	分隔符	—	—
2	expr++ expr--	后自增自减 1	一元	右
3	++expr --expr	前自增自减 1	一元	左
4	! ~ instanceof	逻辑非，按位取反	一元	右
5	new (type)	内存分配，强制类型转换	一元	右
6	* / %	算术乘，除，取余	二元	左
7	+ -	算术加，减	二元	左
8	>> >>> <<	移位运算	二元	左
9	> < >= <=	关系运算	二元	左
10	== !=	等于、不等于运算	二元	左
11	&	位与运算符	二元	左
12	|	位或运算符	二元	左
13	^	位异或运算符	二元	左
14	&&	逻辑与运算符	二元	左
15	||	逻辑与运算符	二元	左
16	?:	条件运算符	三元	右
17	= *= /= %= += -= <<= >>= >>>= &= ^= |=	赋值运算符	二元	右

例如，对于表达式"result = sum ==0?1:num/sum;"，Java 语言在处理时会按照表 4 – 10 的次序进行先高后低的计算，分以下四步完成：

第 1 步：result = sum ==0?1:(num/sum)

第 2 步：result = (sum ==0)?1:(num/sum)

第 3 步：result = ((sum ==0)?1:(num/sum))

第 4 步：result =

在任何时候，如果无法确定某种计算的执行次序，都可以用加括号的方式来为编译器明确指定运算顺序。

【例 4 – 12】求一个三位数的数字之和。

分析：首先，求得这个三位数的个、十、百位上的数字。然后，将各位数字相加，即得该三位数的数字之和。本例演示整数类型的运算。

程序代码：

```
public class Digsum3
{
    public static void main(String args[])
    {
        int n =123,a =0,b =0,c =0,digsum =0;
        a =n%10;                //个位
        b =(n%100)/10;          //十位
        c =n/100;               //百位
        digsum = a +b +c;
        System.out.println("Digsum(" +n +") = " +digsum);
    }
}
```

运行结果：

Digsum(123) =6

【例 4 – 12】求圆的面积。

分析：给出一个圆的半径，即可求出圆的面积。本例演示实数类型的运算，定义 PI 为 float 型常量。

程序代码：

```
public class Circle_area
{
    public static void main(String args[])
    {
        final float PI =3.14f;
        float r =2.5f,area;
        area = PI * r * r;
        System.out.println("Area(" +r +") = " +area);
    }
}
```

}
运行结果:
Area(2.5)=19.625

4.3.5 面向对象程序设计

在过去的几十年中,程序设计语言对抽象机制的支持程度不断提高:从机器语言到汇编语言,再到高级语言,直到面向对象语言。汇编语言出现后,程序员就避免了直接使用"0""1",而是利用符号来表示机器指令,从而更方便地编写程序;随着程序规模的继续增长,出现了 Fortran、C、Pascal 等高级语言,这些高级语言使编写复杂的程序变得容易,程序员可以更好地应对日益提高的复杂性。但是,如果软件系统达到一定规模,即使应用结构化程序设计方法,局势仍将不可控制。作为一种降低复杂性的工具,面向对象语言产生了,面向对象程序设计也随之产生。

客观世界是由许多不同种类的对象构成的,每一个对象都有自己的运动规律和内部状态,不同对象之间相互联系、相互作用。面向对象是客观世界模型的自然延伸,从现实世界中客观存在的事物(即对象)出发来构造软件系统,现实世界中的任何实体都可以看作对象,作为系统基本构成单位。在现实世界中,任何实体都可归属于某类事物,任何对象都是某一类事物的实例,通过对现实世界中对象的抽象和对象之间相互关联和作用的描述,对现实世界进行模拟,并将其映射到目标系统。较之以往的编程思想,面向对象的编程思想更加符合人的思维方式,所编写的程序更加健壮和强大,且具有更好的可重用性、可扩展性和可管理性。面向对象的概念包括对象、类、消息、封装、继承、多态等。

1. 对象

对象是系统中用来描述客观事物的一个实体,是现实实体的抽象,也是构成系统的基本单位。它不仅能表示有形的实体,还能表示无形的(抽象的)规则、计划或事件。对象由数据(描述事物的属性)和作用于数据的操作(体现事物的行为)构成独立的整体。例如,汽车的属性有型号、颜色、价格、生产厂家等;汽车的行为有起动、加速、减速等。从程序设计者来看,对象是一个程序模块;从用户来看,对象为他们提供所希望的行为。

2. 类

类是对象的模板。类是对一组有相同数据和相同操作的对象的定义,一个类所包含的方法和数据描述一组对象的共同属性和行为。类是在对象之上的抽象;对象是类的具体化,是类的实例。类可有子类,也可有父类,形成类层次结构。

3. 消息

消息是对象之间进行通信的一种规格说明。

4. 封装

封装是一种信息隐蔽技术,它体现于类的说明,是对象的重要特性。封装将数据和加工该数据的方法封装为一个整体,以实现独立性很强的模块,使用户只能见到对象的外特性(对象能接受哪些消息,具有哪些处理能力),而对象的内特性(保存内部状态的私有数据和实现加工能力的算法)对用户是隐蔽的。封装的目的在于把对象的设计者和对象的使用者分开,使用者不必知晓行为实现的细节,只需用设计者提供的消息来访问该对象。

5. 继承

继承是子类自动共享父类的数据和方法的机制。它由类的派生功能体现。一个类直接继承其他类的全部描述,同时可修改和扩充。继承具有传递性。继承分为单继承(一个子类只有一父类)和多重继承(一个类有多个父类)。类的对象是各自封闭的,如果没有继承机制,则类对象中的数据、方法就会出现大量重复。继承不仅支持系统的可重用性,还促进系统的可扩充性。

6. 多态

对象根据所接收的消息而做出动作。同一消息为不同的对象接收时,可产生完全不同的行动,这种现象称为多态。利用多态性,用户可发送一个通用的信息,而将所有的实现细节都留给接收消息的对象自行决定。因此,同一消息就可以调用不同的方法。例如,Print 消息被发送给图(或表)时,所调用的打印方法与同样的 Print 消息被发送给正文文件而调用的打印方法完全不同。多态的实现受到继承的支持,利用类继承的层次关系,把具有通用功能的协议存放在类层次中尽可能高的层次,而将实现这一功能的不同方法置于较低层次。这样,在这些低层次上生成的对象就能给通用消息以不同的响应。

4.3.6 Java 语言简介

1. Java 语言的由来

Java 语言是 1995 年 5 月由 Sun 公司在 SunWorld 大会上发布的,由于其语言简单、健壮安全性高、面向对象编程等众多优点,一经推出就受到广大程序员的热捧,成为当今 IT 行业中编程用的主流语言,被称为网络"世界语"。

1991 年,Sun 公司的 Jame Gosling、Bill Joe 等人,为电视、控制烤面包机等家用电器的交互操作开发了一款 Oak(一种橡树名字)软件,它是 Java 语言的前身。当时,Oak 并没有引起人们的注意。直到 1994 年,随着互联网和 3W 的飞速发展,他们编制了 HotJava 浏览器,得到了 Sun 公司首席执行官 Scott McNealy 的支持,得以研制和发展。出于促销和法律的原因,他们于 1995 年将 Oak 更名为 Java。Java 的得名还有一段小插曲,一天,Java 小组成员正在喝 Java 咖啡时,议论给新语言取名字的问题,有人提议用 Java(Java 是印度尼西亚盛产咖啡的一个岛屿),这个提议得到了其他成员的赞同,于是就采用 Java 来命名此新语言。很快,Java 语言得到了工业界的认可,许多大公司(如 IBM、Microsoft、DEC 等)购买了 Java 语言的使用权,Java 语言被美国著名杂志 *PC Magazine* 评为"1995 年十大优秀科技产品"。从此,开始了 Java 应用的新篇章。

Java 发展大事记：
1995 年 5 月，SUN 公司发布 Java，Java 语言诞生。
1996 年 1 月，JDK 1.0 发布。
1997 年 2 月，JDK 1.1 发布。
1998 年 12 月，JDK 1.2 发布，这是 Java 语言的里程碑，Java 语言被首次划分为 J2SE、J2EE、J2ME 三项开发技术。不久，SUN 公司将 Java 改称 Java 2，Java 语言也开始被国内开发者学习和使用。
2000 年 5 月，JDK 1.3 发布。
2002 年 2 月，JDK 1.4 发布。
2004 年 10 月，JDK 1.5 发布，同时 SUN 公司将 JDK 1.5 改名为 J2SE 5.0。
2006 年 6 月，JDK 1.6 发布，又称为 Java SE 6.0。同时，Java 的各版本去掉"2"的称号，J2EE 改称 Java EE，J2SE 改称 Java SE，J2ME 改称 Java ME。
2009 年 4 月 20 日，甲骨文公司以 74 亿美元收购 Sun 公司，取得了 Java 语言的版权。
2011 年 7 月 28 日，甲骨文公司发布 Java 7.0 的正式版。

【补充】
JDK（Java Development Kit，Java 开发包，Java 开发工具）是编写 Java 程序的开发环境。它由处于操作系统层之上的运行环境，还有开发者编译、调试和运行 Java 程序所需的工具组成，是针对 Java 开发的产品。自 Java 语言推出以来，JDK 已经成为使用得最广泛的 Java SDK（Software Development Kit，软件开发工具包）。JDK 中还包括完整的 JRE（Java Runtime Environment，Java 运行环境）。

JDK 一般有以下三种版本：
（1）SE（Java SE），Standard Edition，标准版，用于桌面程序、控制台开发。
（2）EE（Java EE），Enterprise Edition，企业版，用于企业级开发。
（3）ME（Java ME），Micro Edition，主要用于移动设备、嵌入式设备上的 Java 应用程序开发。

2. Java 语言的特点

在 SUN 公司的白皮书中，对 Java 语言的定义是"Java 是一种简单的、面向对象的、分布式的、解释型的、健壮安全的、结构中立的、可移植的、性能优异、多线程的动态语言"，这也充分体现了 Java 语言的特点。

1）Java 语言是简单的
一方面，Java 语言的语法与 C 语言和 C++语言很接近，因此大多数程序员很容易学习和使用 Java 语言；另一方面，Java 语言丢弃了 C++语言中很少使用的、很难理解的、令人迷惑的那些特性（如操作符重载、多继承、自动的强制类型转换），特别是 Java 语言不使用指针，并自动收集废料，使程序员不必为内存管理而担忧。

2）Java 语言是面向对象的
Java 语言提供类、接口和继承等，为了简单起见，只支持类之间的单继承，但支持接口之间的多继承，并支持类与接口之间的实现机制（关键字为 implements）。Java 语言是纯面向对象程序设计语言。

3) Java 语言是分布式的

Java 语言支持 Internet 应用的开发,在基本的 Java 应用编程接口中有一个网络应用编程接口(java.net),它提供了用于网络应用编程的类库,包括 URL、URLConnection、Socket、ServerSocket 等。Java 语言的 RMI(远程方法激活)机制也是开发分布式应用的重要手段。

4) Java 语言是健壮的

Java 语言的强类型机制、异常处理、自动收集废料等是 Java 程序健壮性的重要保证。Java 语言的安全检查机制使 Java 语言更具健壮性。

5) Java 语言是安全的

Java 语言通常被应用在网络环境,因此 Java 语言提供了一个安全机制,以防恶意代码的攻击。除了 Java 语言具有的许多安全特性以外,Java 语言还对通过网络下载的类具有安全防范机制(类 ClassLoader),如分配不同的名字空间以防替代本地的同名类、字节代码检查,并提供安全管理机制(类 SecurityManager),为 Java 应用设置安全哨兵。

6) Java 语言是体系结构中立的

Java 程序(扩展名为 .java 的文件)在 Java 平台上被编译为体系结构中立的字节码格式(扩展名为 .class 的文件),可以在实现这个 Java 平台的任何系统中运行。这种途径适合于异构的网络环境和软件的分发。

7) Java 语言是可移植的

Java 语言的可移植性来源于体系结构中立性。另外,Java 语言还严格规定了各种基本数据类型的长度。Java 系统本身也具有很强的可移植性,Java 编译器是采用 Java 语言实现的,Java 运行环境是用 ANSI C 实现的。

8) Java 语言是解释型的

如前所述,Java 程序在 Java 平台上被编译为字节码格式,可以在实现这个 Java 平台的任何系统中运行。在运行时,Java 平台的 Java 解释器对这些字节码进行解释执行。在执行过程中,所需的类在连接阶段被载入运行环境。

9) Java 语言是高性能的

与那些解释型的高级脚本语言相比,Java 语言是高性能的。Java 语言的字节码能够迅速转换成机器码,充分地利用硬件平台资源,从而可以得到较高的整体性能。另外,Java 平台含有大量程序包,从开发的角度看,也是高效的。

10) Java 语言是多线程的

Java 语言具有多线程机制,这使程序能够并行地执行。它的同步机制保证了对共享数据的共享操作,而且线程具有优先级的机制,有助于分别使用不同线程来完成特定行为,从而提高交互的实时响应能力。

11) Java 语言是动态的

Java 语言的设计目标之一是适应于动态变化的环境。Java 程序既能够动态地将所需的类载入运行环境,也可以通过网络来载入所需的类。这有利于软件的升级。另外,Java 程序中的类有一个运行时刻的表示,能进行运行时刻的类型检查。

Java 语言的优良特性使 Java 应用具有无比的健壮性和可靠性,从而能减少应用系统的维护费用。Java 程序对对象技术的全面支持和 Java 平台内嵌的 API 能缩短应用系统的开发时间,并降低成本。Java 程序的"编译一次,到处可运行"的特性使它能够提供一个随处可用的开放结构和在多平台之间传递信息的低成本方式，特别是 Java 企业应用编程接口（Java Enterprise APIs）为企业计算及电子商务应用系统提供了有关技术和丰富的类库。

3. Java 程序的编辑、编译和运行

Java 虚拟机（Java Virtual Machine，JVM）是 Java 程序实现跨平台的最核心的部分。所有 Java 程序会首先被编译为扩展名为.class 的类文件，这种类文件可以在虚拟机上执行。也就是说，类文件并不直接与机器的操作系统相对应，而是经过虚拟机来与操作系统间接交互，由虚拟机将程序解释给本地系统执行。JVM 是 Java 平台的基础。和实际的机器一样，JVM 有自己的指令集，并且在运行时操作不同的内存区域。JVM 通过抽象操作系统和 CPU 结构，提供了一种与平台无关的代码执行方法，即与特殊的实现方法、主机硬件、主机操作系统无关。JVM 是用软件模拟的计算机，它定义了指令集、寄存器集、类文件结构栈、垃圾收集堆、内存区域等，提供了跨平台能力的基础框架。

Java 程序分成两类：Java Applet（小应用程序）、Java Application（应用程序）。Java 程序从源文件（*.java）经过编译，生成字节码文件（*.class），由解释器运行。

Java 程序开发的一般过程如图 4-5 所示。

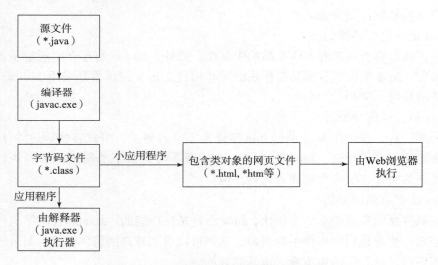

图 4-5　Java 程序开发的一般过程示意

字节码文件也称类文件，它是 Java 虚拟机中可执行的文件的格式，是与平台无关的二进制码。在执行时，字节码文件由解释器解释为本地机器码，解释一句，执行一句。Java 编译器针对不同平台的硬件提供了不同的编译代码规范，使 Java 软件能够独立于平台。

4.3.7　类的定义

类是 Java 程序的基本组成单位，是描述一类对象的共同属性和行为方法的封装体，是对象的原型。所谓开发人员编写 Java 程序，实际上是编写类代码，然后使用类来创建需要的对象。

在 Java 程序中，类由类的声明和类的主体组成。类的声明部分描述了类的修饰、名称

及所继承的父类或实现的接口;类的主体部分包括变量和方法的声明。定义类的一般形式如下:

[public |abstract |final]**class** 类名[extends 父类名][implements 接口名]
{
    类的主体;
}

1. 类的声明

在类的定义中,加粗的"class"关键字和类名是必须项,其他都是可选项。

1)类的修饰

- public:表示这个类不但能被同一个包中的其他类访问,而且能被其他包中的类访问。在缺省情况下,类只能由和它在同一个包中的其他类访问。
- abstract:表示这个类是抽象类,不能被实例化,也就是说不能定义这个类的对象。抽象类可以包含抽象方法,而抽象方法是没有实现的方法。所以,抽象类不具备具体功能,只用于衍生子类。
- final:表示这个类是最终类,它不能有子类。

2)extends 父类名

extends 父类名指示它所继承来的类的名称,也就是父类的名称。

3)implements 接口名

implements 接口名表示这个类实现一个或多个接口。如果有多个接口,接口名之间应当用逗号隔开。

2. 类的主体

类的主体包括两部分:成员变量和成员方法。成员变量,用于表示类和对象的状态;成员方法,用于实现类和对象的行为。

【例 4-14】创建一个图书信息类 Book,图书类中包含三个变量,书号 ISBN、书名 bookname、出版社 press,还有一个方法显示图书信息 showBook()。

程序代码:

```java
public class Book{
    //成员变量
    String ISBN;
    String bookname;
    String press;
    //成员方法
    public void showBook(){
        System.out.println(ISBN + ":" +bookname + ":" +press);
    }
}
```

其中,String ISBN 为定义成员变量的语句,String 为数据类型,ISBN 为成员变量名;定义成员方法为showBook()；public为成员方法的访问修饰符，代表此方法为公有方法，可以被其他类访问；void为该成员方法的返回值类型，代表没有返回值。

4.3.8 构造方法和创建对象

1. 构造方法

构造方法是一类特殊的成员方法，创建对象时，由构造方法对其成员进行初始化。构造方法具有以下特点：

（1）构造方法名必须与类名相同。
（2）没有返回类型，也不能定义为void。
（3）不能在构造方法中使用return语句返回值
（4）在类实例化时，由系统自动调用，完成对象的初始化工作。
（5）一个类如果在定义类时没有定义构造方法，系统就会自动创建一个无参数方法体为空的默认构造方法，该构造方法不执行任何代码。例如，例4-14中的Book类，没有定义构造方法，系统就自动创建一个同名的构造方法Book()。

2. 创建对象

定义类之后，就可以创建对象，需要使用new关键字。例如，创建一个Book类的对象，可以使用以下两种方法实现。

方法一：先声明Book类型的变量book，再创建book对象。

Book book；

book = new Book()；//Book()方法为Book类的默认构造方法

声明变量book后，该变量的初始值是null，此时对象尚未创建。创建对象需要使用new来为对象分配存储空间，并将它的内存地址赋给变量book，从而创建了对象book。

方法二：声明对象和创建对象一步完成。

Book book = new Book()；

创建完对象后，就可以通过运算符"."来访问其变量和方法。例如，给图书的ISBN、书名及出版社赋值，调用showBook()方法显示图书的相关信息，如下：

book.ISBN = "9787302987"；
book.bookname = "java语言程序设计"；
book.press = "清华大学出版社"；
book.showBook()；   //输出图书的信息

上述Java程序是不能单独运行的，下面编写一个测试类TestBook来实现对象的创建及使用。一个可执行的Java程序必须包含一个执行的类，一个可执行的类必须包含main()方法，即程序的入口。通常，一个完成的Java程序包含多个类，其中只有一个类有main()方法。

```
public class TestBook{
    public static void main(String[] args){
```

```
        Book book = new Book();
        book.ISBN = "9787302987";
        book.bookname = "java语言程序设计";
        book.press = "清华大学出版社";
        book.showBook();
    }
}
```

选中 TestBook.java 文件，右键单击，在弹出的快捷菜单中选择"Run As"，再选择"Java Application"，得到运行结果如图 4-6 所示。

图 4-6　运行 TestBook.java 文件的结果

4.3.9　类成员的定义

1. 成员变量

成员变量就是类和对象的属性。成员变量的定义应该写在类的主体内、类的成员方法外。

成员变量的完整定义形式如下：

[accessLevel |static |final] **type name**

其中，加粗的变量类型 type 和变量名 name 是必须项，其他都是可选项。

1）accessLevel

用于控制其他类能否访问这个成员变量。访问级分为以下四种访问级别：

- public：表示这是一个公有变量，也就是说其他类的成员方法也可以访问该变量。
- private：表示私有变量，也就是说只有自己类的成员方法可以访问变量。
- protected：表示保护变量，可变量可以被本包的所有类访问，也可以被它所属的类、所属类的子类访问。

- default：默认，不写访问修饰符即为默认类型，表示可以被本包内的其他类访问。

成员访问修饰符如表4-14所示。

表4-14 成员访问修饰符

修饰符	public	protected	默认	private
当前类	√	√	√	√
同包类	√	√	√	×
非同包子类	√	√	×	×
非同包非子类	√	×	×	×

2) static

有static修饰的成员变量称为静态变量，也叫作类变量；没有static修饰的成员变量则称为实例变量。静态变量是全局变量，是类和它的所有实例（对象）所公有的变量，系统只为每个类分配一套类变量，而不管这个类产生了多少实例对象，所有的对象共享一套静态变量，即任何一个实例改变了类变量的值，类和所有实例的类变量的值都发生变化。实例变量是每个对象独有的变量，对象之间的实例变量互不干扰。静态变量在类出现以后就会出现，即使没有生成类的任何对象，静态变量依然存在。因此，静态变量有两种访问方式，既可以通过对象访问，也可以通过类直接访问；实例变量只能通过对象访问。

【例4-15】静态变量测试。

程序代码：

```java
public class TestStatic{
    public static int num1;                    //定义类变量num1
    public int num2;                           //定义实例变量num2
    public static void main(String[] args){
        TestStatic ts = new TestStatic();      //创建对象ts
        ts.num1 = 12;                          //通过对象使用类变量
        TestStatic.num1 += 7;                  //直接通过类使用类变量
        System.out.println(ts.num1);
        System.out.println(TestStatic.num1);
        ts.num2 = 12;                          //合法
        TestStatic.num2 += 7;                  //非法
    }
}
```

TestStatic类中定义了一个类变量num1和一个实例变量num2，在main()方法中，创建了一个TestStatic类的对象，可以通过对象来使用类变量为ts.num1，将num1赋值为12，也可以通过类直接使用类变量TestStatic.num1，将num1的值加7操作。此时，静态变量num1的值为19，对象ts和类TestStatic共享静态变量num1。因此，两条输出语句的结果都为19。对于实例变量，只能通过对象来使用，如果通过类直接调用，就会出现错误。

3) final

final 表示这是最终成员变量,也就是说变量的值在初始化之后就不能改变了。最终成员变量必须在定义时就初始化,而不能在程序的其他位置初始化。

4) type

type 表示变量的类型。在类体内、方法外定义的变量称为类的成员变量,在方法体内定义的变量或方法的参数称为局部变量。

(1) 成员变量在整个类内都有效,局部变量只在定义它的方法内有效。

(2) 在成员方法中,如果局部变量的名字与成员变量的名字相同,在默认情况下,成员变量被隐藏,即在方法内,同名局部变量有效。例如:

```java
public class Variable{
    int x=2;
    void f()
    {
        int x=4,y;
        y=x;         //y 的值为 4,不是 2
    }
}
```

如果想在方法中使用同名的成员变量,则需要使用关键字 this。this 指代当前对象,使用"this. 同名成员变量名"的方法。例如:

```java
public class Book{
    //成员变量
    String ISBN,name,press;
    //方法参数为局部变量
    public void setBook(String ISBN,String bookname,String press)
        // this. ISBN 为成员变量,ISBN 为局部变量
        {   this. ISBN = ISBN;
            this. name = bookname;
            this. press = press;
        }
}
```

在程序中,this. ISBN、this. bookname、this. press 分别表示成员变量 ISBN、bookname 和 press。

2. 成员方法

成员方法是由方法定义和方法主体构成的,如图 4-7 所示。

方法的定义语法格式为,其中加粗的部分为必须项:

[accessLevel |static |abstract |final] **returnType methodName**(paramList)

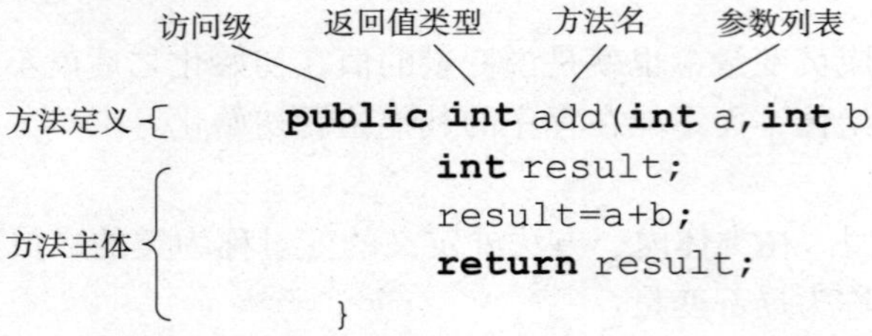

```
                    访问级   返回值类型   方法名   参数列表
       方法定义 ┤    public int add(int a,int b){
                        int result;
       方法主体 ┤        result=a+b;
                        return result;
                    }
```

图 4-7　成员方法构成示意

（1）accessLevel：与成员变量一样，成员方法也有四种访问级：public、protected、默认、private。访问级的控制条件成员变量的相同。

（2）static：表示这是一个静态方法，也称类方法，可以以"类名．静态方法名"的形式调用。没有 static 修饰的方法为实例方法，只能通过对象调用。

实例方法既能对类变量操作也能对实例变量操作，而类方法只能对类变量进行操作。例如：

```
public class Test{
  int x;
  static int y;
  void f(int a,int b)
  {
      x = a;           //合法
      y = b;           //合法
  }
  static void f1(int i,int j)
  {
      x = i;           //非法
      y = j;           //合法
  }
}
```

一个类中的方法可以互相调用，实例方法可以调用类中的其他方法；类方法只能调用该类的类方法，不能调用实例方法。例如：

```
public class Test{
    int x;
    void getMax(int a,int b)
    {x = max(a,b);           //实例方法 getMax 调用类方法 max,合法
    }
    static int max(int a,int b)
    {return a >b? a:b;
    }
    static void show(){
        getMax(3,4);         //类方法 show 调用实例方法 getMax,非法
```

```
        max(3,4);           //类方法 show 调用类方法 max,合法
    }
}
```

（3）abstract：表示这是一个抽象方法，抽象方法没有具体的实现代码。

（4）final：表示这是一个最终成员方法。最终成员方法不能被子类的同名方法覆盖。

（5）**returnType methodName**：这是必须项。**returnType** 为方法的返回值类型，如果没有返回值，则用"void"关键字表示；**methodName** 为方法名。

（6）(paramList)：参数列表，列出方法的所有参数的类型和名称。一个方法可以带有一个或多个参数，也可不带参数。

4.3.10 包

1. 包的概述

在实际项目开发中，经常需要开发很多不同的类。一般来说，中等规模程序需要20~60个类，稍大型的应用程序有上百个类。如此多的类，不但不利于程序的模块化，而且如果有的类出现同名，将造成严重错误。为此，提出了"包"的概念，用于将相关的类组织起来，形成更高一级的模块。

包是由一组类和接口组成的具有一定功能的集合。简单而言，将一组功能相关的类和接口打包起来形成的整体，就是包。

1) Java 包的作用

（1）使类的组织更加合理，避免类的名称冲突。

（2）"包"具有一定的访问控制能力，可以从更上层的角度来控制访问权限。

（3）类在包中的命名空间：每个 Java 包为类提供了一个命名空间。如果两个类的类名相同，只要所属的包不同，Java 程序就会认为它们是不同的类。这样，在设计类时，就不需要考虑它会不会与现有的类（包括 Java 系统类）重复，只需要注意与同一个包里的类不要重复就可以了。

2) 使用包的好处

（1）由于其他编程人员可以轻易地看出这些类和接口是相关的，从而提高了程序的可读性。

（2）编写的类名不会和其他包中的类名相冲突，因为每个包有自己的命名空间。

（3）可以让包中的类相互之间有不受限制的访问权限，与此同时，包以外的其他类在访问该包类时仍然受到严格限制。

2. 包的定义

创建包的方法：右键单击"项目名"或项目下的"src"，在弹出的菜单中依次选择"New"→"Package"，在弹出的"New Java Package"对话框中，输入包的名称，比如"com.bbm.model"，然后单击"finish"按钮。在左边的项目结构中，就生成了新建的包"com.bbm.model"。

右键单击此包，创建类（或接口），类（或接口）的源文件开始会自动出现"package"

关键字和包名,即实现了将类(或接口)放入该包。示例程序如下:
```
package com.bbm.model;
public class Book{…}
```
Book 类就放在包 com.bbm.model 中。在 MyEclipse 中的"Package Explorer"视图中显示的效果如图 4-8 所示。

图 4-8 视图显示效果

在默认情况下(即用户没有声明包名时),系统会为每一个 Java 源文件创建一个无名包(default package),在项目中直接定义的类(或接口)都隶属于这个无名包,它们之间可以相互引用非 private 的成员变量或方法。由于该包没有名字,所以不能被其他包引用。因此,应当在每个 Java 文件的顶部放上 package 关键字,指明它属于哪个包,从而使其能被其他包引用。

3. 包的使用

包中的类也有访问级别控制。类的访问级别只有 2 级:缺省级和公开级。

● 缺省级:缺省级不需要任何关键字,只有同一个包内的对象可以访问该类,外界不能访问。例如,class TheClass。

● 公开级:公开级需要在类定义前加"public"关键字。在公开级下,不但同一个包里的其他类可以访问这个类,而且其他包也可以访问它。例如,public class TheClass。

使用另一个包类的公开级类,有以下 3 种方法:

1)用类的全名(包名+类名)访问

如果某个类只访问一次,那么可以直接使用类的全名访问,形式是"包名.类名"。例如:com.bbm.model 包中的 Book 类,全名是 com.bbm.model.Book。

如果要在 com.bbm.view 包中使用 com.bbm.model 包中的 Book 类,则可以使用全名调用类的方法:
```
public class BookAdd{
    com.bbm.model.Book book = new com.bbm.model.Book();…}
```
即使只有一个对象,在变量定义和初始化时也两次要用到全名,如果包名很长,用起来就更加麻烦。该方法的缺点是烦琐、易出错、影响可读性。

2)导入包中的某个类

使用"import"关键字导入一个类:
```
import PackageName.ClassName;
```
其中,PackageName 是包名,ClassName 是类名。

导入类之后,程序中涉及这个类的位置只需使用类名就可以了。例如,
```
import com.bbm.model.Book;
public class BookAdd{
Book book = new Book();…}
```

import 部分需要集中放在程序的开头，可以直观地统计程序使用了哪些包和类。

3）导入包中的所有类

采用"包名.*"的方法导入包中所有的类。

import PackageName.*;

例如，要导入com.bbm.model包中的所有类，可以使用：

import com.bbm.*;

4. 常用的系统包

Java文件中常用的系统包有java.lang包、java.util包、java.io包、java.awt包、java.sql包、java.net包。

1）java.lang包

java.lang包是Java程序的核心类库，包含运行Java程序必不可少的系统类，如基本数据类型、基本数学函数、字符串处理、线程、异常处理类等，系统缺省加载这个包。

2）java.util包

java.util包是Java程序的工具包，包含如处理时间的Date类，处理变成数组的Vector类，以及Stack类和Hashtable类等。

3）java.io包

java.io包是Java语言的标准输入/输出类库，如基本输入/输出流、文件输入/输出流、过滤输入/输出流等。

4）java.awt包

java.awt包是构建图形用户界面（GUI）的类库，包含低级绘图操作Graphics类、图形界面组件和布局管理等，以及界面用户交互控制和事件响应，如Event类。

5）java.sql包

java.sql包用于实现JDBC的类库。

6）java.net包

java.net包用于实现网络功能的类库，有Socket类、ServerSocket类。

4.3.11 封装

封装性是面向对象程序设计的原则之一。它规定对象应对外部环境隐藏它们的内部工作方式。良好的封装能提高代码的模块性，防止对象之间的不良相互影响，从而使未来的开发工作变得容易。

1. 含义

封装的含义有以下两层：

（1）类将属性和方法封装成一个相对独立的单元。

（2）封装可以隐藏实现细节，将属性私有化，提供公有方法访问私有属性。

2. 实现

实现封装的方法，就是通过一对getter/setter方法来访问私有变量。getter方法用于获取变量的值，setter 方法用于设置变量的值。修改例 4-14 的程序如下：
```java
public class Book{
    //私有化成员变量
    private String ISBN;
    private String bookname;
    private String press;
    //为每一个私有成员变量提供一对公有的 getter/setter 方法
    public String getISBN(){
        return ISBN;
    }
    public void setISBN(String ISBN){
        this.ISBN = ISBN;
    }
    public String getBookname(){
        return bookname;
    }
    public void setBookname(String bookname){
        this.bookname = bookname;
    }
    public int getPress(){
        return press;
    }
    public void setPress(String press){
        this.press = press;
    }
}
```

上面的程序分别将属性 ISBN、bookname、press 设置为私有变量，并为每个变量设置了相应的 getter/setter 方法。例如，为 ISBN 设置了 getISBN() 和 setISBN(String ISBN) 的方法。这样，就不能直接访问对象的私有属性，而需要通过相应的 getter/setter 方法来对其访问。测试程序如下：

```java
public class TestBook{
    public static void main(String[] args){
        Book book = new Book();
        book.ISBN = "9787302987";//错误,不能直接访问私有变量
        book.setISBN("9787302987");
        System.out.println("图书 ISBN:" + book.getISBN());
    }
}
```

4.4 项目实施

本任务的项目教学实施过程如下:

1. 教师带领学生完成内容

1)创建项目 BookBorrowManager
2)创建实体类包 com. bbm. model
3)创建图书信息类 Book

2. 学生自行完成部分

1)创建图书类别类 BookType
2)创建读者信息类 Reader
3)创建读者类型类 ReaderType
4)创建用户类 Users
5)创建图书借阅类 BorrowBook

4.4.1 任务1:创建项目

图书借阅系统使用 MyEclipse 开发,创建"Java Project"项目的步骤如下:

(1)单击 MyEclipse 主窗口的主菜单栏中的"File",在其下拉菜单中依次选择"New"→"Java Project",如图4-9所示。

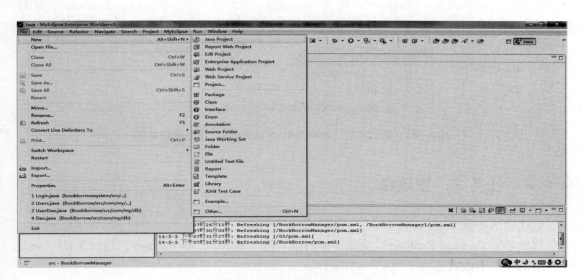

图4-9 新建"Java Project"项目

(2)在弹出对话框中,输入项目名称"BookBorrowManager",然后单击"Finish"按钮,具体如图4-10所示。

Java程序设计（项目教学版）

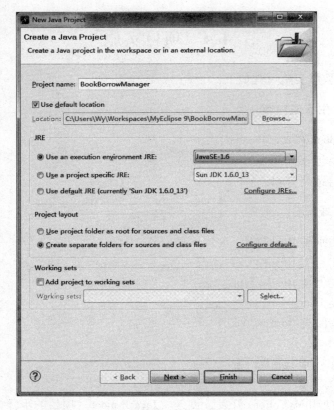

图4-10　创建"BookBorrowManager"项目

（3）单击MyEclipse主窗口的主菜单栏中的"Window"，在其下拉菜单中依次选择"Show View"→"Package Explorer"，将在MyEclipse的左侧出现"Package Explorer"视图。新创建的项目组织结构如图4-11所示。

图4-11　新创建的"BookBorrowManager"项目组织结构

4.4.2　任务2：创建包

创建包的步骤如下：

（1）在"Package Explorer"视图中，右键单击"BookBorrowManager"项目下的"src"，在弹出的菜单中依次选择"New"→"Package"，如图4-12所示。

（2）在弹出的对话框中，输入包名"com.bbm.model"，然后单击"Finish"按钮，如图4-13所示。

（3）此时，在"Package Explorer"视图中，出现了刚创建的com.bbm.model包，项目组织结构如图4-14所示。

图书借阅系统中类的应用 **子项目 4**

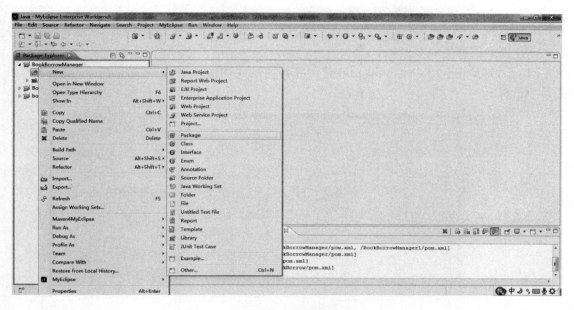

图 4-12 新建包

图 4-13 创建 com. bbm. model 包

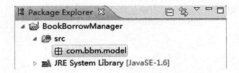

图 4-14 创建 com. bbm. model 包后的项目组织结构

71

4.4.3 任务3：创建图书信息类

创建图书信息类的步骤如下：

（1）右键单击包"com.bbm.model"，在弹出的菜单中依次选择"New"→"Class"，如图4-15所示。

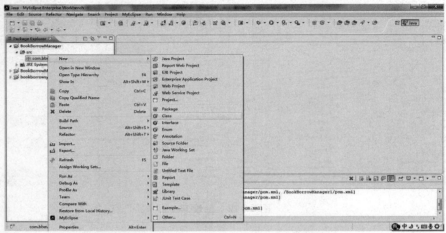

图4-15　在com.bbm.model包下新建类

（2）在弹出的对话框中，输入类名"Book"，单击"Finish"按钮，创建图书信息类Book，如图4-16所示。

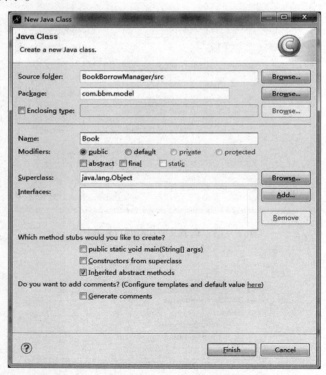

图4-16　在com.bbm.model包下创建图书信息类Book

(3) 此时，会在 com. bbm. model 包中出现新创建的类文件 Book. java，同时，会在右侧打开 Book. java 文件，如图 4 – 17 所示。

图 4 – 17 Book. java 文件

(4) 编写 Book 类。图书信息类 Book 主要是针对图书信息的实体定义。

Book 类的访问修饰应设置为 public，以便能在其他包中被访问。

Book 类包含 9 个变量，分别为：字符串型的书号 ISBN、整型的图书类别编号 typeid、字符串型的书名 bookname、字符串型的作者 author、字符串型的出版社 press、日期型的出版日期 publicationdate、整型的印刷版次 edition、双精度型的定价 price 和字符串型的图书类别名称 typename。需要注意，此类与数据库中 book 表并不完全一一对应，而是多出了图书类别名称 typename 一项，这是为了后续功能实现做准备。按照封装的思想，将类中的变量设置为私有的 private。具体程序代码如下：

```
package com.bbm.model;                    //定义所在的包
import java.sql.Date;                     //导入需要用到的日期类
public class Book{
    private String ISBN;
    private int typeid;
    private String bookname;
    private String author;
    private String press;
    private Date publicationdate;         //Date 类型需要导入 java.sql.Date
    private String edition;
    private Double price;
    private String typename;
}
```

此外，还应为每个私有变量添加一对 getter/setter 方法。该方法可以在系统中自动生成，无须手动输入。如图 4-18 所示，将光标置于打开文件的空白位置，单击右键，在弹出的菜单中依次选择"Source"→"Generate Getters and Setters…"，将弹出图 4-19 所示的对话框。在该对话框中单击"Select All"按钮，将选中所有变量，然后单击"OK"按钮，即可自动生成相应的 getter/setter 方法。

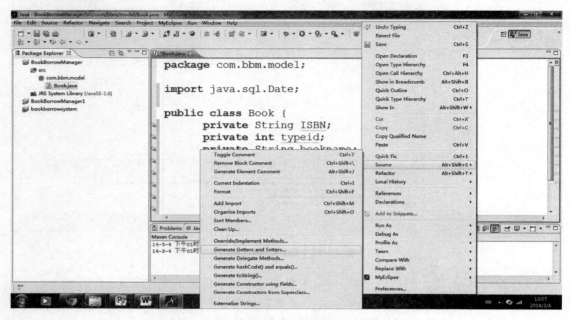

图 4-18　自动生成 set( )方法和 get( )方法

Book.java 文件的全部程序代码如下：

【Book.java】

```
package com.bbm.model;
import java.sql.Date;
public class Book{
    private String ISBN;
    private int typeid;
    private String bookname;
    private String author;
    private String press;
    private Date publicationdate;
    private String edition;
    private Double price;
    private String typename;
    public String getISBN(){
        return ISBN;
    }
```

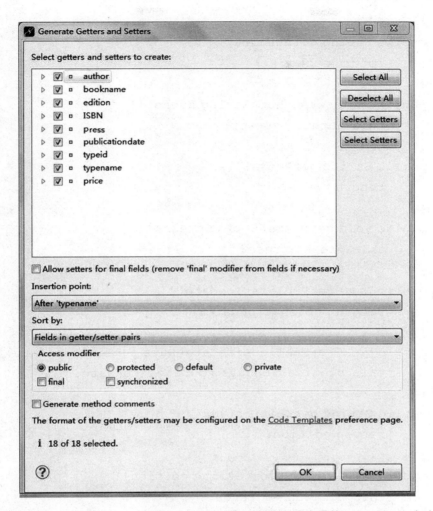

图 4-19 在 "Generate Getters and Setters" 对话框设置变量的 getter/setter 方法

```
public void setISBN(String ISBN){
    ISBN = ISBN;
}
public int getTypeid(){
    return typeid;
}
public void setTypeid(int typeid){
    this.typeid = typeid;
}
public String getBookname(){
    return bookname;
}
public void setBookname(String bookname){
    this.bookname = bookname;
```

```java
    }
    public String getAuthor(){
        return author;
    }
    public void setAuthor(String author){
        this.author=author;
    }
    public String getPress(){
        return press;
    }
    public void setPress(String press){
        this.press=press;
    }
    public Date getPublicationdate(){
        return publicationdate;
    }
    public void setPublicationdate(Date publicationdate){
        this.publicationdate=publicationdate;
    }
    public String getEdition(){
        return edition;
    }
    public void setEdition(String edition){
        this.edition=edition;
    }
    public Double getPrice(){
        return price;
    }
    public void setPrice(Double price){
        this.price=price;
    }
    public String getTypename(){
        return typename;
    }
    public void setTypename(String typename){
        this.typename=typename;
    }
}
```

该类创建完成，效果如图4-20所示。

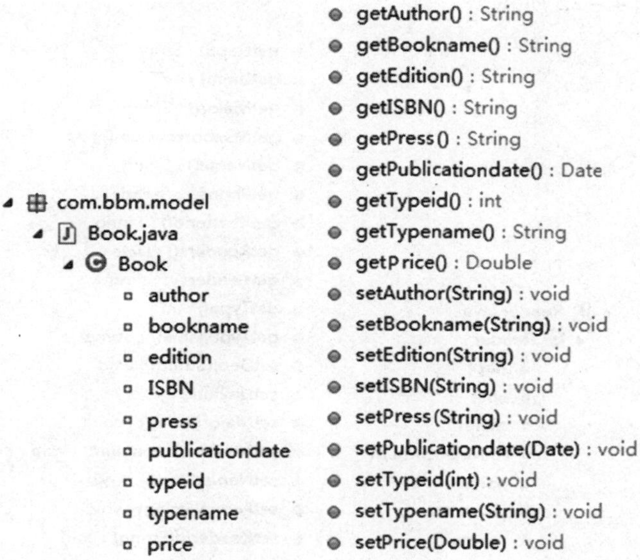

```
                                    ● getAuthor() : String
                                    ● getBookname() : String
                                    ● getEdition() : String
                                    ● getISBN() : String
                                    ● getPress() : String
                                    ● getPublicationdate() : Date
   ▲ ⊞ com.bbm.model               ● getTypeid() : int
      ▲ J Book.java                 ● getTypename() : String
         ▲ ⓒ Book                   ● getPrice() : Double
              □ author              ● setAuthor(String) : void
              □ bookname            ● setBookname(String) : void
              □ edition             ● setEdition(String) : void
              □ ISBN                ● setISBN(String) : void
              □ press               ● setPress(String) : void
              □ publicationdate     ● setPublicationdate(Date) : void
              □ typeid              ● setTypeid(int) : void
              □ typename            ● setTypename(String) : void
              □ price               ● setPrice(Double) : void
                  (a)                          (b)
```

图 4-20　图书信息类创建效果

（a）属性；（b）方法

本任务中的其他实体类的创建方法与此类似，下面列出其他实体类在创建后的查询效果。具体实现过程，请读者参照图书信息类的建立过程独立完成。

4.4.4　任务4：创建图书类别类

图书类别类 BookType，主要针对图书类别信息的实体进行定义，映射数据库中的 book-type 表。创建完成后的效果如图 4-21 所示。

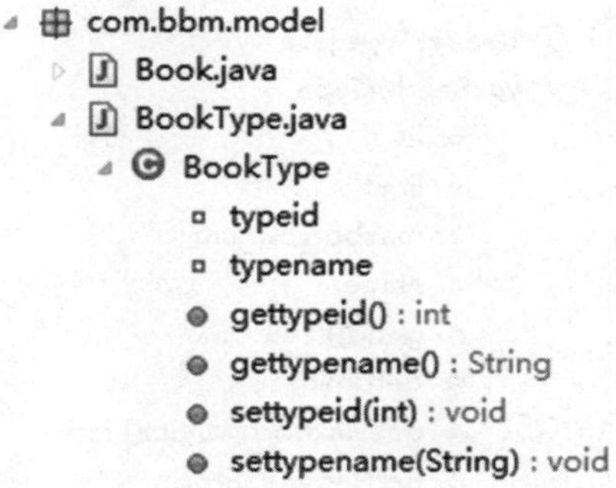

```
   ▲ ⊞ com.bbm.model
      ▷ J Book.java
      ▲ J BookType.java
         ▲ ⓒ BookType
              □ typeid
              □ typename
              ● gettypeid() : int
              ● gettypename() : String
              ● settypeid(int) : void
              ● settypename(String) : void
```

图 4-21　图书类别类创建效果

4.4.5　任务5：创建读者信息类

读者信息类 Reader 主要针对读者信息的实体进行定义，映射数据库中的 reader 表。创建完成后的效果如图 4-22 所示。

```
▲ ⓙ Reader.java
  ▲ ⓒ Reader
      ▫ dept
      ▫ limit
      ▫ major
      ▫ maxborrownum
      ▫ name
      ▫ phone
      ▫ readerid
      ▫ regdate
      ▫ gender
      ▫ type
      ▫ typename
      ● getDept() : String
      ● getLimit() : int
      ● getMajor() : String
      ● getMaxborrownum() : int
      ● getName() : String
      ● getPhone() : String
      ● getReaderid() : String
      ● getRegdate() : Date
      ● getGender() : String
      ● getType() : int
      ● getTypename() : String
      ● setDept(String) : void
      ● setLimit(int) : void
      ● setMajor(String) : void
      ● setMaxborrownum(int) : void
      ● setName(String) : void
      ● setPhone(String) : void
      ● setReaderid(String) : void
      ● setRegdate(Date) : void
      ● setGender(String) : void
      ● setType(int) : void
      ● setTypename(String) : void
```

图 4-22 读者信息类创建效果

【注意】

与图书信息类相似，此处要添加一个读者类型名称的属性，方便后续功能的实现。

4.4.6 任务6：创建读者类型类

读者类型类 ReaderType 主要针对读者类型信息的实体进行定义，映射数据库中的 readertype 表。创建完成后的效果如图 4-23 所示。

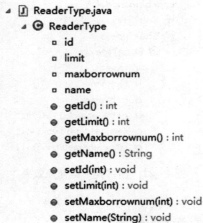

图 4-23 读者类型类创建效果

4.4.7 任务 7：创建用户类

用户类 Users 主要针对操作用户（即图书管理员）信息的实体进行定义，映射数据库中的 users 表。创建完成后的效果如图 4-24 所示。

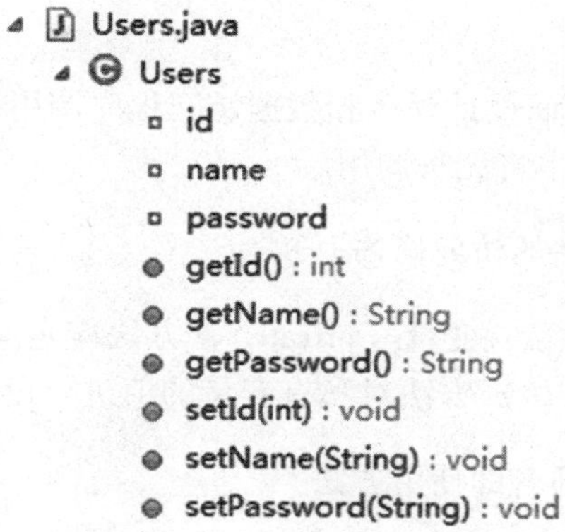

```
▲ Users.java
  ▲ ⓒ Users
      ▫ id
      ▫ name
      ▫ password
      ● getId() : int
      ● getName() : String
      ● getPassword() : String
      ● setId(int) : void
      ● setName(String) : void
      ● setPassword(String) : void
```

图 4-24　用户类创建效果

4.4.8 任务 8：创建图书借阅类

图书借阅类 BorrowBook 主要针对图书借阅信息的实体进行定义，映射数据库中的 borrowbook 表。创建完成后的效果如图 4-25 所示。

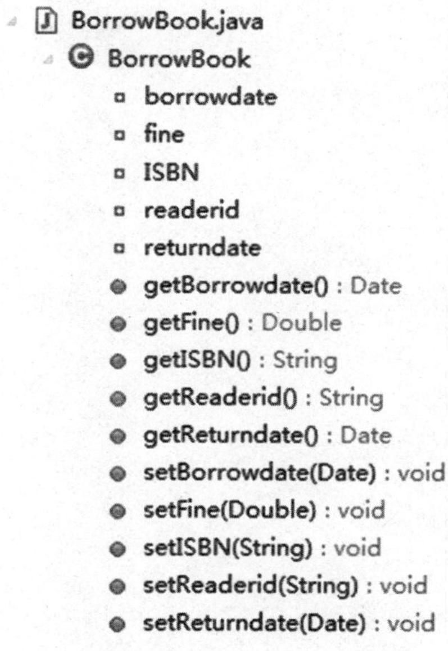

```
▲ BorrowBook.java
  ▲ ⓒ BorrowBook
      ▫ borrowdate
      ▫ fine
      ▫ ISBN
      ▫ readerid
      ▫ returndate
      ● getBorrowdate() : Date
      ● getFine() : Double
      ● getISBN() : String
      ● getReaderid() : String
      ● getReturndate() : Date
      ● setBorrowdate(Date) : void
      ● setFine(Double) : void
      ● setISBN(String) : void
      ● setReaderid(String) : void
      ● setReturndate(Date) : void
```

图 4-25　图书借阅类创建效果

4.5　本项目实施过程中可能出现的问题

本项目主要创建图书借阅系统中的实体类，用于映射数据库中的表。在项目的实施过程中，容易出现以下问题：

1. 实体类的访问修饰

由于定义的实体类会被界面设计程序和数据访问程序调用，因此应该将该类的访问修饰设置为 public，否则在其他包中将无法调用。

2. 实体类中的变量和方法的访问修饰

实体类中的变量应定义为私有变量（private），方法应定义为公开级方法（public），然后通过公开的 set( ) 方法和 get( ) 方法对私有变量的值进行设置与获取。

3. 成员变量和局部变量同名的使用方法

如果类的成员变量和方法的参数（即局部变量）重名，则可以使用"this"指代成员变量，从而进行区分。

4.6　后续项目

本项目完成了图书借阅系统的所有实体类的创建，包含了数据库表中的所有字段的应用。大家通过本项目的实施来掌握 Java 语言面向对象程序设计的基本知识，在下一章将对系统界面进行设计。

子项目 5

图书借阅系统界面设计与实现

5.1 项目任务

本项目主要完成以下任务：
- 创建包含界面类文件的包 com.bbm.view。
- 创建图书借阅系统的界面。

图书借阅系统界面类表如表 5-1 所示。

表 5-1 图书借阅系统界面类表

包名	文件名	说明
com.bbm.view	Index.java	运行系统界面
	Login.java	登录界面
	Library.java	系统主界面
	BookAdd.java	图书添加界面
	BookBorrow.java	图书借阅界面
	BookReturn.java	图书归还界面
	BookSelectandUpdate.java	图书查询与修改界面
	BookTypeManage.java	图书类别管理界面
	ReaderAdd.java	读者添加界面
	ReaderSelectandUpdate.java	读者查询与修改界面
	ReaderTypeManage.java	读者类型管理界面
	FineSet.java	罚金设置界面
	UpdatePWD.java	更改用户密码界面
	UserAdd.java	添加用户界面
	UserDel.java	删除用户界面

图书借阅系统界面类文件组织结构如图 5-1 所示。

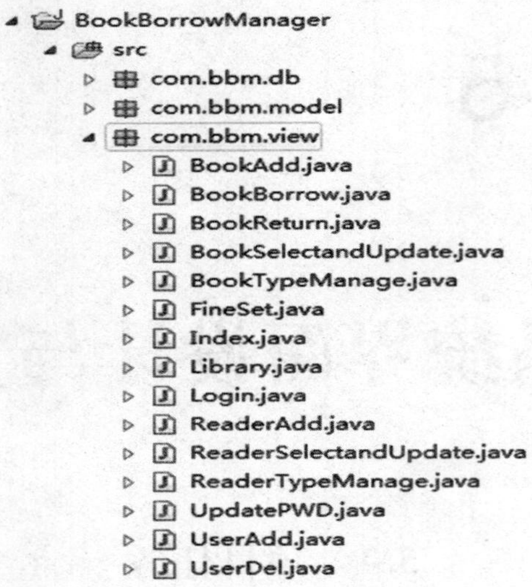

```
▲ ❋ BookBorrowManager
    ▲ ❋ src
        ▷ ❋ com.bbm.db
        ▷ ❋ com.bbm.model
        ▲ ❋ com.bbm.view
            ▷ ⓙ BookAdd.java
            ▷ ⓙ BookBorrow.java
            ▷ ⓙ BookReturn.java
            ▷ ⓙ BookSelectandUpdate.java
            ▷ ⓙ BookTypeManage.java
            ▷ ⓙ FineSet.java
            ▷ ⓙ Index.java
            ▷ ⓙ Library.java
            ▷ ⓙ Login.java
            ▷ ⓙ ReaderAdd.java
            ▷ ⓙ ReaderSelectandUpdate.java
            ▷ ⓙ ReaderTypeManage.java
            ▷ ⓙ UpdatePWD.java
            ▷ ⓙ UserAdd.java
            ▷ ⓙ UserDel.java
```

图 5-1　图书借阅系统界面类文件组织结构

5.2　项目的提出

图书借阅系统最终是通过界面来由用户使用的，对于用户而言，界面就是整个系统，因此，界面的设计是非常重要的。图形用户界面（Graphics User Interface，GUI）是指以图形的方式实现用户与计算机之间交互操作的应用程序界面。Java 语言提供了抽象窗口工具包（Abstract Window Toolkit，AWT）和 SWING 来实现图形用户界面设计功能，利用它们可以开发出功能强大、界面友好的应用程序。

本章主要针对图书借阅系统，完成其各个界面的设计与实现，使用布局管理器和各种组件来实现应用程序图形界面，重点掌握容器的使用、基本组件的使用及布局管理器的应用。Java 语言中的 GUI 组件及组件的相关方法较多，囿于篇幅，本章仅介绍一部分，建议读者参考 JDK API 文档进行辅助学习。

5.3　项目预备知识

5.3.1　类的继承与覆盖

面向对象程序设计的最大好处就是，可以简单地从已存在的类扩展出一个新类，且扩展出的新类具有其父类的功能。这在图形用户界面设计中尤为有用。通过继承，程序员不用为每个程序重新创建窗体，只需要在特定的条件下继承父类并进行扩展即可。

1. 类的继承的概念

继承是一种由已有的类创建新类的机制。利用继承，可以先创建一个共有属性和行为的一般类，再根据该一般类来创建具有特殊属性和行为的新类。新类能继承一般类的属性和行为，并能增加自己独有的、新的属性和行为。利用继承，可以很好地实现代码重用。

一个类可以从另一个类继承它的成员变量和方法，前者称为子类或派生类，后者称为父类或超类。类的这种特性称为继承性。

类的继承通过 extends 关键字来说明，extends 关键字跟在类名的后面，形式如下：

[类修饰符]class 子类名 extends 父类名{
    类体；
}

Java 程序隐含地将所有类都设为 Object 类的子类。如果在定义类的时候没有指定任何父类，默认为继承自 Object 类，则在 Java 程序中定义的所有类都直接（或间接）地是 Object 类的子类。Java 只支持单继承，不支持多重继承，即一个类只能有一个父类。

2. 类的继承规则

通过继承，子类可以继承父类的成员变量和方法，但子类并没有继承父类的所有成员。

1) 子类可以继承父类的部分
（1）父类中公开访问级的成员。
（2）父类中保护访问级的成员。
（3）如果子类和父类在同一个包，则子类继承父类中默认访问级成员。

2) 子类不能继承父类的部分
（1）父类中私有访问级的成员。
（2）如果子类和父类不在同一个包里，则子类不能继承父类的默认访问级成员。
（3）同名的成员方法或成员变量。

【例 5 - 1】下面程序演示两个包：package1 包和 package2 包。在 package1 包定义了父类 FatherClass 和其同包子类 SonClass，在 package2 包定义了非同包子类 OtherSonClass。

package1 包里的父类 FatherClass 程序如下：

```
package package1;
public class FatherClass{
    public int pub = 1;          //公开访问级成员变量
    protected int pro = 2;       //保护访问级成员变量
    int def = 3;                 //默认访问级成员变量
    private int pri = 4;         //私有访问级成员变量
    public int getdef(){
        return def;
    }
    public int getpri(){
        return pri;
    }
}
```

package1 包里同包子类 SonClass 程序如下：

```java
package package1;
public class SonClass extends FatherClass{
    public static void main(String[] args){
        //实例化子类对象
        SonClass son = new SonClass();
        //同包子类可以继承父类的公开访问级变量
        System.out.println(son.pub);
        //同包子类可以继承父类的保护访问级变量
        System.out.println(son.pro);
        //同包子类可以继承父类的默认访问级变量
        System.out.println(son.def);
        //同包子类不能继承父类的私有访问级变量,此语句错误
        System.out.println(son.pri);
        //子类可以通过父类中的公开方法访问其私有变量
        System.out.println(son.getpri());
    }
}
```

非同包 package2 包子类 OtherSonClass 程序如下：

```java
package package2;
import package1.FatherClass;//导入父类
public class OtherSonClass extends FatherClass{
    public static void main(String[] args){
        //实例化子类对象
        OtherSonClass son = new OtherSonClass();
        //不同包子类可以继承父类的公开访问级变量
        System.out.println(otherson.pub);
        //不同包子类可以继承父类的保护访问级变量
        System.out.println(otherson.pro);
        //不同包子类不能继承父类的默认访问级变量,此语句错误
        System.out.println(otherson.def);
        //不同包子类不能继承父类的私有访问级变量,此语句错误
        System.out.println(otherson.pri);
        //不同包子类可以通过父类中的公开方法访问其默认访问级变量
        System.out.println(otherson.getdef());
        //不同包子类可以通过父类中的公开方法访问其私有访问级变量
        System.out.println(otherson.getpri());
    }
}
```

3. 类的覆盖

如果在子类定义了和父类同名的成员，则默认将父类的同名成员覆盖，调用子类的同名成员。在 package1 包中，创建另一个子类 SonClass1 拥有和其父类 FatherClass 同名的成员变量和方法。

程序代码：

```
package package1;
public class SonClass1 extends FatherClass{
    public int pub=11;
    protected int pro=22;
    int def=33;
    public int getdef(){
        return def;
    }
    public static void main(String[] args){
        SonClass1 son1=new SonClass1();
        System.out.println(son1.pub);
        System.out.println(son1.pro);
        System.out.println(son1.def);
        System.out.println(son1.getdef());
    }
}
```

运行结果：

11
22
33
33

显示结果为子类中同名成员变量的值和同名方法的运行结果，这意味着子类中的同名成员将父类中的同名成员覆盖了。

在这种情况下，如果使用父类的同名成员，则使用"super"关键字指代，而子类的成员则用"this"关键字指代。修改类 SonClass1 如下：

```
package package1;
public class SonClass1 extends FatherClass{
    public int pub=11;
    int def=33;
    public void show(){
        // super.pub 指代父类的成员变量 pub
        System.out.println(super.pub);
        //this.pub 指代子类的成员变量 pub
```

```java
            System.out.println(this.pub);
        }
        public int getdef(){
            //在子类的成员方法中调用父类的成员方法
            return super.getdef();
        }
        public static void main(String[] args){
            SonClass1 son1 = new SonClass1();
            son1.show();
            System.out.println(son1.getdef());
        }
}
```
运行结果：
1
11
3

其中，1 为父类的成员变量 pub 的值，11 为子类的成员变量 pub 的值，3 为父类成员方法 getdef( ) 中返回的父类的成员变量 def 的值。

4. 继承中的构造方法

构造方法是比较特殊的一类。在继承时，构造方法既不会被继承，也不会被覆盖。父类和子类的构造方法独立存在，并且分别发挥作用。

【例 5-2】类 ProgramBook 继承自类 ComputerBook，类 ComputerBook 继承自类 Book。它们的构造方法中分别显示一行文字。

程序代码：

```java
class Book{
    Book(){
        System.out.println("Book constructor");
    }
}
class ComputerBook extends Book{
    ComputerBook(){
        System.out.println("ComputerBook constructor");
    }
}
public class ProgramBook extends ComputerBook{
    ProgramBook(){
        System.out.println("ProgramBook constructor");
    }
```

```java
public static void main(String[] args){
        ProgramBook pb = new ProgramBook();
    }
}
```

编译并运行这段程序，结果如下：
Book constructor
ComputerBook constructor
ProgramBook constructor

由此可以明显看出无参构造方法的调用顺序：

第 1 步，调用最顶端的 Book 类的构造方法。
第 2 步，调用 Book 的子类 ComputerBook 类的构造方法。
第 3 步，调用 ComputerBook 的子类 ProgramBook 的构造方法。

父类相当于一个球，子类则是在球外的包装。在构造对象时，先构造最内部的球——最顶端的父类，再从里往外一层层地构造外包装，直到整个对象都构造完成。

如果父类的构造方法有参数，就需要使用 super 关键字来指代父类，且调用父类构造方法的语句必须是子类构造方法的第一条语句，以保证父类的对象在子类的对象创建之前创建。

程序代码：

```java
class Book{
  Book(String str){
    System.out.println(str + "constructor");
  }
}
class ComputerBook extends Book{
 ComputerBook(String str){
    super("Book");
    System.out.println(str + "constructor");
 }
}
public class ProgramBook extends ComputerBook{
    ProgramBook(){
        super("ComputerBook");
        System.out.println("ProgramBook constructor");
    }
    public static void main(String[] args){
        ProgramBook pb = new ProgramBook();
    }
}
```

编译并运行这段程序，结果如下：

```
Book constructor
ComputerBook constructor
ProgramBook constructor
```
对象的构造方法依然是从最顶端的 Book 对象开始,再构造外层的 ComputerBook 对象,最后构造最外层的 ProgramBook 对象。但是,Book 类、ComputerBook 类的构造方法都带有参数。创建 ProgramBook 对象的前提是创建 ComputerBook 对象,因此必须在 ProgramBook 的构造方法里显式地调用父类 ComputerBook 的构造方法。创建 ComputerBook 对象的前提条件是创建 Book 对象,因此也需要在 ComputerBook 的构造方法里显式地调用 Book 类的构造方法。

【注意】

在创建子类对象时,如果要通过父类有参数的构造方法创建,必须将其设置为子类构造方法的第一条语句,从而保证在创建子类对象之前创建父类的对象。

5.3.2 重载

在 Java 语言中,方法重载是让类以统一的方式来处理不同类型数据的一种手段。Java 语言的方法重载,就是在类中可以创建多个方法,它们具有相同的名字,但具有不同的参数和不同的定义。调用方法时,通过传递给它们的不同个数和类型的参数来决定具体使用哪个方法。

方法重载的规范要求如下:

(1) 方法名一定要相同。

(2) 方法的参数表(包括参数的类型或个数)必须不同,以此区分不同的方法体。

①如果参数个数不同,则不必关心参数类型。

②如果参数个数相同,那么参数的类型或者参数的顺序必须不同。

(3) 方法的返回类型、修饰符可以相同,也可以不同。

1. 重载成员方法

当调用一个重载方法时,程序会根据实际的参数值和方法的自变量进行匹配查找,并执行。

【例 5-3】重载成员方法的使用。

程序代码:

```
public class OverloadMethod{
    public double area(double r){
        return Math.PI * r * r;
    }
    public double area(double x,double y){
        return x * y;
    }
    public double area(int a){
        return a * a;
```

```java
    }
    public static void main(String[] args){
        OverloadMethod om = new OverloadMethod();
        System.out.println("半径为 1.0 的圆的面积为: " + om.area(1.0));
        System.out.println("长为 4.0,宽为 2.5 的长方形的面积为: " + om.area(4.0,2.5));
        System.out.println("边长为 4 的正方形的面积为: " + om.area(4));
    }
}
```

运行结果如图 5-2 所示。

```
半径为1.0的圆的面积为: 3.141592653589793
长为4.0,宽为2.5的长方形的面积为: 10.0
边长为4的正方形的面积为: 16.0
```

图 5-2 例 5-3 的程序运行结果

在例 5-3 的程序中有 3 个方法,方法名都是 area,返回值的类型都是 double,但是每个方法的具体参数都不同。根据实际调用参数的不同,om.area(1.0)、om.area(4.0, 2.5) 和 om.area(4) 分别调用了例题中 public double area(double r)、public double area(double x, double y) 和 public double area(int a) 方法。

2. 重载构造方法

如果一个类没有定义构造方法,系统会自动创建一个无参方法体为空的构造方法。但是,如果自定义了构造方法(即重载了构造方法),系统将不再提供这个默认的构造方法,在这种情况下,如果要使用构造方法,必须手动添加。

【例 5-4】重载构造方法的使用。

程序代码:

```java
public class OverloadConstructor{
    int type;
    String name;
    public OverloadConstructor(){
    }
    public OverloadConstructor(int type,String name){
        this.type = type;// this.type 代表成员变量,type 为方法参数
        this.name = name;
    }
    public static void main(String[] args){
```

```
        OverloadConstructor oc1 = new OverloadConstructor();
        oc1.type = 1;
        oc1.name = "计算机类";
        System.out.println("图书类别编号为" + oc1.type + "的图书类别
            名称为" + oc1.name);
        OverloadConstructor oc2 = new OverloadConstructor(2,"社科类");
        System.out.println("图书类别编号为" + oc2.type + "的图书类别
            名称为" + oc2.name);
    }
}
```

运行结果如图 5 - 3 所示。

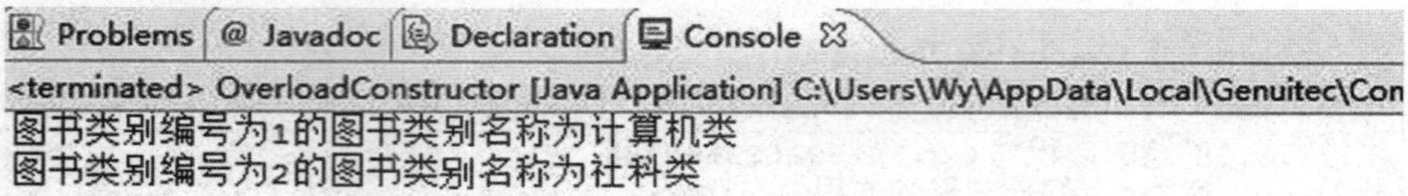

```
Problems  @ Javadoc  Declaration  Console ⊠
<terminated> OverloadConstructor [Java Application] C:\Users\Wy\AppData\Local\Genuitec\Con
图书类别编号为1的图书类别名称为计算机类
图书类别编号为2的图书类别名称为社科类
```

图 5 - 3　例 5 - 4 程序运行结果

例 5 - 3 的程序重载了构造方法，创建了带有参数的构造方法 OverloadConstructor (int type, String name)。此时，如果直接调用默认的构造方法创建对象，即 "new OverloadConstructor ( ) ;"，是不可以的，必须手动创建无参的、方法体为空的构造方法。

5.3.3　图形用户界面概述

图形用户界面（Graphics User Interface，GUI）是用户和程序交互的接口。用户界面功能的完善性和便捷性将直接影响用户对软件的使用，因此界面设计是软件开发中一项非常重要的工作。图形用户界面的设计与实现，主要包含两项内容：

（1）创建图形用户界面的元素，并进行布局。
（2）定义图形用户界面元素对用户交互事件的响应及对事件的处理。

Java 语言的抽象窗口工具包（Abstract Window Toolkit，AWT）包含了各种图形界面元素和用户交互事件的类库。在 AWT 的基础上，Java 语言还提供了一个新的窗口开发包 SWING。SWING 与 AWT 相比，可以创建更加丰富、灵活的组件，从而可以创建出更加优雅的用户界面。而且，AWT 中的组件都是重量级的，即组件是与平台相关的，如果要将其移到另一个平台上，则需要单独进行测试运行，不能实现"一次编写，随处运行"。Swing 组件基本上是纯 Java 语言实现的轻量级（light - weight）组件，它不依赖操作系统的支持，具有跨平台的特性。需要注意的是，Swing 并不能取代 AWT，Swing 和 AWT 是合作的关系，很多辅助类需要使用 AWT 中的类，如事件处理。

1. AWT

AWT 由 Java 语言的 java.awt 包提供。AWT 包括图形界面编程的基本类库。它是 Java 语言 GUI 程序设计的核心，为用户提供基本的界面构件。AWT 主要包括：组件类（Component）、容器类（Container）、布局管理器（LayoutManager）、基本事件类（Event）和图形类（Graphics）。

- Component（组件）：按钮、标签、菜单等组件的抽象基本类。
- Container（容器）：扩展组件的抽象基本类。如 Panel、Applet、Window、Dialog 和 Frame 等是由 Container 演变的类，容器中可以包括多个组件。
- LayoutManager（布局管理器）：定义容器中组件的摆放位置和大小接口。Java 语言中定义了几种默认的布局管理器，如 FlowLayout、BorderLayout、GridLayout 等。
- Event（基本事件类）：ActionEvent、InputEvent、KeyEvent 等。
- Graphics（图形类）：组件内与图形处理相关的类，每个组件都包含一个图形类的对象。

2. Swing

Swing 组件是 AWT 的 Container 类的直接子类和间接子类。类间的关系如下：

```
java.awt.Component
        -java.awt.Container
                -java.awt.Window
                        -java.awt.Frame -javax.swing.JFrame
                        -java.awt.Dialog -javax.swing.JDialog
                        -javax.swing.JWindow
                -java.awt.Applet -javax.swing.JApplet
                -javax.swing.Jcomponent
```

Swing 组件由 Java 语言的 javax.swing 包提供。在 javax.swing 包中，定义了两种类型的组件：容器组件和基本组件。容器是用来容纳和管理一组界面元素的对象。基本组件是具体实现功能的一些组件，它们必须被安排在某个容器中，否则就无法使用。容器分为顶层容器和中间容器。Swing 定义了 4 种顶层容器：JFrame、JApplet、JWindow、JDialog。这些容器继承自 AWT 类的 Component 和 Container，是重量级容器。中间容器派生自 JComponent 类，是轻量级容器，用于组织和管理一组相关的基本组件，如 JPanel、JScrollPane、JRootPane 等。其他 Swing 基本组件都是从 JComponent 类派生的，如用于标签的类 JLabel、用于按钮的类 JButton、用于复选框的类 JCheckBox。

Swing 的程序设计一般可按照以下流程进行：

第 1 步，引入 Swing 包。
第 2 步，设置顶层容器。
第 3 步，设置中间容器。
第 4 步，设置基本组件，如按钮、标签等。
第 5 步，将基本组件添加到中间容器。
第 6 步，将中间容器添加到顶层容器。
第 7 步，进行事件处理。

根据实际需要，中间容器可以省略。

GUI 的组件包含很多，本章仅就本系统用到的 GUI 组件为主进行介绍。没有介绍的组件，读者可参看 JDK API 文档自行学习（学生也可以将其作为业余拓展作业完成）。

5.3.4 顶层容器

顶层容器是进行图形编程的基础，一切图形化的信息都必然包含在顶层容器中。顶层容器用于创建初始界面，为其他中间容器和基本组件提供一个容器。在 Swing 中，有以下 3 种常用的顶层容器：

- JFrame：用于设计类似于 Windows 操作系统中的窗口形式的应用程序。
- JDialog：用于设计对话框。
- JApplet：用于设计可以在嵌入在网页中的 Java 小程序。

下面就本系统使用到的 JFrame 进行介绍。JFrame 类是 java.awt.Frame 的子类，用于创建一个窗体。JFrame 类的常用方法如表 5-2 所示。

表 5-2 JFrame 类的常用方法

方法名	方法说明
JFrame()	创建一个无标题的、初始不可见的窗体
JFrame(String s)	创建一个标题名字是字符串 s 的、初始不可见的窗体
public void setTitle(String title)	设置窗体的标题文本
public Component add(Component comp)	将组件添加到窗体中
public void setSize(int width, int height)	设置窗体大小，宽度为 width，高度为 height
public void setBounds(int x, int y, int width, int height)	设置窗体位置及大小。由 x 和 y 指定窗体左上角的位置，由 width 和 height 指定窗体的宽度和高度
public void setVisible(boolean b)	设置窗体的可见性。参数为 true，代表设置窗体可见；参数为 false，代表设置窗体不可见
public void setLocation(int x, int y)	设置窗体在屏幕中的位置，x 和 y 为窗体左上角的坐标
public void setResizable(boolean b)	设置窗体是否可调整大小。参数为 true，代表可以调整；参数为 false，代表设置不可调整
public void dispose()	关闭窗体并回收用于创建窗体的任何资源

【例 5-5】创建图书借阅系统的登录界面（局部）Login.java。

具体步骤如下：

（1）创建登录窗体类 Login，继承父类 JFrame。继承一个类，可以直接在程序中写，也可以在创建类的时候指定，如图 5-4 所示。单击"Superclass"文本框后面的"Browse…"按钮，出现图 5-5 所示的对话框，在文本框中输入"JF"，就会在下面显示类名中有"JF"的类，选择"JFrame"，单击"OK"按钮。然后，在图 5-4 所示的对话框中选中"public static void main(String[ ] args)"复选框,就可以为类自动生成主方法。

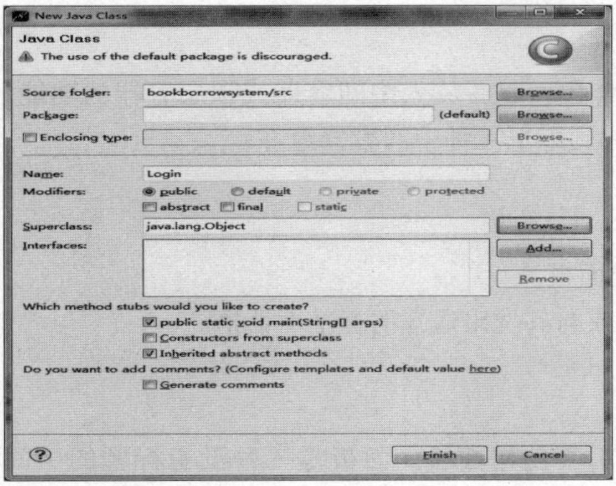

图 5-4　创建带有继承关系的类 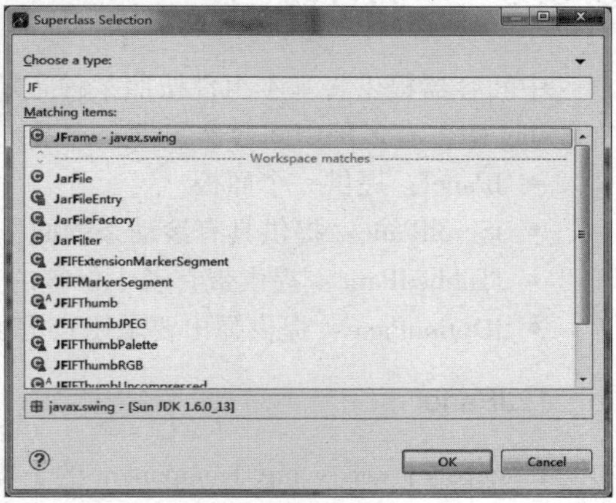　　　　　图 5-5　选择要继承的类

(2) 编写 Login.java 的程序如下:
```
import javax.swing.JFrame;
public class Login extends JFrame{
    //类 Login 的构造方法,进行界面的初始化
    public Login(){
        setSize(300,200);//设置登录界面的大小:宽 300、高 200
        setTitle("图书借阅系统登录");//设置登录界面的标题
        this.setVisible(true);//设置登录界面可见
        setResizable(false);//设置登录界面大小不可调
    }
    public static void main(String[] args){
        Login login = new Login();//实例化,创建类 Login 的对象
    }
}
```

(3) 运行程序,得到运行结果如图 5-6 所示。

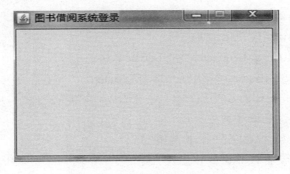

图 5-6　例 5-5 程序运行结果

5.3.5 中间容器

中间容器提供将基本组件按照某种布局组合在一起后放入中间容器或顶层容器的功能。在 Swing 中，有多种中间容器组件，本系统将用到以下 4 种中间容器组件：
- JPanel：提供一个面板。
- JScrollPane：提供具有滚动条的面板。
- JTabbedPane：提供带有若干标签的分类面板。
- JOptionPane：提供弹出要求用户提供值或向其发出通知的标准对话框。

1. JPanel

JPanel 是 javax.swing.Jcomponent 的子类，用于创建面板。面板是一种没有标题的中间容器，默认表现为透明状态。这类容器不能独立存在，必须通过 add 方法添加到某个顶层容器或存在于顶层容器的某个中间容器。面板不能移动、放大、缩小或关闭。

JPanel 类的主要方法如表 5-3 所示。

表 5-3 JPanel 类的主要方法

方法名	方法说明
JPanel()	创建一个面板对象
JPanel(LayoutManager layout)	创建一个有布局管理器的面板对象
Public void setSize(int width, int height)	设置窗体的宽度和高度
Public Component add(Component comp)	添加指定组件
Public void setLayout(LayoutManager mgr)	设定布局
Public void setBackground(Color c)	设置窗体的背景颜色
Public void setBounds(int x, int y, int width, int height)	设置窗体的位置和大小

【例 5-6】创建图书借阅系统的"图书借阅"界面（局部）BookBorrow.java。

程序代码：

```
import java.awt.BorderLayout;
import javax.swing.JFrame;
import javax.swing.JPanel;
import javax.swing.border.TitledBorder;
public class BookBorrow extends JFrame{
    public BookBorrow(){
        //设置该界面的标题
        setTitle("图书借阅");
        //设置该界面的位置及大小
        setBounds(100,100,300,200);
        //创建读者借阅信息面板
```

```
        JPanel selectpanel = new JPanel();
    //创建带有标题的边框
        TitledBorder tb = new TitledBorder("读者借阅信息");
    //设置面板的边框
        selectpanel.setBorder(tb);
    //将面板添加到该界面中
        this.add(selectpanel);
    //设置该界面可见
        setVisible(true);
    }
    public static void main(String[] args){
        BookBorrow bb = new BookBorrow();
    }
}
```

运行结果如图 5-7 所示。

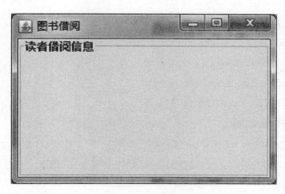

图 5-7　例 5-6 程序运行结果

TitledBorder 类实现在指定位置以指定对齐方式来显示字符串标题的任意边框，其构造方法中的字符串类型的参数为创建的边框显示的标题。程序实现了将一个带有标题的边框添加到 JPanel 中间容器，再将中间容器添加到外部窗体，进行显示。

2. JScrollPane

JScrollPane 类是一个"带滚动条的容器类"，可用于显示文本、表格等内容。当"显示内容"超过 JScrollPane 面板的大小时，系统将自动为其添加滚动条。

JScrollPane 类的构造方法如下：

- JScrollPane()：建立一个空的 JScrollPane 对象。
- JScrollPane(Component view)：建立一个新的 JScrollPane 对象，当组件内容大于显示区域时，将自动产生滚动轴。
- JScrollPane(Component view, int vsbPolicy, int hsbPllicy)：建立一个新的 JScrollPane 对象，里面含有显示组件，并设置滚动轴的出现时机。
- JScrollPane(int vsbPolicy, int hsbPolicy)：建立一个新的 JScrollPane 对象，里面不含显

示组件,但设置滚动轴的出现时机。

JScrollPane 利用下面这些参数来设置滚动轴出现的时机:
- HORIZONTAL_SCROLLBAR_ALAWAYS:显示水平滚动轴。
- HORIZONTAL_SCROLLBAR_AS_NEEDED:当组件内容水平区域大于显示区域时,出现水平滚动轴。
- HORIZONTAL_SCROLLBAR_NEVER:不显示水平滚动轴。
- VERTICAL_SCROLLBAR_ALWAYS:显示垂直滚动轴。
- VERTICAL_SCROLLBAR_AS_NEEDED:当组件内容垂直区域大于显示区域时,出现垂直滚动轴。
- VERTICAL_SCROLLBAR_NEVER:不显示垂直滚动轴。

【例 5-7】创建 JScrollPane1.java 文件,带有水平滚动轴和垂直滚动轴。

程序代码:

```java
import javax.swing.JFrame;
import javax.swing.JLabel;
import javax.swing.JScrollPane;
import javax.swing.JTextField;
public class JScrollPaneDemo extends JFrame{
    JScrollPane jscrollPane;
    public JScrollPaneDemo(){
    setTitle("JScrollPane");
    setSize(300,200);
    JLabel jlabel = new JLabel("创建一个 JScrollPane 对象,放入一个 jlabel 标签类对象,若 jlabel 的内容超出当前窗口的大小,窗口将自动显示垂直和水平滚动轴。");
    jscrollPane = new JScrollPane(jlabel);
    //设置显示水平滚动轴
    //jscrollPane.setHorizontalScrollBarPolicy(JScrollPane.HORIZONTAL_SCROLL
    //BAR_ALWAYS);
    //设置显示垂直滚动轴
    //jscrollPane.setVerticalScrollBarPolicy(JScrollPane.VERTICAL_SCROLLBAR_
    //ALWAYS);
    add(jscrollPane);
    setVisible(true);
    }
    public static void main(String[] args){
        JScrollPaneDemo jspd = new JScrollPaneDemo();
    }
}
```

程序中的 JLabel 为标签类,用于显示一些提示性或说明性的文字信息,参见 5.3.6 节。

由于显示的文本内容超出了窗体的宽度，所以显示了水平滚动轴，并且可以左右拖动；而文本的高度没有超出窗体的高度，所以没有显示垂直滚动轴。具体运行结果如图 5-8 所示。如果将程序中加粗的两行代码前的注释符去掉，则程序的运行结果如图 5-9 所示。此时，无论文本能否完全显示，都会出现水平滚动轴和垂直滚动轴。

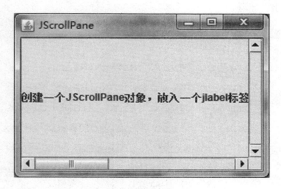

图 5-8　例 5-7 程序运行结果　　　　图 5-9　例 5-7 程序运行结果

3. JTabbedPane

JTabbedPane 是一个组件，它允许用户通过单击具有给定标题和/或图标的选项卡，在一组组件之间进行切换。用于支持在一个窗口中包含多个面板，每次只显示一个面板。

JTabbedPane 的构造方法如下：

- JTabbedPane()：创建一个具有默认的 JTabbedPane. TOP 选项卡布局的空 TabbedPane。
- JTabbedPane(int tabPlacement)：创建一个空的 TabbedPane，使其具有指定选项卡布局（JTabbedPane. TOP、JTabbedPane. BOTTOM、JTabbedPane. LEFT 或 JTabbedPane. RIGHT）中的一种。
- JTabbedPane(int tabPlacement, int tabLayoutPolicy)：创建一个空的 TabbedPane，使其具有指定的选项卡布局。

可配置的选项用于修改哪一个组件的标签位置能显示，并用于在一个虚拟行中有多个标签时，修改标签布局策略。在默认情况下，标签位于容器的顶部，当标签数量超过容器宽度时，自动回环形成多行。然而，可以使用 JTabbedPane 的指定常量（TOP、BOTTOM、LEFT 或 RIGHT）之一来显式地指定位置，来配置布局策略。

可以为已创建的基本 JTabbedPane 容器添加构成 JTabbedPane 页的面板，构造方法如下：

- insertTab(String title, Icon icon, Component component, String tip, int index)：在 index 位置插入一个 component，该组件通过 title、icon、tip（任意一个都可以为 null）来表示。其中，title 表示在此选项卡中显示的标题；icon 表示在此选项卡中显示的图标；component 表示单击此选项卡时将显示的组件；tip 表示此选项卡将显示的工具提示；index 表示要插入此新选项卡的位置。除了组件与位置索引以外，其他参数可以为空。
- addTab(String title, Component component)：添加一个标题为 title，且没有图标的组件 component。
- addTab(String title, Icon icon, Component component)：添加一个由 title 和/或 icon 表示的 component，其任意一个都可以为 null。

- addTab(String title, Icon icon, Component component, String tip)：添加由 title 和/或 icon 表示的 component 和 tip，其任意一个都可以为 null。

使用 addTab() 方法，标签被添加到末尾，也就是对于顶部或底部标签的集合而言最右边的位置，或对于在左边或右边放置的标签而言位于底部，依据组件的方向，也可以是相反的一边。

【例 5-8】创建"图书信息查询与修改"界面（局部）BookBorrow.java。

程序代码：

```
import javax.swing.JFrame;
import javax.swing.JPanel;
import javax.swing.JTabbedPane;
public class JTabbedPaneDemo extends JFrame{
    public JTabbedPaneDemo(){
        setTitle("JTabbedPane");
        JTabbedPane jtabbedpane = new JTabbedPane(JTabbedPane.TOP);
        JPanel jpanel1 = new JPanel();
        JPanel jpanel2 = new JPanel();
        jtabbedpane.addTab("图书信息查询",jpanel1);
        jtabbedpane.addTab("图书信息修改",jpanel2);
        this.add(jtabbedpane);
        this.setSize(500,500);
        this.setVisible(true);
    }
    public static void main(String[] args){
        JTabbedPaneDemo jtpd = new JTabbedPaneDemo();
    }
}
```

运行结果如图 5-10 所示。

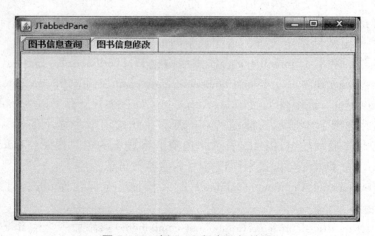

图 5-10　例 5-8 程序运行结果

4. JOptionPane

对话框可以分为模式对话框和非模式对话框。模式对话框是指用户只能在当前的窗口中进行操作，在该窗口没有关闭之前不能切换到其他窗口。非模式对话框是指当前所操作的窗口可以切换。如打开文件对话框就是典型的模式对话框，查找和替换便是非模式对话框。

Swing 提供了 JOptionPane 类来实现类似 Windows 操作系统下的 MessageBox 功能，利用 JOptionPane 类中的各个 static 方法来生成各种标准的对话框。这些对话框都是模式对话框，用于实现显示信息、提出问题、警告、用户输入参数等功能。例如：

- MessageDialog：显示消息对话框。
- ConfirmDialog：确认对话框。提出问题，然后由用户来确认（如单击"Yes"或"No"按钮）。
- InputDialog：提示输入文本对话框。
- OptionDialog：组合其他三个对话框类型。

这四个对话框可以采用 showXXXDialog( ) 来显示。例如，showMessageDialog( ) 显示消息对话框；showConfirmDialog( ) 显示确认对话框；showInputDialog( ) 显示输入文本对话框；showOptionDialog( ) 显示选择型的对话框。

方法中所使用的参数说明如下：

- ParentComponent：指示对话框的父窗口对象，一般为当前窗口。也可以设置为 null，即采用缺省的 Frame 作为父窗口，此时对话框将设置在屏幕的正中。
- message：指示要在对话框内显示的描述性文字。
- String title：设置对话框的标题。
- Component：设置在对话框内显示的组件（如按钮）。
- Icon：设置在对话框内显示的图标。
- messageType：定义对话框的类型。一般可以将值设置为 ERROR_MESSAGE、INFORMATION_MESSAGE、WARNING_MESSAGE、QUESTION_MESSAGE、PLAIN_MESSAGE 等。
- optionType：决定在对话框的底部所要显示的按钮选项。一般可以将值设置为 DEFAULT_OPTION、YES_NO_OPTION、YES_NO_CANCEL_OPTION、OK_CANCEL_OPTION。

1）显示消息对话框 MessageDialog

显示消息对话框 MessageDialog 的方法如下：

- showMessageDialog(Component parentComponent, Object message)：调出标题为 "message" 的消息对话框。
- showMessageDialog(Component parentComponent, Object message, String title, int messageType)：调出对话框，它显示使用由 messageType 参数确定的默认图标的 message。
- showMessageDialog(Component parentComponent, Object message, String title, int messageType, Icon icon)：调出一个显示信息的对话框，为其指定了相关参数。

【例 5-9】显示"读者编号不可以为空"的 MessageDialog。

程序代码：

```
import javax.swing.JFrame;
import javax.swing.JOptionPane;
```

```java
public class JOptionPaneDemo extends JFrame{
    public void show(){
        JOptionPane.showMessageDialog(null,"读者编号不可以为空");
    }
    public static void main(String[] args){
        JOptionPaneDemo jopd = new JOptionPaneDemo();
        jopd.show();
    }
}
```

运行结果如图 5-11 所示。

图 5-11　例 5-9 程序运行结果

2）显示确认对话框 ConfirmDialog

显示确认对话框 ConfirmDialog 的方法如下：

● showConfirmDialog（Component parentComponent, Object message）：调出带有选项 "Yes" "No" 和 "Cancel" 的对话框，标题为 "Select an Option"。

● showConfirmDialog（Component parentComponent, Object message, String title, int optionType）：调出一个由 optionType 参数确定其中选项数的对话框。

● showConfirmDialog（Component parentComponent, Object message, String title, int optionType, int messageType）：调用一个由 optionType 参数确定其中选项数的对话框，messageType 参数确定要显示的图标。

● showConfirmDialog（Component parentComponent, Object message, String title, int optionType, int messageType, Icon icon）：调出一个带有指定图标的对话框，其中的选项数由 optionType 参数确定。

更改例 5-9 程序中的 show（）内容如下：

```java
public void show(){
    JOptionPane.showConfirmDialog(null,"确定吗?","确认对话框",JOptionPane.YES_NO_OPTION);
}
```

运行结果如图 5-12 所示。

3）显示选项对话框 OptionDialog

这种对话框可以由用户自己设置各按钮的个数，并返回用户单击各按钮的序号（从 0 开

图 5-12 "确认对话框"程序运行结果

始计数)。

显示选项对话框 OptionDialog 的方法如下:

showOptionDialog(Component parentComponent,Object message,String title,int optionType,int messageType,Icon icon,Object[ ] options,Object initialValue):调出一个带有指定图标的对话框,其中的初始选择由 initialValue 参数确定,选项数由 optionType 参数确定。该方法的返回值为一个整数,标识用户所选的选项。各参数的含义如下:

- parentComponent:确定在其中显示对话框的 Frame 类。如果设为 null 或者 parentComponent 不具有 Frame 类,则使用默认的 Frame 类。
- message:设置要显示的 Object 类。
- title:设置对话框的标题字符串类。
- optionType:设置指定可用于对话框的选项,可将值设置为 DEFAULT_OPTION、YES_OPTION、YES_NO_OPTION、YES_NO_CANCEL_OPTION 或 OK_CANCEL_OPTION。
- messageType:指定消息的种类,主要用于确定来自可插入外观的图标,可将值设置为 ERROR_MESSAGE、INFORMATION_MESSAGE、WARNING_MESSAGE、QUESTION_MESSAGE 或 PLAIN_MESSAGE。
- icon:设置在对话框中显示的图标。
- options:指示用户可能选择的对象组成的数组。如果对象是组件,则正确呈现;对于非 String 对象,则使用其 toString 方法呈现;如果此参数为 null,则由外观确定选项。
- initialValue:表示对话框的默认选择的对象。该参数只有在使用 options 时才有意义,可以设置为 null。

更改例 5-9 程序中的 show() 内容如下:

```
public void show(){
    Object[] options = {"Java","C","C#"};
    int response = JOptionPane.showOptionDialog(this,"请选择您喜欢的语言","选项对话框",JOptionPane.YES_OPTION,JOptionPane.QUESTION_MESSAGE,null,options,options[0]);
    if(response ==0)
        {JOptionPane.showConfirmDialog(null,"您喜欢 Java 语言,确定吗?","确认对话框",JOptionPane.YES_NO_OPTION);}
    else if(response ==1)
```

```
        {JOptionPane.showConfirmDialog(null,"您喜欢 C 语言,确定吗?","确
认对话框",JOptionPane.YES_NO_OPTION);}
        else if(response ==2)
        {JOptionPane.showConfirmDialog(null,"您喜欢 C#语言,确定吗?","确
认对话框",JOptionPane.YES_NO_OPTION);}
    }
```

运行结果如图 5-13 所示。

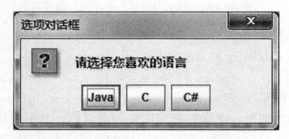

图 5-13 "选项对话框"程序运行结果

单击"Java"按钮后,出现如图 5-14 所示的对话框。

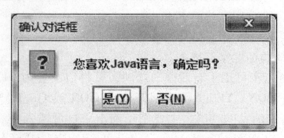

图 5-14 "确认对话框"程序运行结果

4) 显示输入对话框 InputDialog

(1) 显示输入对话框 InputDialog,要求用户输入信息。具体的方法如下:

● showInputDialog(Object message):显示请求用户输入的问题消息对话框。

● showInputDialog(Component parentComponent,Object message):显示请求用户输入内容的问题消息对话框,它以 parentComponent 为父级。

● showInputDialog(Component parentComponent, Object message, String title, int messageType):显示请求用户输入内容的对话框,它以 parentComponent 为父级,该对话框的标题为 title,消息类型为 messageType。

更改例 5-9 程序中的 show() 内容如下:
```
public void show(){
        String inputValue = JOptionPane.showInputDialog("请输入:");
}
```

运行结果如图 5-15 所示。

(2) 选择输入对话框 InputDialog,以便让用户进行有选择地输入。具体方法如下:
showInputDialog(Component parentComponent, Object message, String title, int messageType,

图 5-15 "输入对话框"程序运行结果

Icon icon,Object[ ] selectionValues,Object initialSelectionValue):提示用户在可以指定初始选择、可能选择及其他选项的模块化的对话框中输入内容。

各参数的含义如下：
- parentComponent：对话框的父类 Component。
- message：要显示的 Object 类。
- title：要在对话框的标题栏中显示的字符串。
- messageType：要显示的消息类型，可将值设置为 ERROR_MESSAGE、INFORMATION_MESSAGE、WARNING_MESSAGE、QUESTION_MESSAGE 或 PLAIN_MESSAGE。
- icon：要显示的 Icon 图像。
- selectionValues：给出可能选择的 Object 数组。
- initialSelectionValue：用于初始化输入字段的值。

更改例 5-9 程序中的 show( ) 内容如下：

```
public void show(){
    //用户的选择项目
    Object[] possibleValues = {"北京","上海","沈阳"};
    Object selectedValue = JOptionPane.showInputDialog(null,"最宜居城市","选择输入对话框",JOptionPane.INFORMATION_MESSAGE,null,possibleValues,possibleValues[0]);
    System.out.println("您选择了" +(String)selectedValue + "项目");
}
```

运行结果如图 5-16 所示。

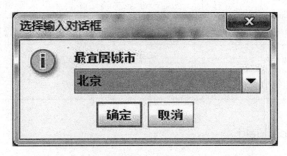

图 5-16 "选择输入对话框"程序运行结果

5.3.6 基本组件

1. 标签 JLabel 类

标签 JLabel 类既可以用于显示文本,也可以用于显示图像。在界面设计中,标签一般用于显示一些提示性或说明性的文字信息。标签组件对象在 Java 中由 JLabel 类创建。JLabel 类的主要方法如表 5-4 所示。

表 5-4 JLabel 类的主要方法

方法名	方法说明
JLabel( )	创建无图像并且其标题为空字符串的标签
JLabel(Icon image)	创建具有指定图像的标签实例
JLabel(String text)	创建具有指定文本的标签实例
public String getText( )	返回当前显示的字符串
public void setFont(Font f)	设置字体
public void setText(String text)	设置显示的字符串
public void setHorizontalAlignment(int alignment)	设置标签内容沿 x 轴的对齐方式

2. 文本框 JTextField 类

文本框 JTextField 类是单行文本输入组件,主要用于接收用户从键盘输入的单行文本信息。JTextField 类用来创建文本框组件对象。JTextField 类的主要方法如表 5-5 所示。

表 5-5 JTextField 类的主要方法

方法名	方法说明
JTextField( )	创建一个文本框对象
JTextField(int columns)	创建一个指定长度的文本框对象
JTextField(String text)	创建一个显示指定字符串的文本框对象
JTextField(String text, int columns)	创建一个指定长度并显示指定字符串的文本框对象
public void setText(String s)	设置文本框中显示的文本
public void getText( )	获取文本框中显示的文本

3. 密码框 JPasswordField 类

密码框 JPasswordField 类也是一个单行文本输入组件,与 JTextField 类的功能类似;不同的是,JPasswordField 类增加了屏蔽输入的功能,能不显示输入的内容。JPasswordField 类主要用于创建密码文本框组件对象。JPasswordField 类的主要方法如表 5-6 所示。

表 5-6　JPasswordField 类的主要方法

方法名	方法说明
JPasswordField( )	创建一个密码框对象
JPasswordField(int columns)	创建一个指定长度的密码框对象
JPasswordField(String text)	创建一个显示指定字符串的密码框对象
JPasswordField(String text, int columns)	创建一个指定长度并显示指定字符串的密码框对象
public void setEchoChar(char c)	设置此 JPasswordField 的回显字符
public char[ ] getPassword( )	返回此密码框对象中所包含的文本

4. 命令按钮 JButton 类

命令按钮 JButton 类的主要方法如表 5-7 所示。

表 5-7　JButton 类的主要方法

方法名	方法说明
JButton( )	创建不带有设置文本或图标的按钮
JButton(String text)	创建有文本的按钮
JButton(Icon icon)	创建有图标的按钮
JButton(String text, Icon icon)	创建有文本、有图标的按钮
public void addActionListener(ActionEvent e)	添加监听器
public void setText(String text)	设置按钮的文本

【例 5-10】 创建"登录"界面。

程序代码：

```java
import java.awt.BorderLayout;
import javax.swing.JButton;
import javax.swing.JFrame;
import javax.swing.JLabel;
import javax.swing.JPanel;
import javax.swing.JPasswordField;
import javax.swing.JTextField;

public class Login extends JFrame{
    JPanel nameJPanel,pwdJPanel,buttonJPanel;
    JLabel usernameJLabel,passwordJLabel;
    JTextField usernameJTF;
    JPasswordField pwdJPF;

    public Login(){
```

```java
        setSize(260,140);
        setTitle("登录界面");
        //用户名面板
        nameJPanel = new JPanel();
        usernameJLabel = new JLabel("用户名:");
        usernameJTF = new JTextField(10);
        nameJPanel.add(usernameJLabel);
        nameJPanel.add(usernameJTF);
        //密码面板
        pwdJPanel = new JPanel();
        passwordJLabel = new JLabel("密　码:");
        pwdJPF = new JPasswordField(10);
        pwdJPanel.add(passwordJLabel);
        pwdJPanel.add(pwdJPF);
        //按钮面板
        buttonJPanel = new JPanel();
        JButton confirmButton = new JButton("登录");
        JButton resetButton = new JButton("重置");
        buttonJPanel.add(confirmButton);
        buttonJPanel.add(resetButton);
        //将面板添加到该界面
        this.add(nameJPanel,BorderLayout.NORTH);
        this.add(pwdJPanel,BorderLayout.CENTER);
        this.add(buttonJPanel,BorderLayout.SOUTH);

        //设置该界面显示。否则,不显示
        this.setVisible(true);
        //取消最大化
        setResizable(false);
    }
    public static void main(String[] args){
        Login lg = new Login();
    }
}
```

程序中设置了3个中间容器——面板。其中，nameJPanel面板用于放置"用户名:"标签和文本框；pwdJPanel面板用于放置"密　码:"标签和密码框；buttonJPanel面板用于放置两个按钮。然后，使用BorderLayout布局管理器，分别将nameJPanel、pwdJPanel和buttonJPanel三个面板放在整个窗体的北部、中部和南部，有关BorderLayout布局管理器的介绍请参看5.3.7节。该程序的运行结果如图5－17所示。

图 5-17　例 5-10 程序运行结果

5. 单选按钮 JRadioButton 类

单选按钮 JRadioButton 类提供可被选择或取消选择的按钮，并可为用户显示其状态。JRadioButton 类的主要方法如表 5-8 所示。

表 5-8　JRadioButton 类的主要方法

方法名	方法说明
JRadioButton( )	创建一个初始化为未选择的单选按钮，其文本未设定
JRadioButton(String text)	创建一个具有指定文本的状态为未选择的单选按钮
JRadioButton(Icon icon)	创建一个初始化为未选择的单选按钮，其具有指定的图像，但无文本
JRadioButton(String text,Icon icon)	创建一个具有指定的文本和图像，并初始化为未选择的单选按钮
JRadioButton(String text,boolean selected)	创建一个具有指定文本和选择状态的单选按钮
public void addActionListener(ActionEvent e)	添加监听器
public void setText(String text)	设置单选按钮的文本内容
public void getText( )	获取单选按钮的文本内容
public boolean isSelected( )	返回按钮的状态。如果选定了单选按钮，就返回 true；否则，返回 false
public void setSelected(boolean b)	设置按钮的状态

6. 按钮组 ButtonGroup 类

按钮组 ButtonGroup 类用于为一组按钮创建一个多斥（multiple-exclusion）作用域。使用相同的 ButtonGroup 对象创建一组按钮，意味着当"开启"其中一个按钮时，将关闭组中的其他按钮。ButtonGroup 类的主要方法如表 5-9 所示。

表 5-9 ButtonGroup 类的主要方法

方法名	方法说明
ButtonGroup( )	创建一个新的按钮组
public void add(AbstractButton b)	将按钮添加到组中
public boolean isSelected(ButtonModel m)	返回对是否已选择一个 ButtonModel 的判断
public void remove(AbstractButton b)	从组中移除按钮
setSelected(ButtonModel m,boolean b)	为 ButtonModel 设置选择值

【例 5-11】显示学生性别。

程序代码：

```java
import javax.swing.ButtonGroup;
import javax.swing.JFrame;
import javax.swing.JLabel;
import javax.swing.JPanel;
import javax.swing.JRadioButton;
import javax.swing.SwingConstants;
public class JRadioButtonDemo extends JFrame{
    private JPanel genderJPanel;
    private JLabel genderJLabel;
    private JRadioButton manJRB,womanJRB;
    private ButtonGroup buttonGroup = new ButtonGroup();
    public JRadioButtonDemo(){
        setTitle("JRadioButton");
        setSize(300,100);
        //添加"性别:"标签到中间容器 genderJPanel 面板
        genderJLabel = new JLabel("性别:");
        genderJPanel = new JPanel();
        genderJPanel.add(genderJLabel);
        /* 将"男"单选按钮添加到中间容器 genderJPanel 面板和按钮组 but-
           tonGroup,并设置为默认选项*/
        manJRB = new JRadioButton();
        manJRB.setText("男");
        manJRB.setSelected(true);
        genderJPanel.add(manJRB);
        buttonGroup.add(manJRB);
        /* 将"女"单选按钮添加到中间容器 genderJPanel 面板和按钮组 but-
           tonGroup*/
        womanJRB = new JRadioButton();
        womanJRB.setText("女");
```

```
        genderJPanel.add(womanJRB);
        buttonGroup.add(womanJRB);
        this.add(genderJPanel);
        this.setVisible(true);
    }
    public static void main(String[] args){
        JRadioButtonDemojrb = new JRadioButtonDemo();
    }
}
```

程序运行结果如图 5-18 所示。此程序如果不将单选按钮添加到按钮组中，就会出现两个按钮同时被选中的可能。

图 5-18　例 5-11 程序运行结果

7. 复选框 JCheckbox 类

复选框对象在 Java 语言中由 JCheckbox 类创建。JCheckbox 类的主要方法如表 5-10 所示。

表 5-10　JCheckbox 类的主要方法

方法名	方法说明
JCheckbox( )	创建一个没有文本、没有图标并且最初未被选定的复选框
JCheckbox(String text)	创建一个带文本、最初未被选定的复选框
JCheckBox(String text,boolean selected)	创建一个带文本的复选框，并指定其最初是否处于选定状态
public boolean isSelected( )	如果复选框处于选中状态，则该方法返回 true；否则，返回 false

【例 5-12】复选框 JCheckBox 练习。

程序代码：

```
import java.awt.BorderLayout;
import javax.swing.JCheckBox;
import javax.swing.JFrame;
import javax.swing.JLabel;
import javax.swing.JPanel;
public class JCheckBoxDemo extends JFrame{
    private JPanel JPanel1,JPanel2;
```

```java
        private JLabel JLabel1;
        private JCheckBox JCheckbox1,JCheckbox2,JCheckbox3,JCheckbox4;
        public JCheckBoxDemo(){
            setTitle("JCheckBox");
            setSize(500,150);
            JLabel1=new JLabel("请选择你中意的岗位和工资:");
            JCheckbox1=new JCheckBox("软件工程师");
            JCheckbox2=new JCheckBox("软件测试师");
            JCheckbox3=new JCheckBox("3000");
            JCheckbox4=new JCheckBox("5000");
            JPanel1=new JPanel();
            JPanel1.add(JLabel1);
            JPanel2=new JPanel();
            JPanel2.add(JCheckbox1);
            JPanel2.add(JCheckbox2);
            JPanel2.add(JCheckbox3);
            JPanel2.add(JCheckbox4);
            this.add(JPanel1,BorderLayout.NORTH);
            this.add(JPanel2,BorderLayout.CENTER);
            this.setVisible(true);
        }
        public static void main(String[] args){
            JCheckBoxDemo jcb=new JCheckBoxDemo();
        }
    }
}
```

程序中设置了两个中间容器——JPanel1 面板和 JPanel2 面板，分别用于放置标签和复选框。使用 BorderLayout 布局管理器，将这两个中间容器放到窗体的北部和中部。程序运行结果如图 5-19 所示。在该对话框中可以同时选择"软件工程师"和"5000"。

图 5-19　例 5-12 程序运行结果图

8. 组合框 JComboBox 类

组合框是文本编辑区和列表的组合，用户既可以在文本编辑区输入选项，也可以单击下拉按钮，从显示的列表中进行选择。默认组合框不能编辑，但可以通过 setEditable（true）方法来将其设为可编辑。JComboBox 类的主要方法如表 5-11 所示。

表5-11 JComboBox类的主要方法

方法名	方法说明
JComboBox( )	创建一个无选项的 JComboBox 类对象
JComboBox(ComboBoxModel aModel)	创建一个 JComboBox 类对象，其选项取自现有的 ComboBoxModel
JComboBox(Object[ ] items)	创建包含指定数组中的元素的 JComboBox 类对象
JComboBox(Vector < ? > items)	创建包含指定 Vector 中的元素的 JComboBox 类对象
public void addItem(Object anObject)	为项列表添加选项
public int getItemCount( )	返回列表中的项数
public int getSelectedIndex( )	获取所选项的索引值（从0开始）
public object getSelectedItem( )	返回当前所选项
public void insertItemAt(Object anObject, int index)	在项列表中的给定索引处插入选项
public void removeItemAt(int index)	移除 index 处的选项

【例5-13】组合框练习。

程序代码：

```
import java.awt.BorderLayout;
import javax.swing.JComboBox;
import javax.swing.JFrame;
import javax.swing.JLabel;
import javax.swing.JPanel;
public class JComboBoxDemo extends JFrame{
    private JComboBox readertypeJCB;
    private JLabel JLabel1;
    private JPanel JPanel1,JPanel2;
    public JComboBoxDemo(){
        setTitle("JComboBox");
        setSize(300,150);
        JLabel1 = new JLabel("读者类型");
        JPanel1 = new JPanel();
        JPanel1.add(JLabel1);
        JPanel2 = new JPanel();
        readertypeJCB = new JComboBox();
        readertypeJCB.addItem("学生");
        readertypeJCB.addItem("教师");
        JPanel2.add(readertypeJCB);
        this.add(JPanel1,BorderLayout.NORTH);
```

```
        this.add(JPanel2,BorderLayout.CENTER);
        this.setVisible(true);
    }
    public static void main(String[] args){
        JComboBoxDemo jcb = new JComboBoxDemo();
    }
}
```

运行结果如图 5-20 所示。

图 5-20 例 5-13 程序运行结果

9. 菜单栏、菜单和菜单项

1) JMenuBar 类

JMenuBar 类用于创建窗口的菜单栏，是一个放置菜单的容器。菜单栏必须被添加在一个窗口中（用 JFrame 类的 setJMenuBar 方法），且被定位于窗口上方。它能自动处理发生在自身的所有事件。如果菜单栏中没有菜单项，则不会显示。

JMenuBar 类的主要方法如表 5-12 所示。

表 5-12 JMenuBar 类的主要方法

方法名	方法说明
JMenuBar()	创建一个菜单栏
public JMenu add(JMenu jmenu)	将指定的菜单项追加到菜单栏的末尾

2) JMenu 类

JMenu 类的作用是生成菜单，主要形式是下拉菜单。菜单实际上是一种带标题的中间容器，它一方面存在于一个菜单栏或其他菜单中，另一方面里面添加有菜单项。

JMenu 类的主要方法如表 5-13 所示。

表 5-13 JMenu 类的主要方法

方法名	方法说明
JMenu()	创建无标题的菜单
JMenu(String label)	创建指定标题的菜单
public JMenuItem add(JMenuItem jmi)	添加菜单项
public void addSeparator()	添加一个分隔线
public void addActionListener(ActionListener l)	添加一个监听器

3) JMenuItem 类

JMenuItem 类用于创建菜单项，即用户最终的可选项。菜单项一般用菜单的 add 方法加入菜单。JMenuItem 类的主要方法如表 5-14 所示。

表 5-14 JMenuItem 类的主要方法

方法名	方法说明
JMenuItem( )	创建一个菜单项
JMenuItem(String label)	创建一个带标题的菜单项
JMenuItem(String label, int mnemonic)	创建带有指定文本和键盘助记符的 JMenuItem

【例 5-14】菜单练习。

程序代码：

```java
import javax.swing.JFrame;
import javax.swing.JMenu;
import javax.swing.JMenuBar;
import javax.swing.JMenuItem;
public class JMenuDemo extends JFrame{
    JMenuBar jmenuBar;
    JMenu jmenu;
    JMenuItem jmenuItem1,jmenuItem2;
    public JMenuDemo(){
        setSize(400,300);
        setTitle("图书借阅系统");
        jmenuBar = new JMenuBar();          //创建菜单栏
        setJMenuBar(jmenuBar);              //添加菜单栏到窗体
        jmenu = new JMenu("图书信息管理");
        jmenuItem1 = new JMenuItem("图书信息添加");
        jmenuItem2 = new JMenuItem("图书信息查询与修改");
        jmenu.add(jmenuItem1);
        jmenu.add(jmenuItem2);
        jmenuBar.add(jmenu);
        this.setVisible(true);
    }
    public static void main(String[] args){
        JMenuDemo jmd = new JMenuDemo();
    }
}
```

运行结果如图 5-21 所示。

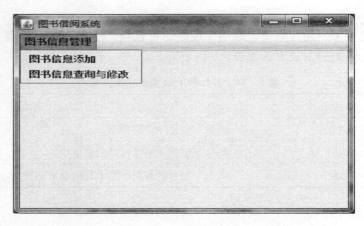

图 5-21 例 5-14 程序运行结果

10. 进度条 JProgressBar 类

进度条 JProgressBar 类用于显示图形化的进度描述。JProgressBar 类的主要方法如表 5-15 所示。

表 5-15 JProgressBar 类的主要方法

方法名	方法说明
JProgressBar( )	创建一个显示边框但不带进度字符串的水平进度条
JProgressBar(int orient)	创建具有指定方向（SwingConstants.VERTICAL 或 SwingConstants.HORIZONTAL）的进度条
JProgressBar(int min,int max)	创建具有指定最小值和最大值的水平进度条
JProgressBar(int orient,int min,int max)	创建使用指定方向、最小值和最大值的进度条
public void setOrientation(int newOrientation)	将进度条的方向设置为 newOrientation
public void setString(String s)	设置进度条上附加的文本

11. 表格 JTable 类

表格 JTable 类用于显示和编辑常规二维单元表。JTable 类的主要方法如表 5-16 所示。

表 5-16 JTable 类的主要方法

方法名	方法说明
JTable( )	构造一个默认的 JTable，使用默认的数据模型、默认的列模型和默认的选择模型对其进行初始化
JTable(int numRows,int numColumns)	使用 DefaultTableModel 构造具有 numRows 行和 numColumns 列个空单元格的 JTable
JTable(Object[ ][ ] rowData,Object[ ] columnNames)	构造一个 JTable 来显示二维数组 rowData 中的值，其列名称为 columnNames

续表

方法名	方法说明
setAutoResizeMode(int mode)	当调整表的大小时,设置表的自动调整模式
static int AUTO_RESIZE_OFF	不自动调整列的宽度;使用滚动条
getSelectedRow()	返回第一个选定行的索引;如果没有选定的行,则返回-1
getValueAt(int row,int column)	返回 row 和 column 位置的单元格值

【例5-15】表格练习。

程序代码:

```java
package package4;
import java.awt.BorderLayout;
import java.awt.Dimension;
import javax.swing.JFrame;
import javax.swing.JPanel;
import javax.swing.JScrollPane;
import javax.swing.JTable;
public class JTableDemo extends JFrame{
    private JPanel jpanel;
    private JTable jtable;
    private JScrollPane jscrollPane;
    //定义表头
    private String[] columnNames = {"编号","类型","姓名","专业","性别","电话","系部","注册日期"};
    //定义表数据
    Object[][] cellData = {
        {"11301121","学生","金鑫","计算机","男","18632159876","信息","2011-9-8"},
        {"11301122","学生","李福林","计算机","男","18642156876","信息","2011-9-8"},
        {"11301105","学生","李媛媛","计算机","女","18643625476","信息","2011-9-8"}};
    //构造方法
    public JTableDemo(){
        setSize(400,200);
        jpanel = new JPanel();
        jscrollPane = new JScrollPane();
        jscrollPane.setPreferredSize(new Dimension(400,100));
        //创建表格
```

```
            jtable = new JTable(cellData,columnNames);
            //使用滚动条显示数据。如果不使用此语句,则运行效果不带滚动条
            jtable.setAutoResizeMode(JTable.AUTO_RESIZE_OFF);
            jscrollPane.setViewportView(jtable);

            jpanel.add(jscrollPane);
            add(jpanel,BorderLayout.CENTER);
            setVisible(true);
        }
        public static void main(String[] args){
            new JTableDemo();
        }
}
```

程序运行结果如图 5-22、图 5-23 所示。

图 5-22 例 5-15 程序运行结果图（带滚动条）　　图 5-23 例 5-15 程序运行结果图（不带滚动条）

程序说明：

（1）"jscrollPane.setPreferredSize(new Dimension(400,100));"语句用于设置 jscrollPane 的首选大小。

（2）程序中使用"JTable(cellData,columnNames);"语句，用于构造一个 JTable。其中，cellData 是二维数组，存放表格的行数据；columnNames 是一维数组，存放表格的列名。

（3）程序中的"jtable.setAutoResizeMode(JTable.AUTO_RESIZE_OFF);"语句，用于设置使用滚动条显示数据。其中，setAutoResizeMode()用于在调整表格的大小时，设置表格的自动调整模式。其中的参数有以下5种：

- AUTO_RESIZE_OFF：表示不自动调整列宽；使用滚动条。
- AUTO_RESIZE_NEXT_COLUMN：当一列被调整，就反向调整下一列。
- AUTO_RESIZE_SUBSEQUENT_COLUMNS：在调整时，改变后续列以保持总的宽度。
- AUTO_RESIZE_LAST_COLUMN：在所有的调整操作上，只将调整应用到最后一列。
- AUTO_RESIZE_ALL_COLUMNS：在所有的调整操作上，按比例调整所有列。

（4）程序中使用"jscrollPane.setViewportView(jtable);"语句，将 jtable 添加到滚动面板作为视图显示。也可以在创建滚动面板时，直接调用"jscrollPane = new JScrollPane(jtable);"来实现。注意，如果使用此语句实现，则该语句应该放在创建 jtable 语句的后面，即先创建 jtable，后创建 jscrollPane。

5.3.7 布局管理

为了使生成的图形用户界面具有良好的平台无关性,Java 语言提供了布局管理器来管理组件在容器中的布局,而不直接设置组件的位置和尺寸。

每个容器都有一个布局管理器,当容器需要对某个组件进行定位或判断其尺寸时,就会调用其对应的布局管理器。

布局管理器能执行以下任务:
(1) 确定容器的全面尺寸。
(2) 确定容器内各元素的大小。
(3) 确定容器内各元素的位置。
(4) 确定元素间的间隔距离。

可以为容器设置不同的布局管理器来实现布局。使用 setLayout() 方法进行设置的具体方法如下:

setLayout(布局管理器对象);

【注意】

在程序中设置组件的位置和尺寸时,应该注意以下两点:

1. 容器中的布局管理器负责各组件的位置和尺寸,因此用户无法在这种情况下设置组件的这些属性。如果试图使用 Java 语言提供的 setLocation()、setSize()、setBounds() 等方法,则都会被布局管理器覆盖。

2. 如果用户确实需要直接设置组件的尺寸或位置,则应取消该容器的布局管理器,方法为:

setLayout(null);

常用的布局管理器有流式布局(FlowLayout)、边界布局(BorderLayout)、网格布局(GridLayout)、卡片式布局(CardLayout)、网格包布局(GridBagLayout)。

1. 流式布局(FlowLayout)

流式布局由 FlowLayout 布局管理器实现。流式布局的原则是按界面元素添加的顺序从左至右在容器中排放,如果一行放不完,就换下一行,换行后仍以从左至右的顺序排放,缺省对齐方式是居中。流式布局是 Panel、Applet 类的缺省布局管理器。FlowLayout 类的主要方法如表 5-17 所示。

表 5-17 FlowLayout 类的主要方法

方法名	方法说明
FlowLayout()	创建一个 FlowLayout 布局管理器
FlowLayout(int align)	创建一个按指定对齐方式的 FlowLayout 布局管理器
FlowLayout(int align, int hgap, int vgap)	创建一个具有指定对齐方式及指定行间距和列间距的 FlowLayout 布局管理器

【说明】

align 的值必须是这五个参数之一:FlowLayout.LEFT(左对齐)、FlowLayout.RIGHT(右

对齐)、FlowLayout. CENTER（居中）、FlowLayout. LEADING（与容器方向的开始边对齐)、FlowLayout. TRAILING（与容器方向的结束边对齐）。

【例 5-16】流式布局练习。

程序代码：

```java
import java.awt.*;
import javax.swing.JFrame;
public class FlowLayoutDemo extends JFrame{
    public FlowLayoutDemo(){
        setLayout(new FlowLayout());
        Button button1 = new Button("确认");
        Button button2 = new Button("重置");
        Button button3 = new Button("退出");
        add(button1);
        add(button2);
        add(button3);
        setSize(300,100);
        setVisible(true);
    }
    public static void main(String args[]){
        FlowLayoutDemo fld = new FlowLayoutDemo();
    }
}
```

运行结果如图 5-24 所示。

图 5-24　例 5-16 程序运行结果

2. 边界布局（BorderLayout）

边界布局由 BorderLayout 布局管理器执行。边缘布局的原则是将容器按"上北下南，左西右东"分为5个区，分别是北区、南区、东区、西区和中区，其中，中区的空间最大。边界布局是 Window、Frame 和 Dialog 类的缺省布局管理器。

需要注意的是，使用该布局添加组件时，必须指明添加的位置，否则无法显示。BorderLayout 类的主要方法如表 5-18 所示。

表 5–18 BorderLayout 类的主要方法

方法名	方法说明
BorderLayout( )	创建一个 BorderLayout 布局管理器
BorderLayout(int hgap,int vgap)	按指定的水平间距和垂直间距，创建一个 BorderLayout 布局管理器

向设置 BorderLayout 布局的容器添加组件时，常调用 add(BorderLayout. CENTER, Component b) 方法或 add(Component b, BorderLayout. SOUTH) 方法将组件加入某个区。五个区分别由 BorderLayout 中的静态常量 CENTER（中区）、NORTH（北区）、SOUTH（南区）、WEST（西区）、EAST（东区）表示。

【例 5–17】边界布局练习。

程序代码：

```java
import java.awt.*;
import javax.swing.JFrame;
public class BoarderLayoutDemo extends JFrame{
    public BoarderLayoutDemo(){
        setTitle("BoarderLayout");
        add("North",new Button("North"));
        add("South",new Button("South"));
        add("East",new Button("East"));
        add("West",new Button("West"));
        add("Center",new Button("Center"));
        setSize(200,200);
        setVisible(true);
    }
    public static void main(String args[]){
        BoarderLayoutDemo bld = new BoarderLayoutDemo();
    }
}
```

运行结果如图 5–25 所示。

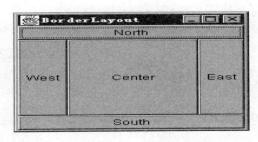

图 5–25 例 5–17 程序运行结果

3. 网格布局（GridLayout）

网格布局由 GridLayout 布局管理器实现。网格布局的原则是：将容器分成若干个尺寸相等的单元格（用户可以指定网格的行数和列数），当添加界面元素到容器中时，元素按照添加的顺序从左到右、从上到下的顺序进行排列。GridLayout 类的主要方法如表 5–19 所示。

表 5–19　GridLayout 类的主要方法

方法名	方法说明
GridLayout( )	创建一个 GridLayout 布局管理器
GridLayout(int rows, int cols)	按指定的行数和列数创建一个 GridLayout 布局管理器
GridLayout(int rows, int cols, int hgap, int vgap)	创建一个具有指定行数和列数，且指定行间距和列间距的 GridLayout 布局管理器

【例 5–18】网格布局练习。

程序代码：

```java
import java.awt.*;
import javax.swing.JFrame;
public class GridLayoutDemo extends JFrame{
    public GridLayoutDemo(){
        setTitle("GridLayout");
        setLayout(new GridLayout(3,2));
        add(new Button("1"));
        add(new Button("2"));
        add(new Button("3"));
        add(new Button("4"));
        add(new Button("5"));
        add(new Button("6"));
        setSize(300,300);
        setVisible(true);
    }
    public static void main(String args[]){
        GridLayoutDemo gld = new GridLayoutDemo();
    }
}
```

运行结果如图 5–26 所示。

图 5–26　例 5–18 程序运行结果

4. 卡片式布局（CardLayout）

卡片式布局由 CardLayout 布局管理器实现。卡片式布局的原则是：将每一个界面元素放在一张卡片，有多个元素就有多张卡片，但每次只显示其中的一张卡片。CardLayout 布局管理器能够帮助用户处理两个甚至更多成员共享同一显示空间。CardLayout 类的主要方法如表 5 – 20 所示。

表 5 – 20 CardLayout 类的主要方法

方法名	方法说明
CardLayout()	创建一个 CardLayout 布局管理器
CardLayout(int hgap,int vgap)	按指定的间距创建一个 CardLayout 布局管理器
public void first(Container parent)	选择指定容器中的第一张卡片,使其可视
public void next(Container parent)	选择指定容器中的下一张卡片,使其可视
public void previous(Container parent)	选择指定容器中的前一张卡片,使其可视
public void last(Container parent)	选择指定容器中的最后一张卡片,使其可视
public void show(Container parent,String name)	选择指定容器内的指定名称的组件使其可视

【注意】

当向设置 CardLayout 布局的容器添加组件时,常调用 add(String s,Component b) 方法,即添加组件的同时显示该组件的代号。

【例 5 – 19】卡片式布局练习。

程序代码:

```
import java.awt.*;
import javax.swing.JButton;
import javax.swing.JFrame;
import javax.swing.JLabel;
import javax.swing.JPanel;
import javax.swing.SwingConstants;
public class CardLayoutDemo extends JFrame{
    private CardLayout cl;
    private JLabel jl1,jl2,jl3,jl4;
    private JButton jb1,jb2,jb3,jb4;
    private JPanel jpl1,jpl2;
    public CardLayoutDemo(){
        setTitle("CardLayout");
        cl = new CardLayout();
        jl1 = new JLabel("第一张卡片");
        //使 jl1 标签的文字居中显示
        jl1.setHorizontalAlignment(SwingConstants.CENTER);
        jl2 = new JLabel("第二张卡片");
        jl2.setHorizontalAlignment(SwingConstants.CENTER);
        jl3 = new JLabel("第三张卡片");
        jl3.setHorizontalAlignment(SwingConstants.CENTER);
```

```
        jl4 = new JLabel("第四张卡片");
        jl4.setHorizontalAlignment(SwingConstants.CENTER);
        jb1 = new JButton("第一张");
        jb2 = new JButton("前一张");
        jb3 = new JButton("后一张");
        jb4 = new JButton("最后一张");
        jpl1 = new JPanel();
        jpl1.setLayout(cl);
        jpl1.add("No1",jl1);
        jpl1.add("No2",jl2);
        jpl1.add("No3",jl3);
        jpl1.add("No4",jl4);
        cl.show(jpl1,"No1");
        add(jpl1,BorderLayout.CENTER);
        jpl2 = new JPanel();
        jpl2.add(jb1);
        jpl2.add(jb2);
        jpl2.add(jb3);
        jpl2.add(jb4);
        add(jpl2,BorderLayout.SOUTH);
        setSize(400,200);
        setVisible(true);
    }
    public static void main(String args[]){
        CardLayoutDemo cld = new CardLayoutDemo();
    }
}
```

运行结果如图 5-27 所示。

图 5-27 例 5-19 程序运行结果

5. 网格包布局（GridBagLayout）

网格包布局是一种富有弹性的布局。这种布局和网格布局相似，也是把容器分成尺寸相等的单元格来进行管理。不同的是，网格包布局在允许水平（或垂直）对齐时，不要求界面元素的大小必须一致，且每个元素可以占一格或多格。

网格包布局管理器对象由 GridBagLayout 类生成。在网格包布局的使用中，常需要用到 GridBagConstraints 类，这个类的作用就是配置每个单元格中的元素。网格包布局中的每一个界面元素都要借助于 GridBagConstraints 类对象来确定其所在单元格的位置。通过对 GridBagConstraints 类对象的相关属性进行设置，可以实现界面元素在容器内的灵活放置。GridBagLayout 类和 GridBagConstraints 类的主要方法如表 5-21 所示。

表 5-21 GridBagLayout 类和 GridBagConstraints 类的主要方法

方法名	方法说明
GridBagLayout( )	创建网格包布局管理器
public void setConstraints(Component comp, GridBagConstraints constraints)	设置此布局中指定组件的约束条件
GridBagConstraints( )	创建一个 GridBagConstraints 对象，将其所有字段都设置为默认值
int fill	当组件的显示区域大于它所请求的显示区域的大小时使用此字段
int BOTH	在水平方向和垂直方向上同时调整组件大小
double weightx	指定如何分布额外的水平空间
double weighty	指定如何分布额外的垂直空间
int gridwidth	指定组件显示区域的某一行中的单元格数
int gridheight	指定组件显示区域的某一列中的单元格数
int REMAINDER	指定此组件是其行或列中的最后一个组件

【例 5-20】网格包布局练习。

程序代码：

```
import java.awt.GridBagConstraints;
import java.awt.GridBagLayout;
import javax.swing.JButton;
import javax.swing.JFrame;
import javax.swing.JLabel;
import javax.swing.SwingConstants;
public class GridBagLayoutDemo extends JFrame{
    private GridBagLayout gbl;
    private JButton jb1,jb2,jb3,jb4;
    private GridBagConstraints gbs;
```

```java
        private JLabel jl;
    public GridBagLayoutDemo(){
        setTitle("GridBagLayout");
        gbl = new GridBagLayout();
        gbs = new GridBagConstraints();
        setLayout(gbl);
        //当组件的显示区域超出它所请求的显示区域的大小时,使用此字段,使组
        //件完全填满显示区域
        gbs.fill = GridBagConstraints.BOTH;
        //分配多余的垂直空间
        gbs.weighty = 1.0;
        //分配多余的水平空间
        gbs.weightx = 1.0;
        jb1 = new JButton("1");
        gbl.setConstraints(jb1,gbs);
        add(jb1);
        //指定此组件是其行(或列)中的最后一个组件
        gbs.gridwidth = GridBagConstraints.REMAINDER;
        jb2 = new JButton("2");
        gbl.setConstraints(jb2,gbs);
        add(jb2);
        //指定组件占用的行数
        gbs.gridwidth = 1;
        jb3 = new JButton("3");
        gbl.setConstraints(jb3,gbs);
        add(jb3);
        gbs.gridwidth = GridBagConstraints.REMAINDER;
        jb4 = new JButton("4");
        gbl.setConstraints(jb4,gbs);
        add(jb4);
        gbs.gridwidth = 1;
        gbs.gridwidth = GridBagConstraints.REMAINDER;
        jl = new JLabel("占两格");
        jl.setHorizontalAlignment(SwingConstants.CENTER);
        gbl.setConstraints(jl,gbs);
        add(jl);
        setSize(300,200);
        setVisible(true);
    }
```

```
public static void main(String[] args){
    GridBagLayoutDemo m = new GridBagLayoutDemo();
}
}
```
运行结果如图 5 – 28 所示。

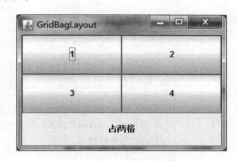

图 5 – 28　例 5 – 20 程序运行结果

还有一种空（null）布局，即无须遵守指定的原则来排放组件。当一个容器中设置的布局为空布局时，可以对添加的组件进行准确定位（设置组件在容器中的具体位置和大小）。这个功能要求添加的组件必须调用 setBounds(int x,int y,int width,int height)方法。

5.3.8　日期时间类

1. Date 类

Date 类在 java. util 包，用于封装日期和时间，表示特定的瞬间，精确到毫秒，是指从 GMT（格林尼治标准时间）1970 年 1 月 1 日 00：00：00 这一刻之前（或之后）经历的毫秒数。

尽管 Date 类原计划用于反映协调世界时（UTC），但无法做到如此精确，这取决于 Java 虚拟机的主机环境。当前几乎所有操作系统都假定 1 天 = 24 × 60 × 60 = 86400 秒。但对于 UTC 而言，大约每一两年会出现一次额外的一秒，称为"闰秒"。闰秒始终作为当天的最后一秒增加，并且始终在 12 月 31 日或 6 月 30 日增加。例如，1995 年的最后一分钟是 61 秒，因为增加了闰秒。由于大多数计算机的时钟并不是特别精确，因此反映不出闰秒的差别。

在 Date 类所有可以接受（或返回）年、月、日、小时、分钟和秒的方法中，将使用以下表示形式：

- 年份 year：由整数 year – 1900 表示。
- 月份 month：由 0 ~ 11 的整数表示，0 表示一月、1 表示二月，依次类推，因此 11 表示十二月。
- 日期 day：（一月中的某天）通常由整数 1 ~ 31 表示。
- 小时 hour：由 0 ~ 23 的整数表示。因此，从午夜到 1 a. m. 的时间是 0 点，从中午到 1 p. m. 的时间是 12 点。
- 分钟 minute：通常由 0 ~ 59 的整数表示。

- 秒 second：由 0~60 的整数表示；数值 60 只用于跳跃秒数，并且只用于能够正确跟踪闰秒的 Java 实现。

在所有情形中，赋予方法的参数不需要在指定的范围内。例如，可以把日期指定为 1 月 32 日，并把它解释为与 2 月 1 日的含义相同。

Date 类的主要方法如表 5-22 所示。

表 5-22 Date 类的主要方法

方法名	方法说明
Date()	分配 Date 对象并初始化此对象，以表示分配它的时间（精确到毫秒）。以此构造方法创建的对象可以获取本地当前时间
Date(long time)	分配 Date 对象并初始化此对象，以表示自从标准基准时间（称为历元（epoch），即 GMT1970 年 1 月 1 日 00：00：00）以来的指定毫秒数
public boolean after(Date when)	测试此日期是否在指定日期之后
public boolean before(Date when)	测试此日期是否在指定日期之前
public int compareTo(Date anotherDate)	比较两个日期的顺序
public boolean equals(Object obj)	比较两个日期的相等性

2. SimpleDateFormat 类及 DateFormat 类

常用的日期数据的定制格式是 SimpleDateFormat 类；要想定制日期数据的输出格式，可以使用 DateFormat 类的子类 SimpleDateFormat。SimpleDateFormat 有个常用构造方法：

```
public SimpleDateFormat(String pattern)   //pattern 指定输出格式
```

在 pattern 中，可以使用以下格式符：

- yy：用 2 位数字表示的"年"替换。
- yyyy：用 4 位数字表示的"年"替换。
- MM：用 2 位数字表示的"月"替换。
- MMM：用汉字表示的"月"替换。
- dd：用 2 位数字表示的"日"替换。
- HH：用 2 位数字表示的"时"替换。
- mm：用 2 位数字表示的"分"替换。
- ss：用 2 位数字表示的"秒"替换。
- E：用"星期"替换。

用 SimpleDateFormat 对象调用如下方法可以定制某时间输出格式：

```
public String format(Date date)
```

例如：

```
SimpleDateFormat format = new SimpleDateFormat("yyyy-MM-dd");
String str = format.format(new java.util.Date());
System.out.println(str);
```

运行结果将显示系统当前时间，格式为"2014-06-19"。

如果直接输出当前系统时间,则语句如下:
```
System.out.println(new java.util.Date());
```
运行结果显示时间的格式为:Thu Jun 19 09:36:23 CST 2014。

如果使用标准的日期格式化过程,则常用的获取日期/时间格式器的方法有:

(1) public static final DateFormat getDateTimeInstance():具有默认语言环境的默认格式化风格。

(2) public static final DateFormat getDateTimeInstance(int dateStyle,int timeStyle):具有默认语言环境的给定日期和时间格式化风格。

【例5-21】显示系统当前时间,只显示年、月、日部分。

程序代码:

```java
import java.text.DateFormat;
import java.text.SimpleDateFormat;
public class DateDemo{
    public DateDemo(){
        System.out.print("未格式化的系统当前时间为:");
        System.out.println(new java.util.Date());
        System.out.print("使用SimpleDateFormat格式化的系统当前日期为:");
        SimpleDateFormat format = new SimpleDateFormat("yyyy-MM-dd");
        String str = format.format(new java.util.Date());
        System.out.println(str);
        System.out.print("使用DateFormat格式化的系统当前时间为:");
        DateFormat df = DateFormat.getDateTimeInstance();
        System.out.println(df.format(new java.util.Date()));
    }
    public static void main(String[] args){
        new DateDemo();
    }
}
```

运行结果如图5-29所示。

```
未格式化的系统当前时间为:Mon Dec 31 09:29:12 CST 2018
使用SimpleDateFormat格式化的系统当前日期为:2018-12-31
使用DateFormat格式化的系统当前时间为:2018-12-31 9:29:13
```

图5-29 例5-21程序运行结果

3. Calendar 类

在 JDK 1.1 之前，Date 类有两个其他函数，它既允许把日期解释为年、月、日、小时、分钟和秒值，也允许格式化和解析日期字符串。不过，这些函数的 API 不易实现国际化。从 JDK 1.1 开始，Java 使用 Calendar 类来实现日期和时间字段之间转换，使用 DateFormat 类来格式化和解析日期字符串。使用 Calendar 类可以设置和获取日期/时间数据的特定部分。Calendar 类是一个抽象类，在实际使用时实现特定的子类的对象。由于 Calendar 类是抽象类，且 Calendar 类的构造方法是 protected 的，所以无法使用 Calendar 类的构造方法来创建对象，API 中提供了 getInstance() 方法用来创建对象。如：

```
Calendar calendar = Calendar.getInstance();
```

然后，可以使用该 calendar 对象的 set() 方法来设置具体的日期、时间。例如，当 year 为负数时，表示公元前。

- public final void set(int field, int value)：将给定的日历字段设置为给定值。
- public final void set(int year, int month, int date)：设置日历字段 YEAR、MONTH 和 DAY_OF_MONTH 的值。
- public final void set(int year, int month, int date, int hourOfDay, int minute)：设置日历字段 YEAR、MONTH、DAY_OF_MONTH、HOUR_OF_DAY 和 MINUTE 的值。
- public final void set(int year, int month, int date, int hourOfDay, int minute, int second)：设置字段 YEAR、MONTH、DAY_OF_MONTH、HOUR_OF_DAY、MINUTE 和 SECOND 的值。

在 Calendar 类中，用以下静态常量来表示不同的意义：

- Calendar.YEAR：年份。
- Calendar.MONTH：月份。
- Calendar.DATE：日期。
- Calendar.DAY_OF_MONTH：日期，一个月中的某天。
- Calendar.HOUR：12 小时制的小时。
- Calendar.HOUR_OF_DAY：24 小时制的小时。
- Calendar.MINUTE：分钟。
- Calendar.SECOND：秒。
- Calendar.DAY_OF_WEEK：一星期中的某天。

Calendar 类对象调用方法如下：

```
public int get(int field);
```

可以获取有关年份、月份、小时、星期等信息。参数 field 的有效值由 Calendar 的静态常量指定，例如：

```
calendar.get(Calendar.MONTH);  /* 返回一个整数,如果该整数是 0 表示一月,
                                  11 表示 12 月*/
```

【例 5-22】Calendar 使用实例。

程序代码：

```
import java.util.Calendar;
import java.util.Date;
```

```java
public class CalendarDemo{
    public CalendarDemo(){
        Calendar calendar = Calendar.getInstance();
        calendar.setTime(new Date());
        int year = calendar.get(Calendar.YEAR);
        //月份是从0开始计数的,因此需要加1
        int month = calendar.get(Calendar.MONTH)+1;
        int day = calendar.get(Calendar.DAY_OF_MONTH);
        //星期天是从1开始计数的,因此需要减1
        int week = calendar.get(Calendar.DAY_OF_WEEK)-1;
        int hour = calendar.get(Calendar.HOUR_OF_DAY);
        int minute = calendar.get(Calendar.MINUTE);
        int second = calendar.get(Calendar.SECOND);
        System.out.println("现在的时间是:");
        System.out.println(year+"年"+month+"月"+day+"日"+"
            星期"+week);
        System.out.println(hour+"时"+minute+"分"+second+"
            秒");
        //计算2008年北京奥运会距现在的时间差
        calendar.set(2008,7,8);   /*设置日期为2008年8月8日。注
                                    意:7表示八月*/
        long time2008 = calendar.getTimeInMillis();
        calendar.setTime(new Date());   //获取当前日期值
        long timenow = calendar.getTimeInMillis();
        long timediff = (timenow-time2008)/(1000*60*60*24);
        System.out.println("2008年北京奥运会到现在已经过去了"+
            timediff+"天");
    }
    public static void main(String[] args){
        new CalendarDemo();
    }
}
```

运行结果如图5-30所示。

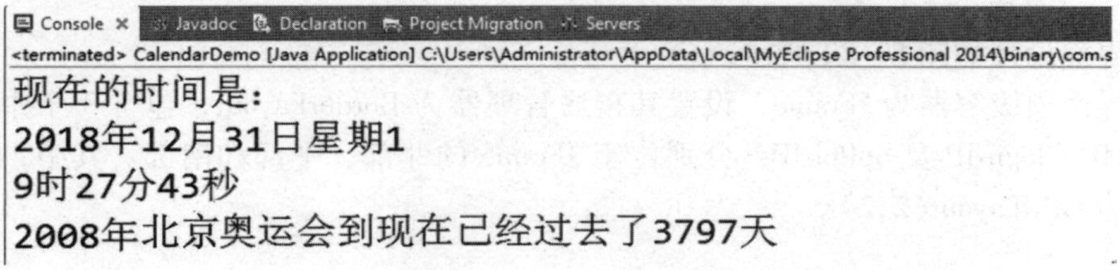

```
现在的时间是:
2018年12月31日星期1
9时27分43秒
2008年北京奥运会到现在已经过去了3797天
```

图5-30 例5-22程序运行结果

5.4 项目实施

本任务的项目教学实施过程如下：

1. 教师带领学生完成内容

1）创建登录界面 Login.java
2）创建主界面 Library.java
3）创建读者信息管理界面

2. 学生自行完成部分

1）创建图书信息管理界面
2）创建图书借阅管理界面
3）创建基础信息维护界面
4）创建用户管理界面

在学生自行完成部分，本书给出了图书信息管理界面的设计方案，读者可自行编码实现。图书借阅管理界面、基础信息维护界面和用户管理界面，读者可以根据已学的知识，参看教材给出的效果图，自行分析与实现，也可自己独立进行设计、分析与实现。

5.4.1 任务1：创建登录界面

图书借阅系统的登录界面如图 5-31 所示。

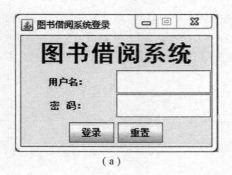
（a）

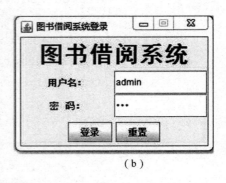
（b）

图 5-31 图书借阅系统的登录界面
（a）登录界面；（b）输入用户名和密码

登录界面设计如图 5-32 所示。

登录界面顶级容器为 JFrame，设置其布局管理器为 BorderLayout，包含 3 个中间容器面板——textJP、loginJP 及 buttonJP，分别位于 JFrame 的北部、中部和南部。其中，loginJP 布局管理器为 GridLayout(2,2)。

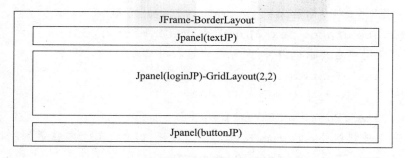

图 5-32　读者信息添加界面布局设计

登录界面设计部分代码如下：

【Login.java】

```java
//声明文件所在包
package com.bbm.view;
//导入需要的awt包中的类
import java.awt.BorderLayout;
import java.awt.Font;
import java.awt.GridLayout;
import java.awt.Toolkit;
//导入需要的swing包中的容器类和组件类
import javax.swing.JButton;
import javax.swing.JFrame;
import javax.swing.JLabel;
import javax.swing.JPanel;
import javax.swing.JPasswordField;
import javax.swing.JTextField;
import javax.swing.SwingConstants;
//导入自定义Users类,用于保存用户的登录信息
import com.bbm.model.Users;
/*登录界面设计部分代码*/
public class Login extends JFrame{
    //序列化。为了保持版本的兼容性,在版本升级时反序列化,仍保持对象的唯一性
    private static final long serialVersionUID =1L;
    /*定义界面中的各容器和组件。其中,textJP为显示"图书借阅系统"的中间
      容器面板;loginJP为中间部分,用户输入用户名和密码的面板;buttonJP
      为最下面存放按钮的面板*/
    private JPanel textJP,loginJP,buttonJP;
    //用于设置界面显示的"图书借阅系统"文字的字体
    private Font f1 =new Font("黑体",Font.BOLD,32);
    /*定义JLabel组件。textJL用于显示"图书借阅系统"文字;usernameJL
```

为"用户名"标签;passwordJL 为"密码"标签*/
```java
private JLabel textJL,usernameJL,passwordJL;
//定义用户名文本框组件,允许用户输入用户名
private JTextField usernameJTF;
//定义密码框组件,允许用户输入密码
private JPasswordField pwdJPF;
//定义按钮组件。loginJB 为"登录"按钮,resetJB 为"重置"按钮
private JButton loginJB,resetJB;
//定义 Users 类对象,用于保存登录的用户信息
private static Users user;
public Login(){
    setSize(260,180);
    //在整个界面的中间位置显示
    int width = Toolkit.getDefaultToolkit().getScreenSize().width;
    int height = Toolkit.getDefaultToolkit().getScreenSize().height;
    this.setLocation(width/2-130,height/2-90);
    setTitle("图书借阅系统登录界面");
    textJP = new JPanel();//显示"图书借阅系统"信息面板
    loginJP = new JPanel();//登录信息面板
    buttonJP = new JPanel();//登录取消按钮面板
    /*创建显示"图书借阅系统"信息面板*/
    textJL = new JLabel();
    textJL.setFont(f1);
    textJL.setText("图书借阅系统");
    textJP.add(textJL);
    //将显示信息面板添加到整个界面的北部
    this.add(textJP,BorderLayout.NORTH);
    /*登录信息面板设计*/
    //设置登录信息面板布局管理器
    loginJP.setLayout(new GridLayout(2,2));
    usernameJL = new JLabel("用户名:");
    //标签文字居中显示
    usernameJL.setHorizontalAlignment(SwingConstants.CENTER);
    usernameJTF = new JTextField();
    passwordJL = new JLabel("密  码:");
    passwordJL.setHorizontalAlignment(SwingConstants.CENTER);
    pwdJPF = new JPasswordField();
```

```java
        //将各组件按顺序(从左到右,从上到下),逐一添加到登录信息面板
        loginJP.add(usernameJL);
        loginJP.add(usernameJTF);
        loginJP.add(passwordJL);
        loginJP.add(pwdJPF);
        //将登录信息面板添加到整个界面的中部
        this.add(loginJP,BorderLayout.CENTER);
        /* 登录取消按钮面板设计 */
        loginJB = new JButton("登录");
        resetJB = new JButton("重置");
        buttonJP.add(loginJB);
        buttonJP.add(resetJB);
        //将按钮面板添加到整个界面的南部
        this.add(buttonJP,BorderLayout.SOUTH);
        //关闭该界面时,退出程序
        setDefaultCloseOperation(JFrame.EXIT_ON_CLOSE);
        //设置该界面显示。否则,不显示
        this.setVisible(true);
        //取消最大化
        setResizable(false);
    }
    //用于保存登录用户的用户名信息
    public static void setUser(Users user){
            Login.user = user;
    }
    //用于保存登录用户的密码信息
    public static Users getUser(){
        return user;
    }
    //只有包含main方法,才可以独立运行程序,看到界面的运行效果
    public static void main(String[] args){
        new Login();
    }
}
```

运行结果如图 5-31 所示。

程序运行结果默认在屏幕的左上角显示,但本程序的运行界面显示在屏幕的中间位置。本程序使用了 Toolkit.getDefaultToolkit().getScreenSize() 方法的 width 和 height,分别获得整个屏幕的宽度和高度,而整个界面的大小是宽 260、高 180,通过计算,this.setLocation(width/2-130,height/2-90) 得到并设置界面的左上角坐标,使界面显示在屏幕中间。

5.4.2 任务2：创建主界面

图书借阅系统的功能结构如图5-33所示，据此设计主界面的菜单及子菜单。

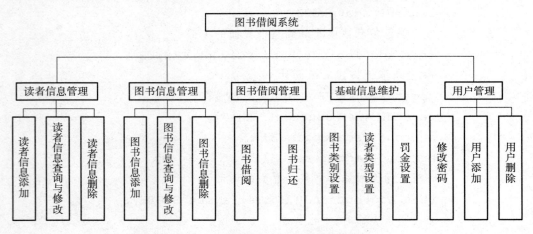

图5-33 图书借阅系统功能结构示意

主界面设计代码如下：
【Library.java】

```java
package com.bbm.view;
import javax.swing.JFrame;
import javax.swing.JMenu;
import javax.swing.JMenuBar;
import javax.swing.JMenuItem;
/* 图书借阅系统主界面
 * 实现菜单栏的设计
 * 顺序:从上到下,从左到右 */
public class Library extends JFrame{
    //序列化。为了保持版本的兼容性,在版本升级时反序列化,仍保持对象的唯一性
    private static final long serialVersionUID =1L;
    /* 此程序中,通过构造方法 Library()中实现界面的初始化 */
    public Library(){
        setSize(800,600);
        setTitle("图书借阅系统");
        JMenuBar jmenuBar = createJMenuBar();//创建菜单栏
        setJMenuBar(jmenuBar);//添加菜单栏到主界面,设置主界面菜单栏
        //关闭该界面时,退出程序
        this.setDefaultCloseOperation(JFrame.EXIT_ON_CLOSE);
        this.setVisible(true);//设置该界面显示。否则,不显示
    }
```

/* 此程序中,自定义方法createJMenuBar(),返回一个JMenuBar对象,来实
 * 现创建菜单栏的功能,在构造方法Library()中调用该方法 */
```java
    private JMenuBar createJMenuBar(){
        JMenuBar jMenuBar = new JMenuBar();//菜单栏
        //"读者信息管理"菜单
        JMenu readerManageJMenu = new JMenu("读者信息管理");
        JMenuItem readerAddJMI = new JMenuItem("读者信息添加");
        readerManageJMenu.add(readerAddJMI);
        JMenuItem readerSelUpdJMI = new JMenuItem("读者信息
            查询与修改");
        readerManageJMenu.add(readerSelUpdJMI);
        //"图书信息管理"菜单
        JMenu bookManageJMenu = new JMenu("图书信息管理");
        JMenuItem bookAddJMI = new JMenuItem("图书信息添加");
        bookManageJMenu.add(bookAddJMI);
        JMenuItem BookSelUpdJMI = new JMenuItem("图书信息查询
            与修改");
        bookManageJMenu.add(BookSelUpdJMI);
        //"图书借阅"菜单
        JMenu bookBorrowJMenu = new JMenu("图书借阅管理");
        JMenuItem bookBorrowJMI = new JMenuItem("图书借阅");
        bookBorrowJMenu.add(bookBorrowJMI);
        JMenuItem bookReturnJMI = new JMenuItem("图书归还");
        bookBorrowJMenu.add(bookReturnJMI);
        //"基础信息维护"菜单
        JMenu baseInfoJMenu = new JMenu("基础信息维护");
        JMenuItem readerTypeJMI = new JMenuItem("读者类型设置");
        baseInfoJMenu.add(readerTypeJMI);
        JMenuItem bookTypeJMI = new JMenuItem("图书类别设置");
        baseInfoJMenu.add(bookTypeJMI);
        JMenuItem fineSetJMI = new JMenuItem("罚金设置");
        baseInfoJMenu.add(fineSetJMI);
        //"用户管理"菜单
        JMenu userManageJMenu = new JMenu("用户管理");
        JMenuItem updPwdJMI = new JMenuItem("修改密码");
        userManageJMenu.add(updPwdJMI);
        JMenuItem userAddJMI = new JMenuItem("用户添加");
        userManageJMenu.add(userAddJMI);
        JMenuItem userDelJMI = new JMenuItem("用户删除");
```

```
            userManageJMenu.add(userDelJMI);
            //将各菜单添加到菜单栏
            jMenuBar.add(readerManageJMenu);
            jMenuBar.add(bookManageJMenu);
            jMenuBar.add(bookBorrowJMenu);
            jMenuBar.add(baseInfoJMenu);
            jMenuBar.add(userManageJMenu);
            // createJMenuBar()方法返回 jMenuBar 对象
            return jMenuBar;
        }
        // main 方法中实例化 Library 类,从而运行该界面
        public static void main(String[] args){
            new Library();
        }
    }
```

程序运行后,生成的图书借阅系统的主界面,如图 5-34 所示。

图 5-34　图书借阅系统的主界面

5.4.3　任务3：创建读者信息管理界面

读者信息管理包括读者信息添加和读者信息查询与修改,下面分别介绍这两个界面的设计及实现过程。

1. 创建"读者信息添加"界面

"读者信息添加"界面如图 5-35 所示。

图书借阅系统界面设计与实现　子项目 ⑤

图 5-35 "读者信息添加"界面

根据图 5-35 所示的运行效果,"读者信息添加"界面的布局设计如图 5-36 所示。

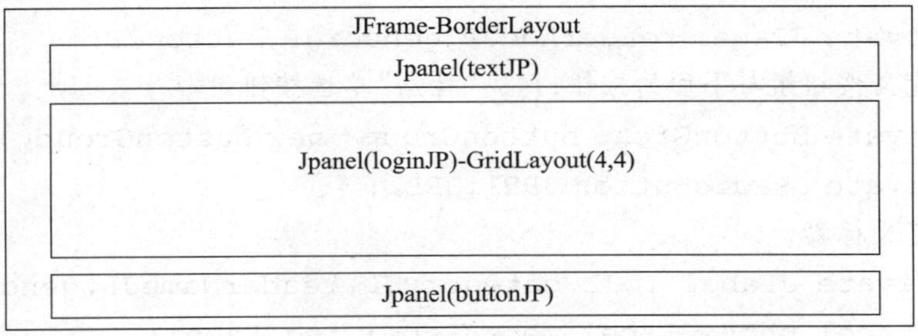

图 5-36 "读者信息添加"界面的布局设计

整个界面为 JFrame 容器组件,设置其布局管理器为 BorderLayout,其中包含两个面板容器,分别用来放置添加的读者信息和按钮,定义为 readerAddJP 和 buttonJP,分别放在 JFrame 的中部和南部。其中,readerAddJP 根据界面的要求,整体呈 4 行 4 列的效果,因此设计此面板的布局管理器为 GridLayout(4,4)。需要注意的是,性别按钮需要先单独放在一个面板 genderJP 中,然后将 genderJP 放入 readerAddJP 面板中。

"读者信息添加"界面设计代码如下:

【ReaderAdd.java】

```java
//声明所在包
package com.bbm.view;
//导入相应的 awt 中的类(布局管理器类)
import java.awt.BorderLayout;
import java.awt.FlowLayout;
import java.awt.GridLayout;
//导入日期格式化类
import java.text.SimpleDateFormat;
//导入组件类
import javax.swing.ButtonGroup;
import javax.swing.JButton;
import javax.swing.JComboBox;
import javax.swing.JFrame;
```

```java
import javax.swing.JLabel;
import javax.swing.JPanel;
import javax.swing.JRadioButton;
import javax.swing.JTextField;
import javax.swing.SwingConstants;
import javax.swing.border.EmptyBorder;
//创建"读者信息添加"界面
public class ReaderAdd extends JFrame{
    //序列化。为了保持版本的兼容性,在版本升级时反序列化,仍保持对象的唯一性
    private static final long serialVersionUID =1L;
    //定义面板
    private JPanel readerAddJP,genderJP,buttonJP;
    //定义按钮组与下面的按钮,构成"性别"单选按钮组
    private ButtonGroup buttonGroup = new ButtonGroup();
    private JRadioButton JRB1,JRB2;
    //定义标签
     private JLabel IDJL,categoryJL,readerNameJL,genderJL,major-
       JLabel,phoneJLabel,deptJLabel,regJLabel;
    //定义文本框,接受用户输入的读者相关信息
    private JTextField IDJTF,readerNameJTF,majorJTF,phoneJTF,deptJTF,
       regtimeJTF;
    //读者类型文本框
    private JComboBox readertypeJCB;
    //按钮
    private JButton addJB,closeJB;
    //构造方法
    public ReaderAdd(){
        setBounds(200,200,500,200);
        setTitle("读者信息添加");
        //登录取消按钮面板
        buttonJP = new JPanel();
        //"读者信息添加"面板设计
        readerAddJP = new JPanel();
        readerAddJP.setBorder(new EmptyBorder(5,10,5,10));
        final GridLayout gridLayout = new GridLayout(4,4);
        gridLayout.setVgap(10);
        gridLayout.setHgap(10);
        readerAddJP.setLayout(gridLayout);
        getContentPane().add(readerAddJP);
```

```java
//添加"读者编号"标签和文本框到"读者信息添加"面板
IDJL = new JLabel("读者编号:");
//编号标签文本居中显示
IDJL.setHorizontalAlignment(SwingConstants.CENTER);
readerAddJP.add(IDJL);
IDJTF = new JTextField();
readerAddJP.add(IDJTF);
//创建"读者姓名"标签和文本框,并添加到"读者信息添加"面板
readerNameJL = new JLabel("姓名:");
readerNameJL.setHorizontalAlignment(SwingConstants.CENTER);
readerAddJP.add(readerNameJL);
readerNameJTF = new JTextField();
readerAddJP.add(readerNameJTF);
//创建"读者类型"标签,并添加到"读者信息添加"面板
categoryJL = new JLabel("类型:");
categoryJL.setHorizontalAlignment(SwingConstants.CENTER);
readerAddJP.add(categoryJL);
//创建"读者类型"下拉列表
readertypeJCB = new JComboBox();
readerAddJP.add(readertypeJCB);
//创建"性别"标签,并添加到"读者信息添加"面板
genderJL = new JLabel("性别:");
genderJL.setHorizontalAlignment(SwingConstants.CENTER);
readerAddJP.add(genderJL);
/* 创建"性别"面板,用于存放"性别"按钮组。先将"男"按钮和"女"按钮
   放在buttonGroup中构成单选按钮组,即性别只能为"男"或"女"。
   先将两个按钮放到genderJP面板中,再将genderJP面板放进
   readerAddJP面板*/
genderJP = new JPanel();
final FlowLayout flowLayout = new FlowLayout();
flowLayout.setHgap(0);
flowLayout.setVgap(0);
genderJP.setLayout(flowLayout);
readerAddJP.add(genderJP);
JRB1 = new JRadioButton();
genderJP.add(JRB1);
JRB1.setSelected(true);
buttonGroup.add(JRB1);
JRB1.setText("男");
```

```java
JRB2 = new JRadioButton();
genderJP.add(JRB2);
buttonGroup.add(JRB2);
JRB2.setText("女");
//创建所属专业的标签和文本框,并添加到"读者信息添加"面板
majorJLabel = new JLabel("专业:");
majorJLabel.setHorizontalAlignment(SwingConstants.CENTER);
readerAddJP.add(majorJLabel);
majorJTF = new JTextField();
readerAddJP.add(majorJTF);
//创建读者电话的标签和文本框,并添加到"读者信息添加"面板
phoneJLabel = new JLabel("电话:");
phoneJLabel.setHorizontalAlignment(SwingConstants.CENTER);
readerAddJP.add(phoneJLabel);
phoneJTF = new JTextField();
readerAddJP.add(phoneJTF);
//创建所在系部的标签和文本框,并添加到"读者信息添加"面板
deptJLabel = new JLabel("系部:");
deptJLabel.setHorizontalAlignment(SwingConstants.CENTER);
readerAddJP.add(deptJLabel);
deptJTF = new JTextField();
readerAddJP.add(deptJTF);
/* 创建读者注册日期标签和文本框,并添加到"读者信息添加"面板。此
   处,需要默认显示系统的当前日期。获取当前系统日期的方法是new
   java.util.Date(),再通过SimpleDateFormat来指定时间的显
   示格式*/
regJLabel = new JLabel("注册日期:");
regJLabel.setHorizontalAlignment(SwingConstants.CENTER);
readerAddJP.add(regJLabel);
regtimeJTF = new JTextField();
//时间格式为"yyyy-MM-dd"
SimpleDateFormat format = new SimpleDateFormat("yyyy-MM-dd");
//格式化系统当前日期
String str = format.format(new java.util.Date());
regtimeJTF.setText(str);
readerAddJP.add(regtimeJTF);
//按钮面板设计
addJB = new JButton("添加");
closeJB = new JButton("关闭");
```

```
        buttonJP.add(addJB);
        buttonJP.add(closeJB);
        //将"读者信息添加"面板放在该界面的中部
        this.add(readerAddJP,BorderLayout.CENTER);
        //将按钮面板放在该界面的南部
        this.add(buttonJP,BorderLayout.SOUTH);
        this.setVisible(true);//设置该界面显示。否则,不显示
        setResizable(false);//取消最大化
    }
    //主方法。注意:要想单独运行此程序,必须有该方法
    public static void main(String[] args){
        new ReaderAdd();
    }
}
```

2. 创建"读者信息查询与修改"界面

"读者信息查询与修改"界面如图5-37所示。

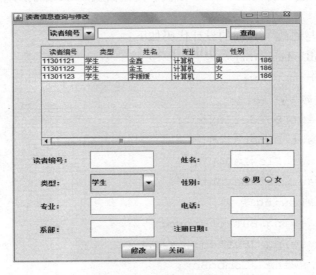

图5-37 "读者信息查询与修改"界面

根据图5-37所示的运行效果,"读者信息查询与修改"界面的布局设计如图5-38所示。

整个界面为JFrame容器组件,设置其布局管理器为BorderLayout,包含三个面板容器——用于查询读者信息的面板selectJP、修改读者信息面板updateJP、按钮面板buttonJP,分别位于整个JFrame的北部(NORTH)、中部(CENTER)和南部(SOUTH)。

查询读者信息的面板selectJP(BorderLayout布局)包含读者信息查询条件面板select_conditionJP(位于selectJP北部)和读者信息查询结果面板select_resultJP(位于selectJP中部),分别采用面板默认的布局FlowLayout。其中,select_conditionJP主要用于存放查询条件;select_resultJP主要用于存放查询出的读者信息,读者信息显示在表格组件jtable中,所以应先将jtable放到JScrollPane中,再放到select_resultJP。

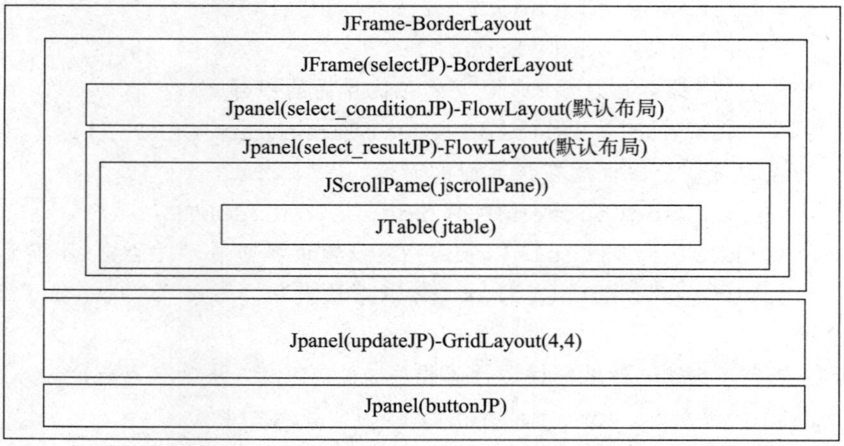

```
┌─────────────────────────────────────────────────────────┐
│                   JFrame-BorderLayout                   │
│  ┌───────────────────────────────────────────────────┐  │
│  │           JFrame(selectJP)-BorderLayout           │  │
│  │  ┌─────────────────────────────────────────────┐  │  │
│  │  │  Jpanel(select_conditionJP)-FlowLayout(默认布局) │  │
│  │  └─────────────────────────────────────────────┘  │  │
│  │  ┌─────────────────────────────────────────────┐  │  │
│  │  │  Jpanel(select_resultJP)-FlowLayout(默认布局) │  │  │
│  │  │  ┌───────────────────────────────────────┐  │  │  │
│  │  │  │       JScrollPame(jscrollPane))       │  │  │  │
│  │  │  │  ┌─────────────────────────────────┐  │  │  │  │
│  │  │  │  │           JTable(jtable)        │  │  │  │  │
│  │  │  │  └─────────────────────────────────┘  │  │  │  │
│  │  │  └───────────────────────────────────────┘  │  │  │
│  │  └─────────────────────────────────────────────┘  │  │
│  └───────────────────────────────────────────────────┘  │
│  ┌───────────────────────────────────────────────────┐  │
│  │         Jpanel(updateJP)-GridLayout(4,4)          │  │
│  └───────────────────────────────────────────────────┘  │
│  ┌───────────────────────────────────────────────────┐  │
│  │                 Jpanel(buttonJP)                  │  │
│  └───────────────────────────────────────────────────┘  │
└─────────────────────────────────────────────────────────┘
```

图 5-38 "读者信息查询与修改"界面的布局设计

修改读者信息面板 updateJP，整体呈 4 行 4 列的显示效果，因此设计此面板的布局管理器为 GridLayout(4,4)。需要注意的是：设置性别按钮时，需要先单独放在一个面板中 genderJP，再将 genderJP 放入到 readerAddJP 面板。按钮面板 buttonJP 用于存放"修改"和"关闭"按钮。

"读者信息查询与修改"界面的设计代码如下：

【ReaderSelectandUpdate.java】

```java
package com.bbm.view;
//导入需要用到的 awt 类
import java.awt.BorderLayout;
import java.awt.Dimension;
import java.awt.FlowLayout;
import java.awt.GridLayout;
//导入需要用到的 swing 类
import javax.swing.ButtonGroup;
import javax.swing.JButton;
import javax.swing.JComboBox;
import javax.swing.JFrame;
import javax.swing.JLabel;
import javax.swing.JPanel;
import javax.swing.JRadioButton;
import javax.swing.JScrollPane;
import javax.swing.JTable;
import javax.swing.JTextField;
import javax.swing.SwingConstants;
import javax.swing.border.EmptyBorder;
public class ReaderSelectandUpdate extends JFrame{
```

```java
//序列化。为了保持版本的兼容性,在版本升级时反序列化,仍保持对象的唯一性
    private static final long serialVersionUID =1L;
    //定义面板
    private JPanel selectJP,select_conditionJP,select_resultJP,
        genderJP,updateJP,buttonJP;
    //定义按钮组
    private ButtonGroup buttonGroup = new ButtonGroup();
    //定义"性别"按钮
    private JRadioButton JRB1,JRB2;
    //定义标签
    private JLabel IDJL,typeJL,readerNameJL,genderJL,phoneJL,deptJL,
        majorJL,regJL;
    //定义文本框
     private JTextField select_conditionJTF, IDJTF, readerNameJTF,
        phoneJTF,deptJTF,majorJTF,regJTF;
    //定义查询条件和读者类型下拉列表框
    private JComboBox conditionJCB,readertypeJCB;
    //定义滚动面板,用于存放查询出来的读者信息表格
    private JScrollPane jscrollPane;
    //定义表格,用于存放查询出来的读者信息
    private JTable jtable;
    //定义按钮
    private JButton selectJB,updateJB,closeJB;
    //构造方法
    public ReaderSelectandUpdate(){
        setBounds(200,200,500,500);
        setTitle("读者信息查询与修改");
        //读者信息查询面板设计
        selectJP = new JPanel();
        selectJP.setLayout(new BorderLayout());
        //查询条件面板
        //查询条件下拉列表框
        select_conditionJP = new JPanel();
        conditionJCB = new JComboBox();
        String[] array = {"读者编号","姓名","类型","系部"};
        for(int i =0;i < array.length;i ++){
            conditionJCB.addItem(array[i]);
        }
        select_conditionJP.add(conditionJCB);
```

```java
//查询条件文本框
select_conditionJTF = new JTextField();
select_conditionJTF.setColumns(20);
select_conditionJP.add(select_conditionJTF);
//"查询"按钮
selectJB = new JButton();
selectJB.setText("查询");
select_conditionJP.add(selectJB);
selectJP.add(select_conditionJP,BorderLayout.NORTH);
//查询结果面板
select_resultJP = new JPanel();
jscrollPane = new JScrollPane();
jscrollPane.setPreferredSize(new Dimension(400,200));
String[] readersearch = {"编号","类型","姓名","专业","性别","电话","系部","注册日期"};
String[][] results = {{"11301121","学生","金鑫","计算机","男","18632159876","信息","2011-9-8"},
            {"11301122","学生","李福林","计算机","男","18642156876","信息","2011-9-8"},
            {"11301105","学生","李媛媛","计算机","女","18643625476","信息","2011-9-8"}};
jtable = new JTable(results,readersearch);
jtable.setAutoResizeMode(JTable.AUTO_RESIZE_OFF);
jscrollPane.setViewportView(jtable);
select_resultJP.add(jscrollPane);
selectJP.add(select_resultJP,BorderLayout.CENTER);
//读者信息修改面板设计
updateJP = new JPanel();
updateJP.setBorder(new EmptyBorder(5,10,5,10));
GridLayout gridLayout = new GridLayout(4,4);
gridLayout.setVgap(10);
gridLayout.setHgap(10);
updateJP.setLayout(gridLayout);
//创建读者编号的标签和文本框,并添加到updateJP
IDJL = new JLabel("读者编号:");
IDJL.setHorizontalAlignment(SwingConstants.CENTER);
updateJP.add(IDJL);
IDJTF = new JTextField();
updateJP.add(IDJTF);
```

```java
//创建读者姓名的标签和文本框,并添加到updateJP
readerNameJL = new JLabel("姓名:");
readerNameJL.setHorizontalAlignment(SwingConstants.CENTER);
updateJP.add(readerNameJL);
readerNameJTF = new JTextField();
updateJP.add(readerNameJTF);
//创建读者类型的标签和下拉列表框,并添加到updateJP
typeJL = new JLabel("类型:");
typeJL.setHorizontalAlignment(SwingConstants.CENTER);
updateJP.add(typeJL);
//创建"类型"下拉列表
readertypeJCB = new JComboBox();
updateJP.add(readertypeJCB);
//创建读者性别的标签和按钮组面板genderJP,并添加到updateJP
genderJL = new JLabel("性别:");
genderJL.setHorizontalAlignment(SwingConstants.CENTER);
updateJP.add(genderJL);
genderJP = new JPanel();
final FlowLayout flowLayout = new FlowLayout();
flowLayout.setHgap(0);
flowLayout.setVgap(0);
genderJP.setLayout(flowLayout);
JRB1 = new JRadioButton();
genderJP.add(JRB1);
JRB1.setSelected(true);
buttonGroup.add(JRB1);
JRB1.setText("男");
JRB2 = new JRadioButton();
genderJP.add(JRB2);
buttonGroup.add(JRB2);
JRB2.setText("女");
updateJP.add(genderJP);
//创建所属专业的标签和文本框,并添加到updateJP
majorJL = new JLabel("专业:");
majorJL.setHorizontalAlignment(SwingConstants.CENTER);
updateJP.add(majorJL);
majorJTF = new JTextField();
updateJP.add(majorJTF);
//创建读者电话的标签和文本框,并添加到updateJP
```

```java
            phoneJL = new JLabel("电话:");
            phoneJL.setHorizontalAlignment(SwingConstants.CENTER);
            updateJP.add(phoneJL);
            phoneJTF = new JTextField();
            updateJP.add(phoneJTF);
            //创建所在系部的标签和文本框,并添加到 updateJP
            deptJL = new JLabel("系部:");
            deptJL.setHorizontalAlignment(SwingConstants.CENTER);
            updateJP.add(deptJL);
            deptJTF = new JTextField();
            updateJP.add(deptJTF);
            //创建注册日期的标签和文本框,并添加到 updateJP
            regJL = new JLabel("注册日期:");
            regJL.setHorizontalAlignment(SwingConstants.CENTER);
            updateJP.add(regJL);
            regJTF = new JTextField();
            updateJP.add(regJTF);
            //按钮面板设计
            buttonJP = new JPanel();
            updateJB = new JButton("修改");
            closeJB = new JButton("关闭");
            buttonJP.add(updateJB);
            buttonJP.add(closeJB);
            //添加面板到该界面中
            //添加读者信息查询面板到该界面的北部
            this.add(selectJP,BorderLayout.NORTH);
            //添加读者信息修改面板到该界面的中部
            this.add(updateJP,BorderLayout.CENTER);
            //添加按钮面板到该界面的南部
            this.add(buttonJP,BorderLayout.SOUTH);
            this.setVisible(true);//设置该界面显示,否则不显示
            setResizable(false);//取消最大化
      }
      //主方法
      public static void main(String[] args){
            new ReaderSelectandUpdate();
      }
}
```

本任务中其他界面的创建方法与此类似。

5.4.4 任务4：创建图书信息管理界面

图书信息管理包括图书信息添加和图书信息查询与修改，下面列出图书信息添加界面的运行效果，及图书信息查询与修改界面设计方案分析，具体编程实现，请读者参照读者信息管理界面的实现过程独立完成。

1. 创建"图书信息添加"界面

"图书信息添加"界面如图 5-39 所示。

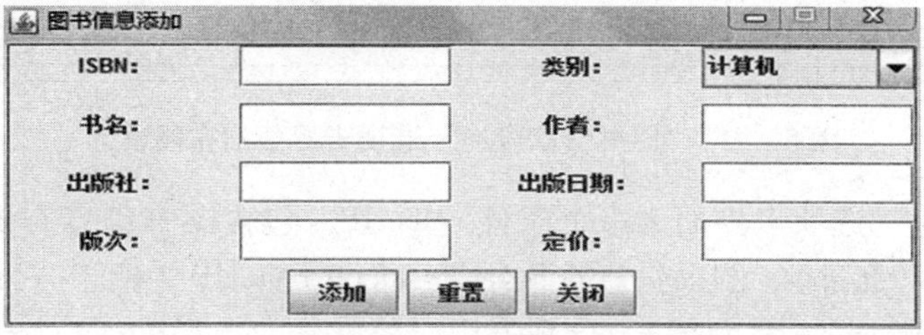

图 5-39 "图书信息添加"界面

此界面与"读者信息管理"界面类似，请读者自行设计与实现。读者也可以根据掌握的知识自行创建不同效果的图书信息添加界面。

2. 创建"图书信息查询与修改"界面

"图书信息查询与修改"界面使用了中间容器 JTabbedPane，将对图书信息的查询和修改分别放在不同的选项卡中。通过以下语句实现：

```
JTabbedPane jtabbedPane = new JTabbedPane();
jtabbedPane.addTab("图书信息查询",selectJP);
jtabbedPane.addTab("图书信息修改",updateJP);
```

其中，selectJP 为"图书信息查询"面板，updateJP 为"图书信息修改"面板。
"图书信息查询"选项卡界面如图 5-40 所示。

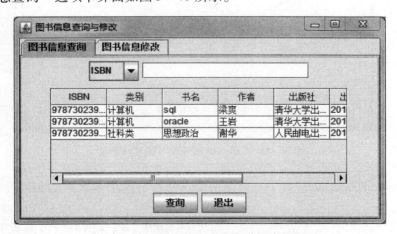

图 5-40 "图书信息查询"选项卡界面

"图书信息查询"选项卡界面布局设计如图 5-41 所示。

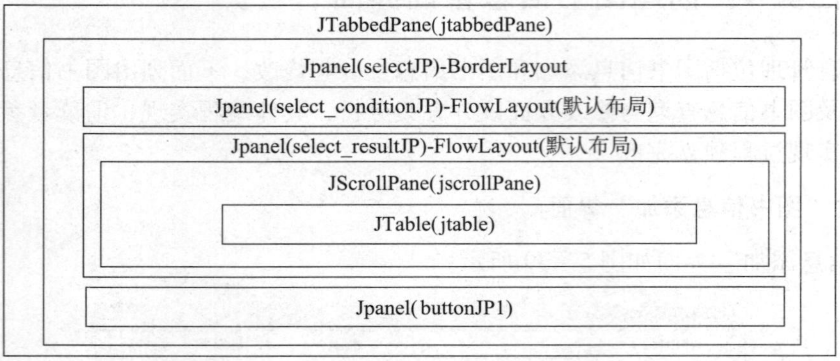

```
JTabbedPane(jtabbedPane)
  Jpanel(selectJP)-BorderLayout
    Jpanel(select_conditionJP)-FlowLayout(默认布局)
    Jpanel(select_resultJP)-FlowLayout(默认布局)
      JScrollPane(jscrollPane)
        JTable(jtable)
    Jpanel(buttonJP1)
```

图 5-41 "图书信息查询"选项卡界面的布局设计

"图书信息查询"选项卡界面为一个条件 selectJP,包含图书信息查询条件 select_conditionJP(位于 selectJP 北部)、图书信息查询结果 select_resultJP(位于 selectJP 中部)和按钮面板 buttonJP1(位于 selectJP 南部),分别采用面板默认的布局 FlowLayout。select_conditionJP 主要用于存放查询条件;select_resultJP 主要用于存放查询出的图书信息,图书信息显示在表格组件 jtable 中,所以应先将 jtable 放到 JScrollPane,再放到 select_resultJP 中。按钮面板 buttonJP1 用于存放"查询"和"退出"按钮。

"图书信息修改"选项卡界面如图 5-42 所示。

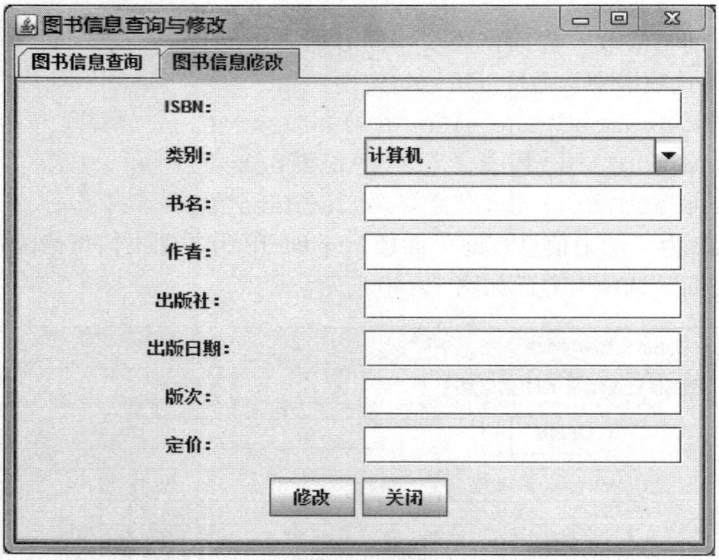

图 5-42 "图书信息修改"选项卡界面

根据图 5-42 所示的运行效果,"图书信息修改"选项卡界面的布局设计如图 5-43 所示。

"图书信息修改"选项卡界面为一个面板 updateJP,包含图书信息面板 bookJP(位于 updateJP 中部)和按钮面板 buttonJP2(位于 updateJP 南部)。bookJP 主要用于存放图书的信

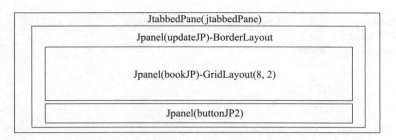

图 5-43 "图书信息修改"选项卡界面的布局设计

息,整体呈 4 行 4 列的显示效果,因此设计此面板的布局管理器为 GridLayout(8,2)。按钮面板 buttonJP2 用于存放"修改"和"关闭"按钮。

5.4.5 任务5:创建图书借阅管理界面

1. 创建"图书借阅"界面

"图书借阅"界面如图 5-44 所示(仅供参考,可自行设计并编程实现)。

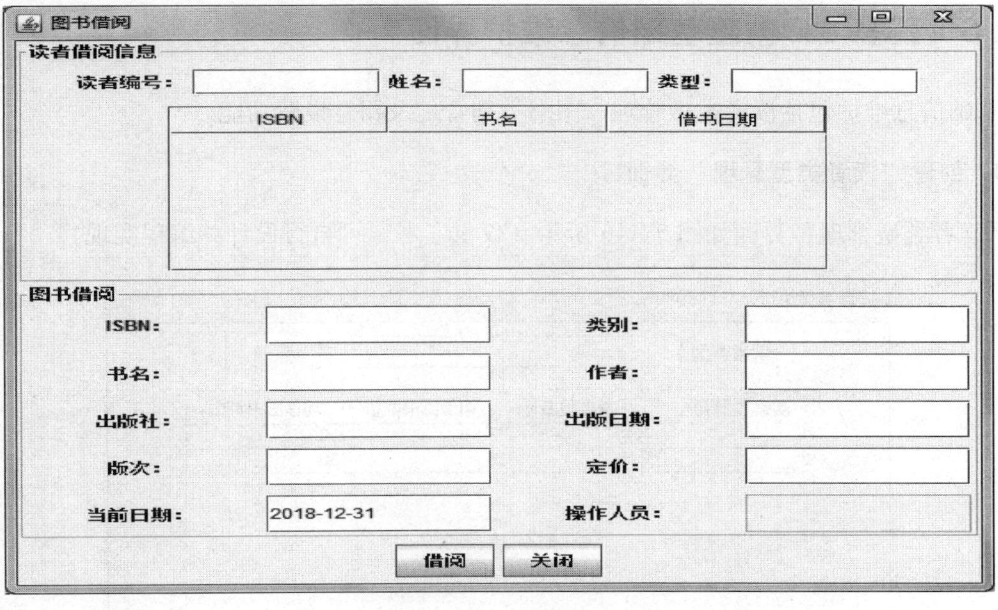

图 5-44 "图书借阅"界面

2. 创建"图书归还"界面

"图书归还"界面如图 5-45 所示(仅供参考,可自行设计并编程实现)。

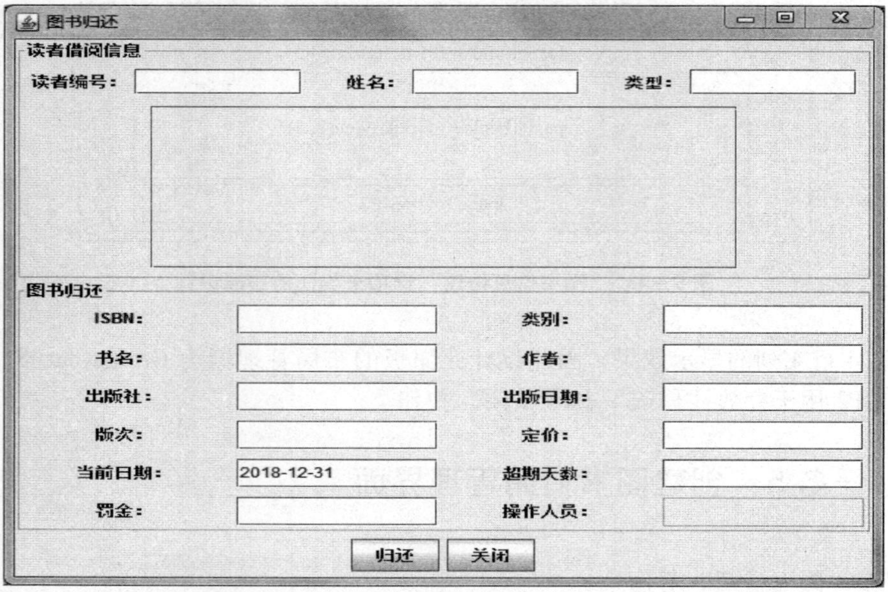

图 5-45 "图书归还"界面

5.4.6 任务 6：创建基础信息维护界面

基础信息维护包括读者类型管理、图书类别管理及罚金设置功能。

1. 创建"读者类型管理"界面

"读者类型管理"界面如图 5-46 所示（仅供参考，可自行设计并编程实现）。

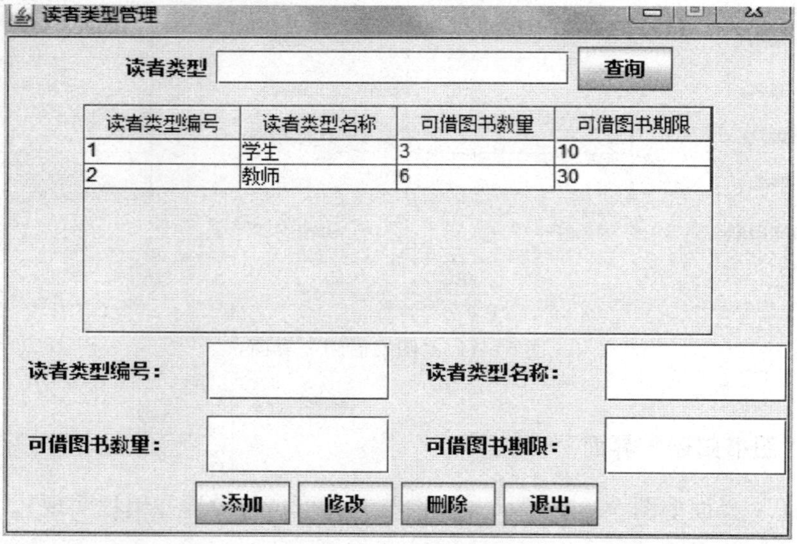

图 5-46 "读者类型管理"界面

2. 创建"图书类别管理"界面

"图书类别管理"界面如图 5-47 所示(仅供参考,可自行设计并编程实现)。

图 5-47 "图书类别管理"界面

3. 创建"罚金设置"界面

"罚金设置"界面效果如图 5-48 所示(仅供参考,可自行设计并完成编程)。

图 5-48 "罚金设置"界面

5.4.7 任务7:创建用户管理界面

1. 创建"修改密码"界面

"修改密码"界面如图 5-49 所示(仅供参考,可自行设计并完成编程)。

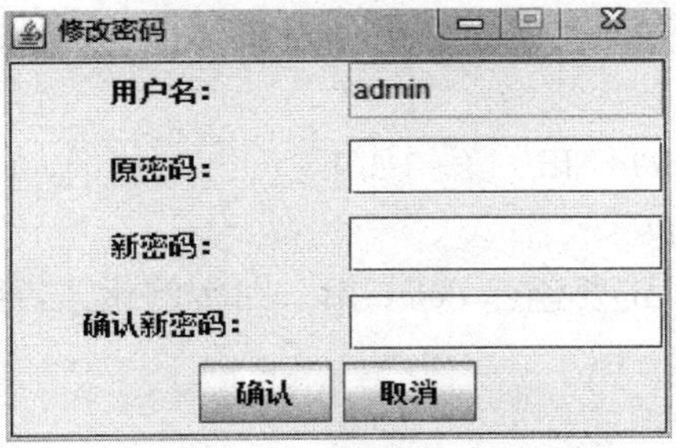

图 5-49 "修改密码"界面

2. 创建"添加用户"界面

"添加用户"界面如图 5-50 所示(仅供参考,可自行设计并完成编程)。

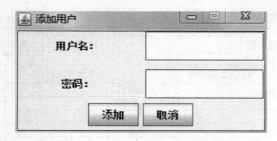

图 5-50 "添加用户"界面

3. 创建"删除用户"界面

"删除用户"界面如图 5-51 所示(仅供参考,可自行设计并完成编程)。

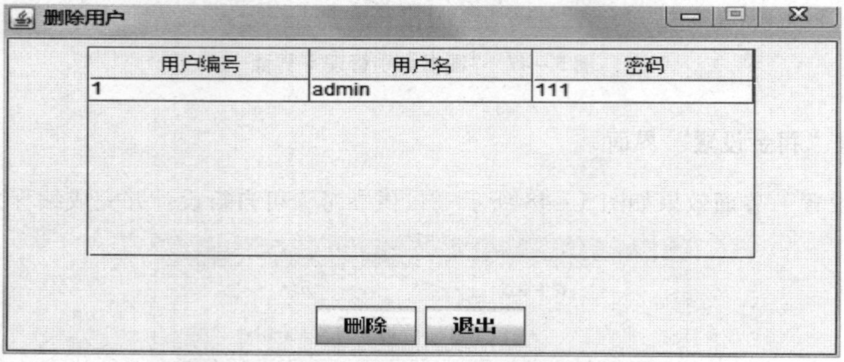

图 5-51 "删除用户"界面

5.5 本项目实施过程中可能出现的问题

1. 空指针

本项目主要为设计图书借阅系统的界面,在具体的任务中会涉及很多组件。在组件的使用过程中,一定要先对其定义,这样创建组件对象才能使用,否则,就容易出现空指针的问题。

例如:在程序中定义了 deleteJB,语句如下:
private JButton deleteJB;
在使用 deleteJB 之前,一定要创建 deleteJB,即实例化,否则,就会出现空指针异常。
deleteJB = new JButton();
deleteJB.setText("删除");

2. 运行不出界面

如果本项目中的程序编写完成，却没有运行出界面，则可能有以下两个原因：
（1）没有设置界面的 setVisible(true)。
（2）没有实例化类。
解决方法：在程序中编写主方法，并在其中进行实例化。
例如，要想"添加用户"界面运行，必须有以下主方法，且在其中实例化类。

```
public static void main(String[] args){
        new UserAdd();
}
```

5.6 后续项目

本项目结束后，图书借阅系统的所有界面就全部设计并实现完成了，后续就应该考虑如何真正实现界面的功能。要实现功能，就需要访问数据库，实现数据的添加、删除、修改、查询操作。下一个项目将完成对数据库的访问及数据操作。

子项目 6

图书借阅系统数据访问方法

6.1 项目任务

本项目主要完成以下任务:
- 创建包含数据库访问的文件的包 com. bbm. db。
- 创建图书借阅系统的数据访问操作类文件。

图书借阅系统数据访问操作类表如表 6-1 所示。

表 6-1 图书借阅系统数据访问操作类表

包名	文件名	说明
com. bbm. db	Dao. java	基本数据访问操作类
	ReaderDao. java	读者信息操作类
	BookDao. java	图书信息操作类
	ReaderTypeDao. java	读者类型操作类
	BookTypeDao. java	图书类别操作类
	BookBorrowDao. java	图书借阅操作类
	UserDao. java	用户操作类

图书借阅系统数据访问操作类文件组织结构如图 6-1 所示。

```
▲ ➤ BookBorrowManager
  ▲ ➤ src
    ▲ ⊞ com.bbm.db
      ▷ 🗋 BookBorrowDao.java
      ▷ 🗋 BookDao.java
      ▷ 🗋 BookTypeDao.java
      ▷ 🗋 Dao.java
      ▷ 🗋 ReaderDao.java
      ▷ 🗋 ReaderTypeDao.java
      ▷ 🗋 UserDao.java
    ▷ ⊞ com.bbm.model
    ▷ ⊞ com.bbm.view
  ▷ ➤ JRE System Library [JavaSE-1.6]
  ▷ ➤ Referenced Libraries
  ▲ ➤ img
      🖼 library.jpg
```

图 6-1　图书借阅系统数据访问操作类文件组织结构

6.2　项目的提出

要想最终实现图书借阅系统的功能，就必须访问数据库，并对表进行相关操作。因此，如何访问数据库，如何对数据进行添加、删除、修改及查询操作，就是接下来要解决的问题。

本章主要针对图书借阅系统来实现对该系统的数据库操作，即通过使用 JDBC 来进行数据库连接，通过执行 SQL 语句来实现数据表的操作。重点掌握 JDBC 数据库访问与操作的技术。

6.3　项目预备知识

6.3.1　流程控制

1. 选择语句

选择语句分为 if 语句和 switch 语句两类，其中 if 语句包含多种。它们的基本语法与 C 语言的相关语法一致。

1) if 语句

if 语句的语法格式为：

```
if(表达式)
    语句
```

功能：如果条件表达式的值为 true，则执行语句；否则，该语句不被执行。

if 语句的控制流程如图 6-2 所示。

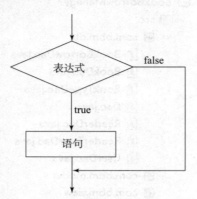

图 6-2　if 语句的控制流程图

当满足条件表达式，需要执行多条语句时，就使用一对大括号（{}）将多条语句包含起来，构成复合语句。例如：

```
if(salary >10000)
{
    level = "high";
    taxrate =0.006;
}
```

2）if…else 语句

if 语句通常与 else 语句配套使用，形成二分支结构。if…else 语句的语法格式为：

```
if(表达式)
    语句1；
else 语句2；
```

功能：如果条件表达式的值为 true，则执行语句1，忽略 else 和语句2；如果条件表达式的值为 false，则忽略语句1，执行 else 后面的语句2。

if…else 语句的控制流程如图 6-3 所示。

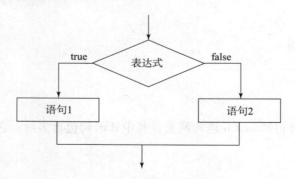

图 6-3　if…else 语句的控制流程图

语句1 和语句2 都可以是复合语句。例如：
```
if(salary >10000)
```

```
{       level ="high";
        taxrate =0.006;
}else
{       level ="low";
        taxrate =0.004;
}
```

3) if…else…if 语句

对于复杂的情况,需要多分支选择时,可以使用嵌套的 if…else…if 语句。它的语法格式为:

if(表达式1) 语句1;
else if(表达式2) 语句2;
else if(表达式3) 语句3;
    ⋮
else if(表达式 n-1) 语句 n-1;
else 语句 n

功能:依次计算条件表达式的值,若为 true,就执行它后面的语句,忽略其余的部分;所有表达式的值都为 false 时,就执行最后一个 else 后面的语句 n。语句1、语句2……语句 n 都可以是复合语句。

if…else…if 语句的控制流程如图 6-4 所示。

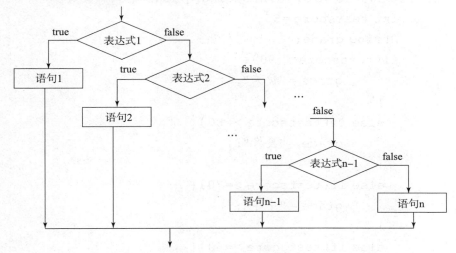

图 6-4 if…else…if 语句控制流程图

【例 6-1】 找出三个整数中的最大值和最小值。

分析:从两个数中选择其一,可以使用一个 if 语句,也可以使用两个 if 语句。本例使用了两个并列的 if 语句,其中第二个 if 语句没有 else 子句。此外,本例还使用了另一种方法(三元条件运算符?:)来实现同样的问题。

程序代码:
```
public class Max3if{
    public static void main(String args[]){
```

```
            int a = 1, b = 2, c = 3, max, min;
            if(a > b)
                max = a;
            else
                max = b;
            if(c > max)   max = c;
            System.out.println("max = " + max);
            min = a < b ? a : b;
            min = c < min ? c : min;
            System.out.println("min = " + min);
        }
    }
```

运行结果:
max = 3
min = 1

【例6-2】使用 if…else…if 语句的例子。

程序代码:
```
public class Score{
    public static void main(String[] args){
        int testscore = 85;
        String grade;
        if(testscore >= 90){
            grade = "优秀";
        }
        else if(testscore >= 80){
            grade = "良好";
        }
        else if(testscore >= 70){
            grade = "中等";
        }
        else if(testscore >= 60){
            grade = "及格";
        }
        else{
            grade = "不及格";
        }
        System.out.println("该学生的成绩为: " + grade);
    }
}
```

运行结果：

该学生的成绩为：良好

4）switch 语句

在程序设计过程中，常常需要依据不同的条件来选择执行不同的语句。Java 语言中提供的 switch 语句可以完成此功能。switch 语句的语法格式为：

```
switch(表达式)
{
  case 常量1:语句1;
    break;
  case 常量2:语句2;
    break;
      ⋮
  [default:语句;]
}
```

功能：先计算表达式的值，然后根据表达式的取值与各个常量进行比较，如果表达式值与哪个常量相等，就执行该常量后面的语句。

switch 语句的控制流程如图 6-5 所示。

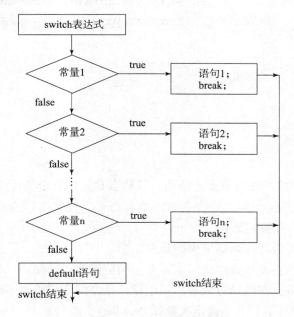

图 6-5　switch 语句控制流程

【注意】

使用 switch 语句时，应注意以下几点：

1. case 后面的常量必须是整型或字符型的值，且不能有相同的值。

2. switch 语句从与选择值相匹配的 case 标签处开始执行，一直执行到 break 处（若执行 break，将跳出 switch 语句）或 switch 语句的末尾。

3. 当表达式的值与所有 case 标签均不匹配时，如果 switch 语句中含有 default 标签，将执行 default 标签后面的语句；如果 default 标签也不存在，那么 switch 语句中就没有任何语句得到执行，程序将直接跳出 switch 语句。

【例 6 – 3】用 week 表示一星期中的某天，用 switch 语句将 week 转换成对应的英文字符串。

程序代码：

```
public class Week1{
    public static void main(String args[]){
        int week =1;
        System.out.print("week = " + week + "  ");
        switch(week){
            case 0:System.out.println("Sunday");   break;
            case 1:System.out.println("Monday");   break;
            case 2:System.out.println("Tuesday");   break;
            case 3:System.out.println("Wednesday");break;
            case 4:System.out.println("Thursday");break;
            case 5:System.out.println("Friday");   break;
            case 6:System.out.println("Saturday");break;
            default:System.out.println("Data Error!");
        }
    }
}
```

运行结果：

week =1 Monday

2. 循环语句

循环结构是程序中的一种很重要的结构。其特点是，在给定条件成立时，反复执行某程序段，直到条件不成立为止。给定的条件称为循环条件，反复执行的程序段称为循环体。一个有效的循环有以下三个基本要素：

- 循环条件：决定循环开始或结束的条件判断。
- 循环变量的初值：循环条件中的变量在使用前需要初始化。
- 循环变量的增量：在循环过程中，用于循环条件的变量需要不断改变的情况。

Java 语言提供的循环语句有：确定次数循环（for）、条件循环（while）、先执行后判断循环（do…while）。

1）for 循环语句

for 语句是一种常用的循环语句，它的语法格式为：

for(表达式1;表达式2;表达式3)循环体；

for 循环语句的执行过程如下：

第 1 步，求解表达式 1。

第 2 步，求解表达式 2。若其值为 true，则执行循环体，然后执行第 3 步；若其值为

false,则结束循环,转到第5步。

第3步,求解表达式3。

第4步,转回第2步,继续执行。

第5步,循环结束,执行for语句下面的一个语句。

【注意】

(1) for循环中的表达式1、表达式2和表达式3都是选择项,可以缺省,但";"不能缺省。

(2) 表达式1可以设置循环变量的初值,是一个赋值语句;表达式2一般是关系表达式或逻辑表达式,也可以是数值表达式或字符表达式,只要其值为true,就执行循环体;表达式3作为循环变量增量,是一个赋值语句。表达式1和表达式3既可以是一个简单表达式,也可以是逗号表达式。

(3) 如果省略了"表达式2(循环条件)",则在未做其他处理的情况下,将成为死循环。

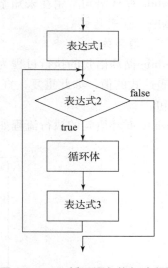

图6-6 for循环语句执行流程图

(4) for循环语句的执行流程如图6-6所示。

【例6-4】求出个、十、百、千位数字的4次方的和等于该数本身的所有四位数。

程序代码:

```
public class ForTest{
    public static void main(String args[]){
        System.out.println("各位数字的4次方的和等于该数本身的四位数有:");
        for(int n =1000;n <10000;n ++)
        {
            int a,b,c,d;
            a =n/1000;
            b =n/100%10;
            c =n/10%10;
            d =n%10;
            if(a*a*a*a+b*b*b*b+c*c*c*c+d*d*d*d==n)
                System.out.println(n);
        }
    }
}
```

运行结果:

各位数字的4次方的和等于该数本身的四位数有:

1634

8208

9474

2) while 循环语句

while 循环语句常用在未知循环次数的场合。while 循环语句的语法格式为：

```
while(表达式)
    循环体;
```

while 循环语句的执行过程为：当表达式的值为 true 时，就执行一次循环体语句，然后判断表达式的值，如此重复，直到表达式的值为 false 时，就跳出循环体，执行循环体下面的语句。

while 循环语句的执行流程如图 6-7 所示。

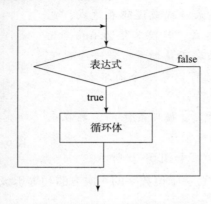

图 6-7 while 循环语句执行流程图

3) do…while 循环语句

do…while 循环语句常用在未知循环次数的场合，do…while 循环语句的语法格式为：

```
do{
    循环体;
}while(条件表达式);//注意:这里要以分号结束
```

do…while 循环语句的执行过程为：先执行循环体语句，再判断条件表达式的值。如果条件表达式的值为 true，则执行一次循环体；如果条件表达式的值为 false，则跳出循环体，执行循环体下面的语句。

do…while 循环语句的执行流程如图 6-8 所示。

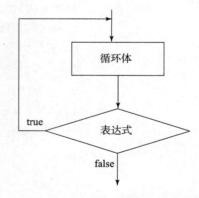

图 6-8 do…while 循环语句执行流程图

【注意】

与 while 循环语句的不同之处在于：while 循环语句先判断后执行；do…while 循环语句先执行后判断，也即 do…while 循环语句的循环体至少执行一次。

【例 6-5】编写程序，当 x 为 5 时，求 $x + x^2/2! + \cdots + x^n/n!$ 的和，要求 $x^n/n!$ 的值不大于 1.0×10^{-8}。

(1) 用 while 循环语句。
程序代码：
```
public class WhileTest{
    public static void main(String args[]){
        int x = 5;
        double sum = 0, d = 1.0;
        int n = 1;
        while(d > 1.e-8){
            d *= x;
            d /= n;
            sum += d;
            n ++;
        }
        System.out.println("x = " + x + "   sum = " + sum);
    }
}
```

(2) 用 do…while 循环语句。
程序代码：
```
public class WhileTest2{
    public static void main(String args[]){
        int x = 5;
        double sum = 0, d = 1.0;
        int n = 1;
        do{
            d *= x;
            d /= n;
            sum += d;
            n ++;
        }while(d > 1.e-8);
        System.out.println("x = " + x + "   sum = " + sum);
    }
}
```

程序运行结果如图 6-9 所示。

```
x=5    sum=147.4131591017 4492
```

图 6-9 例 6-5 程序运行结果

4) break 语句

break 语句用在循环结构中和 switch 语句中，允许从循环体内部跳出或从 switch 语句的 case 子句中跳出。

不带标号的 break 语句的语法格式为：

break;

功能：跳出它所在的循环（只能跳出一重循环），并从该循环的后继语句开始继续执行。

带标号的 break 语句的语法格式为：

break 标号;

功能：从多重循环体的内部跳出标号所标志的那层循环，即结束标号所标志的那层循环，并从标号标志的那层循环后面的语句开始继续执行。

【例 6-6】break 语句使用示例。求 $1+2+3+\cdots+100$ 的累加和，当和大于 2000 时，输出这个数。

程序代码：

```java
public class BreakTest1{
    public static void main(String args[]){
        int sum=0,i;
        for(i=1;i<=100;i++){
            sum+=i;
            if(sum>2000) break;
        }
        System.out.println("当累加到"+i+"时,累加和为"+sum+",大于2000");
    }
}
```

运行结果：

当累加到 63 时,累加和为 2016,大于 2000

5) continue 语句

continue 语句只能用在循环结构中。continue 语句用于结束本次循环，跳过循环体中下面尚未执行的语句，接着进行终止条件的判断，以决定是否继续循环。

不带标号的 continue 语句的语法格式为：

continue;

功能：跳过本轮循环的剩余语句，进入循环的下一轮。

带标号的 continue 语句的语法格式为：

continue 标号;

功能：从多重循环的内层循环跳到外层循环，执行标号所标示的那层循环的下一轮。

【例 6-7】输出 1~9 中除 6 以外所有偶数的平方值。

程序代码：

```java
public class CTest1{
```

```
public static void main(String args[]){
    for(int i = 2;i <= 9;i + = 2){
        if(i == 6)
            continue;
        System.out.println(i + "的平方 = " + i * i);
    }
}
```
运行结果：

2 的平方 = 4

4 的平方 = 16

8 的平方 = 64

6) return 语句

return 语句用在方法定义中，当程序执行到方法体中的 return 语句时，从当前方法退出，并返回到调用该方法的语句处。

return 语句有带参数和不带参数两种形式，带参数形式的 return 语句退出该方法并返回一个值。不带参数形式的 return 语句，其方法要用 void 声明，说明不需要返回值，也可以省略不带参数形式的 return 语句，当程序执行到这个方法的最后一条语句时，遇到方法结束标志"}"就自动返回调用这个方法的程序。

带参数的 return 语句格式为：

return 表达式；

功能：把表达式的值计算出来，并返回程序中调用该方法的位置，从调用这个方法的语句之后继续执行程序。

【例6-8】给出两个圆的半径，通过引用 area 方法，使用 return 语句，求出圆的面积值。

程序代码：

```
public class CircleArea{
    final static double PI = 3.14159;
    public static void main(String[] args){
        double r1 = 8.0,r2 = 5.5;
        System.out.println("半径为" + r1 + "的圆的面积 = " + area(r1));
        System.out.println("半径为" + r2 + "的圆的面积 = " + area(r2));
    }
    static double area(double r){
        return(PI * r * r);
    }
}
```

运行结果：

半径为 8.0 的圆的面积 = 201.06176

半径为5.5 的圆的面积=95.0330975

6.3.2 数组

在 Java 语言中，数组是一种最简单的复合数据类型。数组是有序数据的集合，数组中的每个元素具有相同的数据类型，可以用一个统一的数组名和下标来唯一地确定数组中的元素。数组分为一维数组、二维数组和多维数组。

1. 一维数组

1）声明数组

声明数组包括数组的名字、数组元素的数据类型。
声明一维数组有下列两种语法格式为：
数组元素类型[ ] 数组名字；
数组元素类型 数组名字[ ]；
数组元素类型可以为 Java 语言中的任意数据类型，包括简单类型和复合类型。
例如：double[ ] oneArray;
　　　int[ ] twoArray;
　　　float[ ] threeArray;
　　　Date[ ] fourArray;
　　　String[ ] fiveArray;
于是，数组 oneArray、twoArray、threeArray 的元素可以分别存放 double、int、float 简单类型数据，数组 fourArray、fiveArray 的元素可以分别存放 Date、String 复合类型数据。

2）创建数组

声明数组仅仅给出了数组名字和元素的数据类型。要想真正使用数组，还必须为它分配内存空间，即创建数组。在为数组分配内存空间时，必须指明数组的长度。为数组分配内存空间的语法格式为：
数组名字＝new 数组元素的类型[数组元素的个数]；
例如：oneArray＝new double[5];
声明数组和创建数组可以一起完成。
例如：double[ ] oneArray＝new double[5];

3）数组的初始化

在创建数组后，系统会给每个数组元素一个默认的值。例如，double 型是 0.0。
在声明数组时，还可以为数组的元素赋予初始值。
例如：double[ ] oneArray＝{34.2,5.7,88.34,4.03,856.37};
上述语句相当于：double[ ] oneArray＝new double[5];
然后执行：
oneArray[0]＝34.2;
oneArray[1]＝5.7;
oneArray[2]＝88.34;

oneArray[3] = 4.03;
oneArray[4] = 856.37;

对于复合数据类型，也可以进行同样的初始化。

例如：String[] fiveArray = {"shenyang","dalian","fushun","anshan", "benxi"};

4) 数组元素的使用

一维数组通过下标符来访问自己的元素，如 oneArray[0]、fiveArray[1] 等。需要注意的是，下标从 0 开始。因此，数组若有 5 个元素，则下标到 4 为止。

【例6-9】一维数组的使用。

程序代码：

```java
public class OneArrayTest{
    public static void main(String[] args){
        double[] oneArray = new double[5];
        String[] fiveArray = {"shenyang","dalian","fushun","anshan","benxi"};
        oneArray[0] = 34.2;
        oneArray[1] = 5.7;
        oneArray[2] = 88.34;
        oneArray[3] = 4.03;
        oneArray[4] = 856.37;
        for(int i = 0;i < oneArray.length;i ++){
            System.out.println("oneArray[" + i + "] = " + oneArray[i]);
        }
        for(int i = 0;i < fiveArray.length;i ++){
            System.out.println("fiveArray[" + i + "] = " + fiveArray[i]);
        }
    }
}
```

运行结果：

oneArray[0] = 34.2
oneArray[1] = 5.7
oneArray[2] = 88.34
oneArray[3] = 4.03
oneArray[4] = 856.37
fiveArray[0] = shenyang
fiveArray[1] = dalian
fiveArray[2] = fushun
fiveArray[3] = anshan
fiveArray[4] = benxi

【注意】

"数组名.length"表示数组元素个数(数组长度)。例6-9中的oneArray.length和fiveArray.length,其值均为5。

2. 二维数组

1)声明数组

与一维数组类似,声明二维数组同样包括数组的名字、数组元素的数据类型。二维数组主要用于处理具有行列性质的多个数据。

声明二维数组有下列两种格式:

数组元素类型[][] 数组名字;

数组元素类型 数组名字[][];

数组元素类型可以为 Java 语言中任意的数据类型,包括简单类型和复合类型。

例如: int[][] sixArray;
　　　String[][] sevenArray;

于是,数组 sixArray 的元素可以存放 int 简单类型数据,数组 sevenArray 的元素可以存放 String 复合类型数据。

2)创建数组

与一维数组类似,声明二维数组仅仅是给出了数组名字和元素的数据类型。要想真正使用二维数组,还必须为它分配内存空间,即创建数组。在为数组分配内存空间时,必须指明数组的长度。为二维数组分配内存空间的语法格式为:

数组名字 = new 数组元素的类型[数组元素的个数][数组元素的个数];

例如: sixArray = new int[3][4];

声明数组和创建数组可以一起完成。

例如: int[][] sixArray = new int[3][4];

3)数组的初始化

创建二维数组后,系统会给每个数组元素一个默认的值。例如,double 型是 0.0。

在声明二维数组的同时,还可以为二维数组的元素赋初始值。与一维数组不同的是,大括号中的每一个嵌套大括号代表一行,即二维数组的第一维。

例如: int[][] sixArray = {{1,3,5,7},{10,30,50,70},{100,300,500,700}};

上述语句相当于: int[][] sixArray = new int[3][4];

然后执行

sixArray[0][0] = 1;

sixArray[0][1] = 3;

sixArray[0][2] = 5;

sixArray[0][3] = 7;

sixArray[1][0] = 10;

sixArray[1][1] = 30;

sixArray[1][2] = 50;

```
sixArray[1][3]=70;
sixArray[2][0]=100;
sixArray[2][1]=300;
sixArray[2][2]=500;
sixArray[2][3]=700;
```

4) 数组元素的使用

与一维数组类似,二维数组也通过下标符来访问自己的元素,但要使用两个下标。例如,sixArray[0][2]、sixArray[2][3] 等。注意:二维数组的两个下标都是从 0 开始的。

【例 6-10】二维数组的使用。

程序代码:

```
public class TwoArrayTest{
    public static void main(String[] args){
        int[][] sixArray={{1,3,5,7},{10,30,50,70},{100,300,500,700}};
        for(int i=0;i<sixArray.length;i++)
            for(int j=0;j<sixArray[i].length;j++)
                System.out.println("sixArray["+i+"]["+j
                    +"]="+sixArray[i][j]);
    }
}
```

运行结果:

```
sixArray[0][0]=1
sixArray[0][1]=3
sixArray[0][2]=5
sixArray[0][3]=7
sixArray[1][0]=10
sixArray[1][1]=30
sixArray[1][2]=50
sixArray[1][3]=70
sixArray[2][0]=100
sixArray[2][1]=300
sixArray[2][2]=500
sixArray[2][3]=700
```

【注意】

与一维数组不同,例 6-10 中的 sixArray.length 代表数组一维的长度,即 3 行。sixArray.length[i] 代表数组第 i 行二维的长度,例 6-10 中均为 4。

3. 多维数组

在 Java 语言中,多维数组是指大于或等于三维的数组。多维数组可以看成是数组的数组,即高维数组的元素是低维数组。以三维数组为例,其数组结构关系如图 6-10 所示。

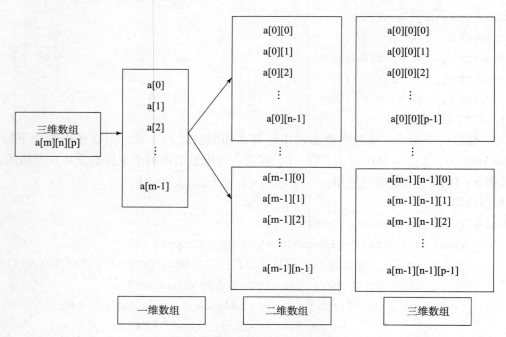

图 6-10 数组结构关系示意

多维数组的声明、创建、初始化及使用方式与二维数组相似。

【例 6-11】 多维数组的使用。

程序代码:
```java
public class ManyArrayTest{
    public static void main(String[] args){
        String[][][] eightArray = {
            {{"A1"},{"管理系"},{"3200人"}},
            {{"A2"},{"机械系"},{"3400人"}},
            {{"A3"},{"信息系"},{"2900人"}},
            {{"A4"},{"艺术系"},{"1400人"}}};
        for(int i = 0;i < eightArray.length;i ++)
            for(int j = 0;j < eightArray[i].length;j ++)
                System.out.println("eightArray[" + i + "][" + j +
                    "]" + "[0] = " + eightArray[i][j][0]);
    }
}
```

运行结果:
eightArray[0][0][0] = A1
eightArray[0][1][0] = 管理系
eightArray[0][2][0] = 3200人
eightArray[1][0][0] = A2
eightArray[1][1][0] = 机械系

```
eightArray[1][2][0]=3400人
eightArray[2][0][0]=A3
eightArray[2][1][0]=信息系
eightArray[2][2][0]=2900人
eightArray[3][0][0]=A4
eightArray[3][1][0]=艺术系
eightArray[3][2][0]=1400人
```

4. 对象数组

由于数组元素既可以是简单类型，也可以是复合类型，所以数组可以用于存储对象。数组元素为类对象的数组称为对象数组，对象数组的每一个元素都是一个对象的引用。

1）声明对象数组

由于对象数组的元素类型为类对象，因此在定义对象数组时，数组元素类型为对象所属的类名。例如，定义一个存储 BookType 类对象的数组：

```
BookType[ ] booktypes;
```

或

```
BookType booktypes[ ];
```

2）创建对象数组

声明对象数组后，应使用 new 操作符为数组分配内存空间，即创建对象数组。在分配内存空间时，必须指明数组中元素的个数，即数组长度。此时，所有对象数组元素的引用值均为空值。

例如：

```
booktypes=new BookType[2];
```

也可以将声明和创建一起写，如下：

```
BookType[ ] booktypes=new BookType[2];
```

3）对象数组的初始化

对象数组的初始化分为静态初始化和动态初始化。

静态初始化：在定义数组的同时对数组元素进行初始化。例如，

```
BookType[ ] booktypes={   new BookType(1,"计算机类"),
                          new BookType(2,"社科类")
                      };
```

动态初始化：使用 new 运算符为数组分配空间。

例如：

```
//定义一个BookType类型的数组
BookType[ ] booktypes;
//给数组booktypes分配2个引用空间,每个引用值为null
booktypes=new BookType[2];
//给数组元素分配空间
booktypes[0]=new BookType();
```

booktypes[1] = new BookType();

4) 对象数组元素的使用

对象数组的每个元素即为一个类对象。对象的使用与之前普通对象的使用方法一样，通过 setter/getter 方法来为对象的属性设置值和获取值。具体使用如下：

booktypes[0].settypeid(1);
booktypes[0].settypename("计算机类");
booktypes[0].gettypeid()
booktypes[0].gettypename()

【例 6-12】使用对象数组存储图书类别信息，包括图书类别编号和图书类别名称。
程序代码：

```
public class ObjectArrayDemo{
    public static void main(String[] args){
        BookType[] booktypes;
        booktypes = new BookType[2];
        booktypes[0] = new BookType();
        booktypes[1] = new BookType();
        booktypes[0].settypeid(1);
        booktypes[0].settypename("计算机类");
        System.out.println(booktypes[0].gettypeid());
        System.out.println(booktypes[0].gettypename());
    }
}
```

运行结果如图 6-11 所示。

图 6-11 例 6-12 程序运行结果

6.3.3 字符串

1. String

1) 字符串常量

用一对双引号（""）括起来的若干字符，即为字符串常量。例如,"abc"、"123*&%$"、"我是字符串"等。

2) 字符串变量

声明字符串：String s;

创建字符串，使用 String 类的构造方法：String(字符串常量);

例如：s = new String("Hello,Java!");
也可写成：s = "Hello,Java!";
声明和创建可用一步完成：
String s = new String("Hello,Java!");
或
String s = "Hello,Java!";
也可以用一个已创建的字符串创建另一个字符串，如：
String tom = String(s);
相当于
String tom = "Hello,Java!";
String 类还有以下两种较常用的构造方法：
- String(char a[])：用一个字符数组 a 创建一个字符串对象。例如：
char a[3] = {'y','o','u'};
String s = new String(a);
上述过程相当于 String s = "you";
- String(char a[],int startIndex,endIndex)：提取字符数组 a 中的一部分字符创建一个字符串对象，参数 startIndex 和 endIndex 分别指定在 a 中提取字符的起止位置，例如，
char a[7] = {'s','t','u','d','e','n','t'};
String s = new String(a,2,4);
上述过程相当于 String s = "ude";

3）字符串常用方法

因为字符串是复合数据类型，是对象，所以在 Java 语言中，对字符串类型提供了大量的方法来对字符串进行操作，下面分别对较为常用的方法进行介绍。

（1）public int length()

使用 String 类中的 length() 方法可以获取一个字符串的长度。例如，
String s = "Hello,Java";
String t = "你好";
int n1,n2;
n1 = s.length();
n2 = t.length();
那么 n1 的值是 10，n2 的值 2。

字符串常量也可以使用 length() 方法来获得长度。例如，"爱我中华".length() 的值是 4。

（2）public boolean startsWith(String s)

可以使用 String 类中的 startsWith(String s) 方法来判断一个字符串的前缀是否是字符串 s。例如，
String t = "abcdefgh";
String j = "ijklm";
t.startsWith("abc") 的值是 true；j.startsWith("abc") 的值是 false。

可以使用 String 类中的 endsWith(String s) 方法来判断一个字符串的后缀是否是字符串 s。例如，
String t = "abcdefgh";
String j = "ijklm";
t.endsWith("fgh")的值是 true；j.startsWith("fgh") 的值是 false。

(3) public boolean equals(String s)

可以使用 String 类中的 public boolean equals(String s) 方法来比较一个字符串是否与字符串 s 相同。例如：
String t = "how are you";
String b = "How are you";
String j = "how are you";
t.equals(b) 的值是 false；t.equals(j) 的值是 true。

还可以使用 public boolean equalsIgnoreCase(String s) 方法来比较一个字符串是否与字符串 s 相同，但忽略大小写。例如，t.equalsIgnoreCase(b) 的值是 true。

字符串对象 s 可以使用 String 类中的 public int compareTo(String another) 方法，按字典序与参数 another 指定的字符串比较大小。如果 s 与 another 相同，则该方法返回值 0；如果 s 大于 another，则该方法返回正值；如果 s 小于 another，则该方法返回负值。例如，
String s = "abcdefg";
s.compareTo("but")的值小于 0；
s.compareTo("abaa")的值大于 0；
s.compareTo("abcdefg")的值等于 0。

按字典序比较两个字符串还可以使用 public int compareToIgnoreCase(String s) 方法，该方法忽略大小写。

(4) public int indexOf(String s); public int indexOf(String s, int startpoint)

可以使用 String 类中的方法：indexOf(String s)、indexOf(String s, int startpoint)实现字符串的检索，这两个方法是整型的。第一个方法是从指定字符串的头开始检索，返回字符串 s 首次出现的位置；第二个方法则在指定字符串中从某个位置开始，检索返回字符串 s 首次出现的位置。如果没有检索到，则返回值是 -1。

例如：
String t = "I am astudent";
t.indexOf("a");//值是 2
t.indexOf("student",2);//值是 7
t.indexOf("n",7);//值是 12
t.indexOf("x",2);//值是 -1

(5) public String substring (int startpoint)

public String sub string(int start,int end)

可以使用 String 类的中的 substring(int startpoint)、substring(int start,int end) 方法来求字符串的子串。substring(int startpoint) 方法求从 startpoint 开始到字符串最后的子串，substring(int start,int end) 方法求从 start 开始到 end 结束的子串，但不包括 end 处的字符。

例如：

String j = "I am a student",s1,s2;
s1 = j.substring(2);//s1 是 am a student
s2 = j.substring(7,12);//s2 是 stude

(6) public String replace(char oldChar,char newChar)

public String replaceAll(String regex,String replacement)

可以使用 String 类的中的 replace(char oldChar,char newChar)方法和 replaceAll(String regex,String replacement)来进行指定字符或字符串的替换。replace(char oldChar, char newChar)用 newChar 字符替换 oldChar 字符，replaceAll(String regex,String replacement)用 replacement 字符串替换所有 regex 字符串。

例如：

String s = "I am a student";
String j = s.replace('t','s');//j 的值是 I am a ssudens
String k = s.replaceAll("stu","uts");//k 的值是 I am a utsdent

(7) public String trim()

可以使用 String 类的中的 trim()方法将字符串前后空格去掉。

例如：

String s = " I am a student   ";
String j = s.trim();//j 的值是"I am a student"

(8) static valueOf(int i)

static valueOf(double d)

static valueOf(char c)

可以使用 String 类的中的 valueOf()方法将不同数据类型的数据转换为字符串。

例如：

String s = String.valueOf(567);//s 的值是"567"
String t = String.valueOf(89.63);//s 的值是"89.63"
String j = String.valueOf('c');//s 的值是"c"

【例 6-13】String 类的使用。

程序代码：

```
public class StringTest{
    public static void main(String[] args){
        String str1 = new String("I am a student");
        String str2 = "you are a teacher";
        System.out.println(str1.length());
        System.out.println(str1.startsWith("I"));
        System.out.println(str1.endsWith("cher"));
        System.out.println(str1.equals(str2));
        System.out.println(str1.indexOf(" am"));
        System.out.println(str1.substring(7,14));
```

```
            String str3 = str1.replaceAll("am","\'m not");
            System.out.println(str3);
            double d = 78.3254;
            System.out.println(String.valueOf(d));
        }
    }
```

运行结果：

```
14
true
false
false
2
student
I'm not a student
78.3254
```

2. StringBuffer

前面介绍的 String 字符串对象，一旦创建后就不能进行改变，即字符串中的所有字符是不能进行修改、删除和替换的。若想创建一个可以改变的字符串对象，可以使用 StringBuffer 类，该类的字符序列中的字符可以根据需要随时进行添加、修改、删除和替换的。

1）StringBuffer 类的构造方法

（1）StringBuffer( )

用 StringBuffer( ) 方法，可构造一个其中不带字符的 StringBuffer 对象，其初始容量为 16 个字符。当该对象存放的字符序列的长度大于 16 时，对象的容量自动增加。

（2）StringBuffer(int size)

用 StringBuffer(int size) 方法，可构造一个初始容量为 size 的 StringBuffer 对象。当该对象存放的字符序列的长度大于 size 时，对象的容量自动增加。

（3）StringBuffer(String s)

用 StringBuffer(String s) 方法，可使用字符串 s 构造一个 StringBuffer 对象。其初始容量为 16 加上字符串参数 s 的长度。

2）StringBuffer 类的常用方法

（1）public synchronized StringBuffer append(String str);

用于在已有字符串的末尾添加一个字符串 str。

例如：

```
StringBuffer strb = new StringBuffer("student");
strb.append("s!");//strb 的值为 students!
```

（2）public synchronized StringBuffer insert(int offset,String str);

用于在字符串的索引 offset 位置处插入字符串 str。

例如：

StringBuffer strb = new StringBuffer("student");
strb.insert(0,"I am a");//strb 的值为 I am a students

(3) public synchronized void setCharAt(int index,char ch);

用于设置指定索引 index 位置的字符值。

例如：

StringBuffer strb = new StringBuffer("student");
strb.setCharAt(3,'D');//strb 的值为 stuDent

(4) public StringBuffer delete(int start,int end)

用于移除此序列的子字符串中的字符。该子字符串从指定的 start 处开始，一直到索引 end -1 处的字符。如果不存在这种字符，则一直到序列尾部。如果 start 等于 end，则不发生任何更改。

例如：

StringBuffer strb = new StringBuffer("student");
strb.delete(1,4);//strb 的值为 sent

(5) public StringBuffer replace(int start,int end,String str);

可使用给定 String 中的字符替换此序列的子字符串中的字符。该子字符串从指定的 start 处开始，一直到索引 end -1 处的字符，如果不存在这种字符，则一直到序列尾部。先将子字符串中的字符移除，然后将指定的 String 插入 start 处。

例如：

StringBuffer strb = new StringBuffer("student");
strb.replace(1,4,"ali");//strb 的值为 salient

【例 6 -14】StringBuffer 类的使用。

程序代码：

```java
public class StringBufferTest{
    public static void main(String[] args){
        StringBuffer strb = new StringBuffer("89674538");
        strb.insert(0,"024-");
        System.out.println(strb);
        strb.setCharAt(11,'2');
        System.out.println(strb);
        strb.replace(4,8,"2222");
        System.out.println(strb);
        strb.delete(4,12);
        System.out.println(strb);
        strb.append("33335555");
        System.out.println(strb);
    }
}
```

运行结果：
024-89674538
024-89674532
024-22224532
024-
024-33335555

6.3.4　集合类

在 Java 语言中，使用集合类来组织群体对象。Collection 和 Map 是两个集合类的基本接口，以它们为根的层次结构中有很多集合类都可以存储和组织对象。本小节主要介绍实现 Collection 和 Map 基本接口的常用集合类，包括 List、Map 和 Set。

1. List

List 接口是 Collection 接口的子接口，实现 List 接口的类中的元素是有顺序的，可以包含重复元素，且每个元素都有一个 index 值（从 0 开始）标明元素在列表中的位置。因此，可以将不同类型的对象加入列表中，并按一定顺序排列。实现 List 接口的主要常用类有 Vector、LinkList 和 ArrayList，它们的使用与数组有些相似。下面分别介绍这几种类的使用方法。

1) Vector

Vector 即向量，创建一个向量时，不用像创建数组那样必须给出数组的大小。向量创建后，可以使用 add(Object o) 把任何对象添加到向量的末尾，向量的大小会自动地增加；可以使用 add(int index,Object o) 把一个对象追加到该向量的指定位置；可以使用 elementAt(int index) 获取指定索引处的向量的元素（索引初始位置是 0）；可以使用 size() 方法获取向量所含有的元素的个数。与数组不同的是，向量的元素类型可以不同。

【注意】

当把某一种类型的对象放入一个向量后，数据将被默认为 Object 对象，因此当向量中取出一个元素时，应使用强制类型转化运算符将元素转化为原来的类型。

Vector 的常用方法有：

- Vector()：构造一个空向量，其内部数据数组的大小为 10，其标准容量增量为零。
- Vector(int initialCapacity)：使用指定的初始容量和等于零的容量增量构造一个空向量。
- Vector(int initialCapacity,int capacityIncrement)：使用指定的初始容量和容量增量构造一个空向量。
- public void add(Object o)：将对象 o 添加到向量的末尾。
- public void add(int index,Object o)：将对象 o 插入向量的指定位置。
- public void addElements(Object o)：将对象 o 添加到向量的末尾。
- public boolean contains(Object o)：判断对象 o 是否为向量的成员。
- public Object elementAt(int index)：获取指定位置处的成员。

- public Object get(int index)：获取此向量指定位置处的成员。
- public Object firstElement()：获取此向量的第一个成员。
- public Object lastElement()：获取此向量的最后一个成员。
- public int indexOf(Obkect o)：获取对象 o 在此向量中首次出现的位置。
- public int indexOf(Obkect o,int index)：从指定位置查找对象 o 在此向量中首次现的位置。
- public int lastIndexOf(Object o)：获取对象 o 在此向量中最后出现的位置。
- public int lastIndexOf(Object o,int index)：获取对象 o 在此向量位置 index 之前最后出现的位置。
- public Object remove(int index)：从此向量中删除指定位置处的成员，并返回这个成员。
- public void removeAllElements()：删除向量的所有成员。
- public boolean removeElement(Object o)：删除第一次出现的成员 o。
- public boolean removeElementAt(int index)：删除指定位置处的成员。
- public void set(int index,Object o)：把指定位置处的成员用 o 替换。
- public void setElementAt(Object o,int index)：把指定位置处的成员用 o 替换。
- public int size()：返回向量中的组件数。

【例 6-15】向量的使用。

程序代码：

```java
import java.util.Vector;
    public class VectorTest{
        public static void main(String[] args){
        Vector<String> vector = new Vector<String>();
        vector.add("I");
        vector.add("am");
        vector.add("a");
        vector.add("student");
        System.out.println("向量的容量是:" + vector.size());
        System.out.println("其元素有:");
        for(int i = 0;i < vector.size();i ++)
            System.out.println(vector.get(i));
        System.out.println("其第 3 个元素是:" + vector.elementAt(3));
        System.out.println("是否包含 student 元素:" + vector.contains("student"));
        vector.setElementAt("teacher",3);
        System.out.println("替换第 3 个元素后,其值是:" + vector.elementAt(3));
        System.out.println("元素 am 的位置是:" + vector.indexOf("am"));
```

```
            vector.remove(1);
            System.out.println("删除 am 后,其第 1 个元素是:" +vector.el-
                ementAt(1));
        }
    }
```

运行结果：

向量的容量是:4

其元素有:

I

am

a

student

其第 3 个元素是:student

是否包含 student 元素:true

替换第 3 个元素后,其值是:teacher

元素 am 的位置是:1

删除 am 后,其第 1 个元素是:a

Iterator 类称为迭代器,其功能是走访及选择序列中的所有对象。例 6-15 中,使用循环及 get() 方法实现了遍历向量。对于实现 List 接口的 Vector、LinkList 和 ArrayList 来说,可以借助 Iterator 对象实现遍历列表。一个列表对象可以使用 iterator() 方法获取一个 Iterator 对象,然后使用 hasNext() 方法来判断其是否还有元素,再使用 next() 方法获取元素遍历列表。

【例 6-16】使用 Iterator 对象遍历列表。

程序代码：

```
import java.util.Iterator;
import java.util.Vector;
public class IteratorTest{
    public static void main(String[] args){
        Vector<String> vector =new Vector<String>();
        vector.add("I");
        vector.add("am");
        vector.add("a");
        vector.add("student");
        Iterator iterator =vector.iterator();
        System.out.println("其元素有:");
        while(iterator.hasNext())
            System.out.println(iterator.next());
    }
}
```

运行结果：
其元素有：
I
am
a
student

2）LinkedList

LinkedList 称为链表，链表是由若干个称为节点的对象组成的一种数据结构，每个节点含有一个数据和下一个节点对象的引用（单链表），或含有一个数据并含有上一个节点对象的引用和下一个节点对象的引用（双链表）。与数组不同的是，创建 LinkedList 时，可以不给出其容量大小，当向 LinkedList 增加节点时，其容量会自动增加。LinkedList 采用链式存储结构。

LinkedList 类的常用方法有：

- LinkedList( )：构造一个空链表。
- public boolean add(Object element)：向链表的末尾添加一个新的节点对象 element。
- public void add(int index, Object element)：向链表的指定位置尾添加一个新的节点对象 element。
- public void addFirst(Object element)：把节点对象 element 添加到链表的表头。
- public void addLast(Object element)：把节点对象 element 添加到链表的末尾。
- public void clear( )：删除链表的所有节点对象。
- public Object remove(int index)：删除指定位置上的节点对象。
- public boolean remove(Object element)：将首次出现的节点对象 element 删除。
- public Obiect removeFirst( )：删除第一个节点对象，并返回这个节点对象。
- public Obiect removeLast( )：删除最后一个节点对象。
- public Object get(int index)：得到链表中指定位置处的节点对象。
- public Object getFirst( )：得到链表中的第一个节点对象。
- public Object getLast( )：得到链表中的最后一个节点对象。
- public int indexOf(Object element)：返回节点对象 element 在链表中首次出现的位置。如果链表中无此节点对象，则返回 -1。
- public int lastIndexOf(Object element)：返回节点对象 element 在链表中最后出现的位置。如果链表中无此节点对象，则返回 -1。
- public Object set(int index, Object element)：用节点对象 element 替换链表中指定位置处的节点对象，并返回链表中先前位置处的节点对象。
- public int size( )：返回链表的长度，即节点的个数。
- public boolean contains(Object element)：判断链表节点对象中是否含有 element。

【例 6 - 17】LinkedList 类的使用。
程序代码：
import java.util.Iterator;
import java.util.LinkedList;

```java
public class LinkedListTest{
    public static void main(String args[]){
        LinkedList<String> linkedlist =new LinkedList<String>();
        linkedlist.add("are");
        linkedlist.add("you");
        Iterator iterator =linkedlist.iterator();
        System.out.println("其节点有:");
        while(iterator.hasNext())
            System.out.println(iterator.next());
        linkedlist.addFirst("How");
        linkedlist.addLast("Java");
        System.out.println("添加节点后,其节点有:");
        iterator =linkedlist.iterator();
        while(iterator.hasNext())
            System.out.println(iterator.next());
        linkedlist.remove(0);
        linkedlist.set(2,"JDK");
        System.out.println("删除、修改节点后,其节点有:");
        iterator =linkedlist.iterator();
        while(iterator.hasNext())
            System.out.println(iterator.next());
    }
}
```

运行结果：

其节点有：

are

you

添加节点后,其节点有：

How

are

you

Java

删除、修改节点后,其节点有：

are

you

JDK

3）ArrayList

Java 语言还提供了一种链表，称为 ArrayList，其使用方法与 LinkedList 类似。两者的区别是：LinkedList 采用链式存储结构，而 ArrayList 采用顺序存储结构。所以当对链表节点频繁进行查找操作时，采用 ArrayList 会效率较高；而对链表节点频繁进行插入、删除时，采用 LinkedList 全效率较高。

关于 ArrayList 的具体使用方法，读者可以参阅 LinkedList 部分内容，这里不再赘述。

2. Map

Map 接口是一个从关键字到值的映射对象，Map 中不能有重复的关键字，每个关键字最多能够映射一个值。实现 Map 接口的常用类有 Hashtable、HashMap 和 TreeMap。

1) Hashtable

Hashtable 称为散列表，是使用相关关键字查找被存储的数据项的一种数据结构，关键字不能发生逻辑冲突，即不要将两个数据项使用相同的关键字。散列表在它需要更多的存储空间时会自动增大容量。对于数组和链表这两种数据结构，如果要查找它们存储的某个特定的元素却不知道它的位置，就需要从头开始访问元素，直到找到匹配元素为止；如果数据结构中包含很多的元素，就会浪费时间。这时最好使用散列表来存储要查找的数据。

Hashtable 的常用方法有：
- public Hashtable()：创建具有默认容量和装载因子为 0.75 的散列表。
- public Hashtable(int itialCapacity)：创建具有指定容量和装载因子为 0.75 的散列表。
- public Hashtable(int initialCapacity, float loadFactor)：创建具有默认容量和指定装载因子的散列表。
- public void clear()：清空散列表。
- public boolean contains(Object o)：判断散列表中是否有含有元素 o。
- public Object get(Object key)：获取散列表中具有关键字 key 的数据项。
- public boolean isEmpty()：判断散列表是否为空。
- public Object put(Object key, Object value)：向散列表添加数据项 value，并把关键字 key 关联到数据项 value。
- public Object remove(Object key)：删除关键字是 key 的数据项。
- public int size()：获取散列表中关键字的数目。

使用上述 get 方法可以从散列表中检索某个数据。我们还可以借助 Enumeration 对象来实现遍历散列表，一个散列表可以使用 elements() 方法获取一个 Enumeration 对象，后者使用 nextElement() 方法遍历散列表。

【例 6-18】 Hashtable 类的使用。

程序代码：
```
import java.util.Enumeration;
import java.util.Hashtable;
public class HashtableTest{
    public static void main(String[] args){
        String[][] departmentArray = {{"A1","管理系"},{"A2","机械系"},{"A3","信息系"},{"A4","艺术系"}};
        Hashtable < String, String > hashtable = new Hashtable < String,String >();
```

```java
    //将数组departmentArray元素添加至散列表中。0列元素为关键字，
      1列元素为键值
    for(int i = 0;i < departmentArray.length;i ++)
        hashtable.put(departmentArray[i][0],departmentAr-
            ray[i][1]);
     System.out.println("散列表中的元素个数是:" + hashtable.
      size());
    //利用Enumeration类遍历当前散列表
    Enumeration enumeration = hashtable.elements();
    System.out.println("现在散列表的键值有:");
    while(enumeration.hasMoreElements())
        System.out.println(enumeration.nextElement());
    //检索关键字A2对应的键值
    String string = hashtable.get("A2");
    System.out.println("关键字A2对应的键值是:" + string);
    //删除关键字A2对应的键值
    hashtable.remove("A2");
    //利用Enumeration类遍历当前散列表
    Enumeration enumeration = hashtable.elements();
    System.out.println("删除关键字A2后,现在散列表的键值有:");
    while(enumeration.hasMoreElements())
        System.out.println(enumeration.nextElement());
    }
}
```

运行结果：
散列表中的元素个数是:4
现在散列表的键值有：
艺术系
信息系
机械系
管理系
关键字A2对应的键值是:机械系
删除关键字A2后,现在散列表的键值有:
艺术系
信息系
管理系
Enumeration类
2）HashMap
Java还提供了HashMap类来按照关键字及键值映射关系来存储对象。除了允许使用

null 关键字和 null 键值外,HashMap 类的使用方法与 Hashtable 类大致相同,读者可以参阅 Hashtable 类的内容来掌握和使用 HashMap 类。

3) TreeMap

TreeMap 称为树映射,也可以按照关键字及键值映射关系来存储对象。与 Hashtable 类和 HashMap 类不同的是,TreeMap 类保证节点是按照节点中的关键字升序排列的。

TreeMap 类的常用方法有:

- TreeMap():使用键的自然顺序构造一个新的、空的树映射。
- containsKey(Object key):如果此映射包含指定键的映射关系,则返回 true。
- get(Object key):返回指定键所映射的值。
- put(K key,V value):将指定值与此映射中的指定键进行关联。
- remove(Object key):如果此 TreeMap 中存在该键的映射关系,则将其删除。
- size():返回此映射中的键–值映射关系数。
- values():返回此映射包含的值的 Collection 视图。

【例 6 – 19】TreeMap 类的使用。

程序代码:

```java
import java.util.Collection;
import java.util.Iterator;
import java.util.TreeMap;
public class TreeMapTest{
    public static void main(String[] args){
        String[][] departmentArray = {{"B1","管理系"},{"A2","机械系"},{"D3","信息系"},{"C4","艺术系"}};
        TreeMap<String,String> treeMap = new TreeMap<String,String>();
        /* 将数组 departmentArray 元素添加至树映射。0 列元素为关键字,1 列元素为键值*/
        for(int i =0;i <departmentArray.length;i ++)
            treeMap.put(departmentArray[i][0],departmentArray[i][1]);
        System.out.println("树映射中的元素个数是:" +treeMap.size());
        // 利用 Iterator 类遍历当前树映射
        // 按照关键字升序顺序输出
        Collection collection = treeMap.values();
        Iterator iterator = collection.iterator();
        System.out.println("现在树映射的键值有:");
        while(iterator.hasNext())
            System.out.println(iterator.next());
    }
}
```

运行结果:
树映射中的元素个数是:4
现在树映射的键值有:
机械系
管理系
艺术系
信息系

【注意】

此时,按照关键字升序的顺序来输出树映射中的键值。

3. Set

Set 接口是 Collection 接口的子接口,Set 是一个不含重复元素的集合,是数学中"集合"的抽象。实现 Set 接口的常用类有 HashSet 和 TreeSet。

1) HashSet

HashSet 称为散列集,在数据组织上类似数学中的"集合",可以进行各种集合运算,如"交""并""差"等。

HashSet 的常用方法有:

- HashSet():构造一个新的散列集。
- public boolean add(Object o):向集合中添加指定元素。
- public void clear():从集合中移除所有元素。
- public boolean contains(Object o):判断集合中是否包含指定元素。
- public boolean remove(Object o):移除参数指定的元素。
- public int size():返回散列集中的元素的数量。
- public boolean addAll(HashSet set):与参数集合求并运算。
- public boolean retainAll(HashSet set):与参数集合求交运算。
- public boolean removeAll(HashSet set):与参数集合求差运算。

【例 6-20】 HashSet 类的使用。

程序代码:

```
import java.util.HashSet;
import java.util.Iterator;
public class HashSetTest{
    public static void main(String[] args){
        String[] stringOneArray = {"1","2","3","4"};
        String[] stringTwoArray = {"1","3","5","7"};
        HashSet<String> oneHashSet = new HashSet<String>();
        HashSet<String> twoHashSet = new HashSet<String>();
        // 将元素分别添加至 oneHashSet 和 twoHashSet 散列集
        for(int i = 0;i < stringOneArray.length;i ++){
            oneHashSet.add(stringOneArray[i]);
```

```java
        twoHashSet.add(stringTwoArray[i]);
}
System.out.println("现在两个散列集的元素个数分别是:" +
 oneHashSet.size() +"  " +twoHashSet.size());
// 利用 Iterator 类遍历 oneHashSet 散列集
Iterator iterator = oneHashSet.iterator();
System.out.print("oneHashSet 散列集的元素有:");
while(iterator.hasNext())
        System.out.print(iterator.next() +"  ");
System.out.println();
// 利用 Iterator 类遍历 twoHashSet 散列集
iterator = twoHashSet.iterator();
System.out.print("twoHashSet 散列集的元素有:");
while(iterator.hasNext())
        System.out.print(iterator.next() +"  ");
System.out.println();
// 执行并运算
oneHashSet.addAll(twoHashSet);
// 利用 Iterator 类遍历 oneHashSet
iterator = oneHashSet.iterator();
System.out.print("执行完集合并运算后,其元素有:");
while(iterator.hasNext())
        System.out.print(iterator.next() +"  ");
System.out.println();
// 执行差运算
oneHashSet.removeAll(twoHashSet);
// 利用 Iterator 类遍历当前 oneHashSet
iterator = oneHashSet.iterator();
System.out.print("执行完集合差运算后,其元素有:");
while(iterator.hasNext())
        System.out.print(iterator.next() +"  ");
System.out.println();
// twoHashSet 散列集增加"2"元素
twoHashSet.add("2");
// 执行交运算
oneHashSet.retainAll(twoHashSet);
// 利用 Iterator 类遍历当前 oneHashSet
iterator = oneHashSet.iterator();
System.out.print("执行完集合交运算后,其元素有:");
```

```
            while(iterator.hasNext())
                System.out.print(iterator.next()+"  ");
            System.out.println();
    }
}
```

运行结果：
现在两个散列集的元素个数分别是:4 4
oneHashSet 散列集的元素有:3 2 1 4
twoHashSet 散列集的元素有:3 1 7 5
执行完集合并运算后,其元素有:3 2 1 7 5 4
执行完集合差运算后,其元素有:2 4
执行完集合交运算后,其元素有:2

2) TreeSet

TreeSet 称为树集。与 HashSet 不同的是，添加在 TreeSet 中的元素将按照元素值字典序升序排列。若元素值对象不适合按字典序排列，可以使用 TreeSet(Comparator comparator) 构造树集，元素可以按照指定的 comparator 比较器来进行排列。

TreeSet 的常用方法有：

- TreeSet( )：构造一个新树集。
- TreeSet(Comparator comparator)：构造一个新的空 TreeSet，它根据指定比较器来进行排序。
- public boolean add(Object o)：向树集添加节点。添加成功，就返回 true；否则，就返回 false。
- public void clear( )：删除所有节点。
- public void contains(Object o)：如果包含节点 o，就返回 true。
- public Object first( )：返回根节点，即第一个节点（最小的节点）。
- public Object last( )：返回最后一个节点（最大的节点）。
- public isEmpty( )：判断是否为空树集。如果树集不含节点，则返回 true。
- public boolean remove(Object o)：删除节点 o。
- public int size( )：返回节点数目。

【例 6 – 21】TreeSet 类的使用。

程序代码：

```
import java.util.Iterator;
import java.util.TreeSet;
public class TreeSetTest{
    public static void main(String args[]){
        TreeSet<String> treeSet = new TreeSet<String>();
        treeSet.add("she");
        treeSet.add("is");
        treeSet.add("a");
```

```
            treeSet.add("student");
            Iterator<String> ierator = treeSet.iterator();
            while(ierator.hasNext())
                System.out.println(ierator.next());
        }
}
```
运行结果:
a
is
she
student

【注意】

此时，按照元素值字典序输出元素值。

6.3.5 异常处理

1. 错误和异常的产生与处理

在编程中，出错总是难免的。Java 语言将程序不能正常执行分为两类：错误和异常。

1) 错误

在编译程序时如果发现问题，编译时会出现错误（在 MyEclipse 编程环境下，会在出现错误的行的左侧出现 标记）或警告（在 MyEclipse 编程环境下，会在出现错误的行的左侧出现 标记）。这种情形通常是代码本身存在问题引起的，即代码在编写上的错误。编程人员通过仔细检查，是可以修改正确的。只有错误全部修改正确了，程序才能运行；否则，程序将运行不了。警告不会影响程序的运行。

2) 异常

在编译时未能发现，只有在程序运行时，并在某种特定的情况下，程序执行才会出现错误，这时会发生异常。异常的产生通常是编程人员不可预测的，如除数为零、数组下标越界等。异常会中断指令的正常执行，从而导致程序终止运行。

【例 6-22】 错误与异常演示。

如图 6-12 所示，创建 Exception1 类，该类中存在错误。"system" 类的类名应该改为 "System"，改完后没有错误，因此可以运行程序。但在运行后，在 "Console" 窗口出现了异常信息，提示为 "java.lang.ArithmeticException: / by zero"，即除数为零，从而后续的程序都终止执行，即没有执行 "system.out.println(d);" 语句，也就没有显示 0。

从上面的例子可以看出，错误能够直接提示，通过编程人员的认真修改，是可以避免的。然而，异常的产生非常隐蔽，很难发现。因此，对于异常，编程人员要做的主要不是避免，而是异常发生后的处理。如何在发生异常之后，捕获、处理异常，保证程序能从异常中恢复，并能继续执行，从而设法使损失降低到最小，这是非常重要的。

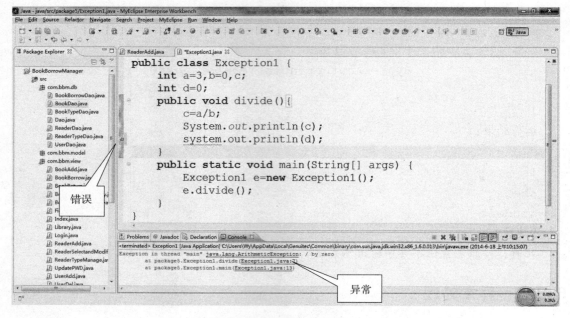

图 6-12 错误与异常演示

2. Java 异常类

在 Java 语言中，Throwable 类是所有异常和错误（此处的错误并不是前面讲的编译错误，而是异常的一种）的超类，只有由它继承来的类才能被 Java 系统或 throw 抛出，只有由它继承来的类才能被 catch 子句捕获。它包括 Error（错误类）和 Exception（异常类）。其中，Error 类描述的是内部系统错误（如内存溢出、链接错误、虚拟机错误等），这些异常发生时，Java 虚拟机会终止线程，比较严重，一般不应当捕获它；Exception 类是所有异常类的父类，如果在 catch 结构中放入 Exception 类，那么它可以捕获到所有异常。Exception 类的主要直接子类有：

- ClassNotFoundException：没有找到类。
- CloneNotSupportedException：不支持复制。
- IllegalAccessException：没有权限访问。
- InstantiationException：不能创建对象。
- InterruptedException：线程受到打扰。
- NoSuchFieldException：没有该成员变量。
- NoSuchMethodException：没有该成员函数。
- RuntimeException：运行期异常。

Exception 大部分子类在正常情况下都很少出现。最后一个子类（RuntimeException 类）非常重要，它包括了几乎所有程序运行时可能遇到的、在编译时无法检查到的异常。常见的运行期异常有：

- ArithmeticException：算术异常。
- ArrayStoreException：数组存储类型错误。

- ClassCastException：变量类型设置错误。
- IllegalArgumentException：函数的参数错误。
- IndexOutOfBoundsException：数组下标越界。
- NegativeArraySizeException：数组长度为负值。
- NullPointerException：使用空指针变量。

运行期异常的特点有：

- 编译和运行时没有报错。
- Java 默认自动抛出所有运行期异常。
- 如果有 try…catch 块，则运行期异常被 try…catch 块捕获。
- 如果没有 try…catch 块，则运行期异常被抛出至主程序外，由 Java 系统自动处理。

3. Java 异常处理机制

Java 语言提供了异常处理机制，通过使用 try…catch…finally 语句来处理异常。将可能出现异常的操作放在 try 部分，当 try 部分中的语句发生异常后，立刻结束 try 部分的执行，转而执行相应的 catch 部分；catch 部分执行对该异常发生后的处理语句；finally 部分放置的是不管异常是否发生都要执行的语句，通常用于关闭已打开的文件、关闭数据库连接等。在 try…catch…finally 语句中，try…catch 部分必须有，finally 部分可以省略。

try…catch…finally 语句语法如下：

```
try{
   …//可能发生异常的程序块
}
catch(Exception1 e1){
   …//处理类型1的异常
}
catch(Exception2 e2){
   …//处理类型2的异常
}
…
[finally(){
   …//异常发生与否都要处理的语句
}]
```

通过 try…catch 块捕获异常时，try 将一块可能发生异常的代码包起来，在执行这段代码时，一旦出现异常，就跳出 try 部分，转而进入后面的 catch 部分，逐一比较异常类型是否与 catch 中的异常类型相符。如果符合，则进入对应的 catch 块内进行异常处理，最后跳出整个 try…catch 块。如果有 finally 块，就执行其中的程序；否则，顺序往下执行程序。

修改例 6-22，添加 try…catch…finally 语句进行异常处理。

具体步骤如下：

（1）分析程序，找出可能出现异常的语句后，添加 try 块。在本例中，出现异常的语句为：

c = a/b;
System.out.println(c);

(2) 分析可能出现的异常，指定 catch 块的异常类型，并对异常进行处理。本例中的异常为除数为零，属于 ArithmeticException 类，在其中提示异常信息"程序出现异常，除数变量 b 不能为 0。"。

(3) 将无论异常是否出现都需要执行的语句放到 finally 块。在本例中，无论异常是否出现都需要执行的语句为"System.out.println(d);"。

综合以上分析，重新编写例 6-22 的程序如下：

```java
public class Exception1{
    int a = 3, b = 0, c;
    int d = 0;
    public void divide(){
        try{
            c = a/b;
            System.out.println(c);
        }catch(ArithmeticException e){
            System.out.println("程序出现异常,除数变量 b 不能为 0。");
        }finally{
            System.out.println(d);
        }
    }
    public static void main(String[] args){
        Exception1 e = new Exception1();
        e.divide();
    }
}
```

程序运行后，在"Console"窗口出现了图 6-13 所示的信息。

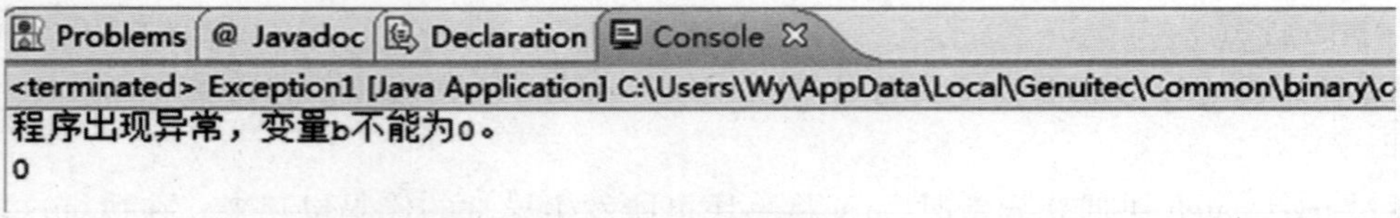

图 6-13 运行结果

【快捷编程】

自动生成 try…catch 块的方法有两种，具体如下：

方法一：先选中要加 try…catch 块的语句，然后依次单击 MyEclipse 的菜单"Source"→"Surround With"→"Try/catch Block"。此时，程序会自动生成 try…catch 块。

方法二：先选中要加 try…catch 块的语句，然后右键单击，在弹出的菜单中依次选择"Surround With"→"Try/catch Block"，此时，会自动生成 try…catch 块。

【注意】

在发生异常时，Java 程序会自动产生一个异常对象，并把它"抛出" try 块。抛出的 try 对象与各个 catch 块进行匹配。匹配原则：如果抛出的异常对象属于 catch 块里的异常类，或者属于该异常类的子类，则认为异常对象与 catch 块匹配。如果有一个 catch 块的异常类型与之相符，程序就会停止继续比较，直接进入这个 catch 块的异常处理程序，在处理完之后，既不会继续比较其他 catch 块，也不会继续执行异常发生点后面的程序，而是跳出整个 try…catch 块，执行后面的语句。如果程序正常运行，则不执行所有 catch 块中的程序内容。因此，在 catch 块的安排上，通常按照异常类型由特殊到一般的顺序，这样能保证异常有针对性的处理。

例如，将例 6 – 22 的程序改写为如下：

```
public class Exception1{
    int a = 3,b = 0,c;
    int d = 0;
    public void divide(){
        try{
            c = a/b;
            System.out.println(c);
        }catch(ArithmeticException e){
            System.out.println("程序出现异常,变量b不能为0。");
        }catch(RuntimeException e){
            System.out.println("程序出现运行期异常。");
        }finally{
            System.out.println(d);
        }
    }
    public static void main(String[] args){
        Exception1 e = new Exception1();
        e.divide();
    }
}
```

在此程序中，有两个 catch 块，ArithmeticException 类为 RuntimeException 的子类。try 块中抛出的异常是除数为零的异常，与第一个 catch 块的异常类进行比较的结果是匹配的，因此直接进入该块执行，显示"程序出现异常，变量 b 不能为 0。"。如果将两个 catch 块的顺序颠倒，则按照前后顺序，除数为零的异常为运行时异常的子类，也是匹配的，就会直接执行 RuntimeException 类型的 catch 块，显示"程序出现运行期异常。"这样就不知道具体是什么运行期异常了。所以，一定要注意 catch 块的顺序。通常将运行期异常放在最后，否则将覆盖其他特定异常处理。

4. 自定义异常

如果一个方法需要抛出一个特殊的异常，但没有合适的异常类去处理，就可以自定义异常。

在 Java 语言中,自定义的异常类需要继承 Exception 类或其子类。另外,需要在自定义异常类中包含两个构造方法。一个构造方法是默认的无参构造方法,以适当的错误消息作为输入来调用它的父类的构造方法;另一个构造方法是带有字符串参数的构造方法,在生成异常对象时,给出输入的描述异常原因的字符串。

【例 6-23】 自定义异常类 MyException。

```
class MyException extends Exception{
    public MyException(){}
    public MyException(String msg){
        super(msg);}
}
```

Exception 类中已经给出了恰当的处理异常字符串的方法,因此第 2 个构造函数中直接调用父类的相应构造函数就可以了。

Java 系统不会自动抛出自定义异常,因为 Java 系统不知道什么时候需要抛出它,因此只能手动抛出异常。在程序中利用 throw 关键字产生一个新的异常对象,随后抛出该异常,即可正常地程序执行中断。

```
throw new MyException();
//用 throw 产生异常对象时,可给出异常原因
throw new MyException("自定义异常,异常原因为……");
//用 try…catch 块捕获自定义异常
try{
    …//其中包括抛出自定义异常的语句
}
//catch 块捕获类型相配的自定义异常 MyException,输出显示"出现自定义异常"
catch(MyException e){
    System.out.println("出现自定义异常");}
```

【例 6-24】 自定义异常的使用。

(1) 自定义异常类 MyException。

程序代码:

```
class MyException extends Exception{
    public MyException(){}
    public MyException(String msg){
        super(msg);
    }
}
```

(2) 在 ExceptionDemo2 类中,从 try 块中抛出自定义异常,在对应的 catch 块中进行处理,显示"自定义异常。"

程序代码:

```
public class Exception2{
```

```java
    int a = 3, b = 0, c;
    int d = 0;
    public void divide(){
        try{
            throw new MyException();
        }catch(ArithmeticException e){
            System.out.println("程序出现异常,变量b不能为0。");
        }catch(RuntimeException e){
            System.out.println("程序出现运行期异常。");
        }catch(MyException e){
            System.out.println("自定义异常。");
        }finally{
            System.out.println(d);
        }
    }
    public static void main(String[] args){
        Exception2 e = new Exception2();
        e.divide();
    }
}
```

运行结果如图6-14所示。

```
Problems  @ Javadoc  Declaration  Console
<terminated> ExceptionDemo2 [Java Application] C:\Users\Wy\AppData\Local\Genuitec\Common\binary\co
自定义异常。
0
```

图6-14 例6-24程序运行结果

try…catch块只能在函数内部处理异常,有时函数本身不能处理所有的异常(如传递给函数的参数不正确),就将异常抛出函数外,由调用它的主程序处理。在函数定义部分,利用throws关键字定义可以抛出的异常。

```java
void myFunc() throws MyException{
    …//函数主体
}
```

【例6-25】子定义异常,当被除数大于2000的时候,抛出自定义异常MyException,提示"参数a过大。"。

```java
public class Exception3{
    int minus(int a, int b) throws MyException{
        if(a > 2000)
            throw new MyException("被除数参数a过大。");
        return a/b;
```

```
    }
    public static void main(String[] args){
        Exception3 e3 = new Exception3();
        int a,b,c;
        a = 5000;
        b = 10;
        try{
            c = e3.minus(a,b);
            System.out.println(c);
        }catch(ArithmeticException e){
            System.out.println("程序出现异常,除数b为0。");
        }catch(MyException e){
            System.out.println("程序出现自定义异常MyException。");
            //利用getMessage方法获得异常描述字符串
            System.out.println(e.getMessage());
        }finally{
            System.out.println("程序结束。");
        }
    }
}
```

运行结果如图6-15所示。

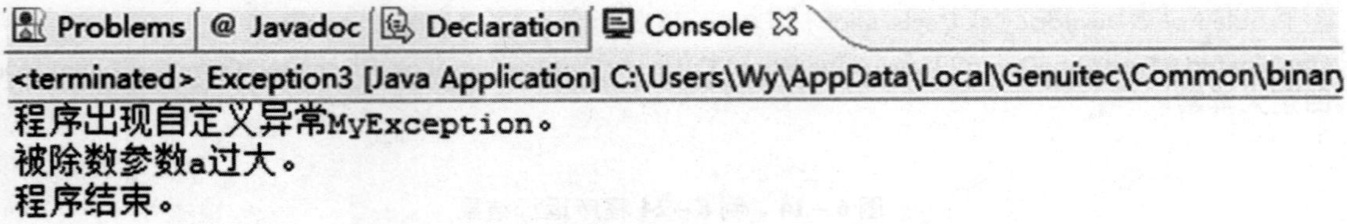

```
<terminated> Exception3 [Java Application] C:\Users\Wy\AppData\Local\Genuitec\Common\binar
程序出现自定义异常MyException。
被除数参数a过大。
程序结束。
```

图6-15 例6-25程序运行结果

6.3.6 抽象类

在面向对象的概念中,所有对象都是通过类来描绘的,但并不是所有的类都是用来描绘对象的。如果一个类中没有包含足够的信息来描绘一个具体的对象,这样的类就是抽象类。抽象类往往用于表征对问题领域进行分析、设计中得出的抽象概念,是对一系列看上去不同,但本质上相同的具体概念的抽象。有时候,可能需要构造一个很抽象的父类对象,它可能仅仅代表一个分类或抽象概念,它的实例没有任何意义,因此不希望它能被实例化。例如,有一个父类"水果(Fruit)",它有几个子类"苹果(Apple)""橘子(Orange)""香蕉(Banana)"等。"水果"在这里仅仅作为一个分类,显然"水果"的实例没有什么意义(就好像一个人如果告诉你他买了一些水果,但是不告诉你买的是什么水果,你就很难想象他到底买的是什么)。而"水果"类要能被子类化,就要求使用抽象类(abstract class)来解决这个问题。

在 Java 语言中，通过在 class 关键字前增加 abstract 修饰符，就可以将一个类定义成抽象类。抽象类不能被实例化。具体格式如下：

```
[修饰符]abstract class 类名{//抽象类
    …//类体
}
```

例如，定义抽象类"水果（Fruit）"。程序如下：

```
public abstract class Fruit{
    …
}
```

如果试图用以下语句来获得一个实例，将无法编译成功。

```
Fruit fruit = new Fruit();
```

可以构造"水果"类的子类，如创建水果类的子类"苹果（Apple）"。程序如下：

```
public class Apple extends Fruit{
    …
}
```

抽象类除了能像普通类那样拥有一般的属性和方法外，通常还拥有抽象方法。例如，抽象类"形状（Shape）"拥有抽象方法 draw（）。程序如下：

```
public abstract class Shape{
    …
    public abstract void draw();
    …
}
```

抽象方法与抽象的行为相对应，这个行为通常对父对象没有意义，而对子对象有具体动作。例如，方法 draw（）对于类 Shape 没有意义，而类 Shape 的子类矩形（Rectangle）的方法 draw（）可以有实际的动作（根据矩形的四个顶点画出矩形的四条边），子类圆（Circle）的方法 draw（）也可以有实际的动作（根据圆心和半径画出圆周）。

综上所述，抽象类的特点总结如下：

（1）抽象类不能被实例化，但可以被继承。

（2）抽象类既可以有抽象方法，也可以没有抽象方法。但是，如果一个类有抽象方法，那么这个类只能定义为抽象类。抽象方法只有声明，没有实现。

（3）继承抽象类的类必须实现抽象类的抽象方法。否则，也必须定义为抽象类。

6.3.7 接口

1. 接口的概念

在 Java 语言中，一个类只能有一个父类。单继承性使 Java 语言变得简单，易于管理，但同时也带来了不便。Java 语言为了弥补单继承的缺点，提供了接口，一个类可以实现多个接口。

2. 接口的定义

Java 语言中的接口是由一些抽象方法和常量所组成的集合。接口的方法默认是 public 的和 abstract 的；接口不能有构造方法；接口中的常量默认是 public、static 和 final 的。接口应该是 public 的，而且一个接口能够继承多个接口。接口定义的一般语法格式如下：

```
[public]interface InterfaceName[extends InterfaceList]{
    常量和抽象方法声明；
}
```

其中：

- public：接口的修饰符，可以省略。如果使用 public，则该接口可以被任何类使用。如果省略不写，则该接口只能被同一包中的类使用。
- interface：接口关键字。
- InterfaceName：自定义的接口名称。
- extends InterfaceList：接口继承的父接口。

【例 6-26】定义一个接口 InterfaceA。

程序代码：

```java
public interface InterfaceA{
    void methodA();
}
```

3. 接口的实现

一个类通过关键字 implements 来声明要实现一个接口，以及具体实现接口的方法。一个类（非抽象类）如果实现了接口，就必须实现该接口的所有方法，即为接口的抽象方法提供方法体。

【例 6-27】类 ClassA 实现接口 InterfaceA。

程序代码：

```java
public class ClassA implements InterfaceA{
    public void methodA(){
        System.out.println("methodA of ClassA implements InterfaceA");
    }
}
```

【注意】

在类中实现接口的方法时，方法的名字、返回类型、参数个数及类型必须与接口中的完全一致。而且，由于接口中的方法被默认 public，所以类在实现接口方法时，一定要用 public 来修饰。另外，如果接口的方法的返回类型不是 void 类型，那么在类中实现该接口方法时，方法体至少要有一个 return 语句；如果是 void 类型，则类体除了一对大括号外，也可以没有任何语句。

如果是抽象类实现一个接口，那么抽象类中可以没有具体实现接口的方法（保持其抽象性），而由其子类去实现。

【例6-28】抽象类 AClassB 实现接口 InterfaceA，但是没有具体实现方法 methodA()。子类 AClassBSub 继承抽象类 AClassB，实现接口 InterfaceA 中的具体实现方法 methodA()。具体代码如下：

```
public abstract class AClassB implements InterfaceA{  }
public class AClassBSub extends AClassB{
    public void methodA(){
        System.out.println("methodA of ClassBSub the subclass of
          ClassB");
    }
}
```

【注意】

如果一个类声明了实现一个接口，但没有实现接口中的所有方法，那么这个类必须是 abstract 类。如果父类使用了某个接口，那么子类也就使用该接口，子类不必再使用关键字 implements 来声明自己使用这个接口。

4. 接口的继承

一个接口可以继承多个接口，要想实现该接口的非抽象类，则须将该接口及其父类接口的方法都实现。例如：

```
interface A{
    public String AUTHOR = "张三";
    public void printA();
}
interface B{
    public void printB();
}
interface C extends A,B{
    public void printC();
}
class X implements C{// X 类实现 C 接口
    public void printA(){
        System.out.println("A、Hello World!!!");
    }
    public void printB(){
        System.out.println("B、Hello World");
    }
    public void printC(){
        System.out.println("C、Hello World");
    }
}
```

5. 接口与抽象类

接口（interface）和抽象类（abstract class）的显著共同点是接口和抽象类都可以有抽象方法。

接口和抽象类的不同点有：

（1）抽象类可以有实例变量，而接口不能有实例变量，接口中的变量都是静态（static）的常量（final）。

（2）抽象类可以有非抽象方法，而接口只能有抽象方法。

（3）抽象类表示的是"is a"关系，接口表示的是"like a"关系。

在程序设计中，如何确定是使用接口，还是使用抽象类呢？abstract class 在 Java 语言中体现的是一种继承关系，要想继承关系合理，父类和派生类之间必须存在"is a"关系，即父类和派生类在概念本质上应该是相同的。对于 interface 来说则不然，Java 语言并不要求 interface 的实现者和 interface 定义在概念本质上是一致的，仅仅实现 interface 定义的契约而已。

例如，假设在问题领域中，有一个关于 Door 的抽象概念，该 Door 具有执行两个动作 open 和 close，此时就可以通过 abstract class 或者 interface 来定义一个表示该抽象概念的类型，定义方式分别如下所示：

使用 abstract class 方式定义 Door：

```
abstract class Door{
abstract void open();
abstract void close();
}
```

使用 interface 方式定义 Door：

```
interface Door{
void open();
void close();
}
```

其他具体的 Door 类型可以用 extends 使用 abstract class 方式定义的 Door 或者用 implements 使用 interface 方式定义的 Door。看起来好像使用 abstract class 和 interface 没有大的区别。

如果现在要求 Door 还具有报警的功能，该如何设计针对该例子的类结构呢？由于此处主要是为了展示 abstract class 和 interface 反映在设计理念上的区别，因此对其他方面的无关问题都做了简化或者忽略。下面罗列出可能的解决方案，并从设计理念层面对这些方案进行分析。

【解决方案一】

简单地在 Door 的定义中增加一个 alarm 方法，如下：

```
abstract class Door{
    abstract void open();
    abstract void close();
```

```
    abstract void alarm();
}
```
或者
```
interface Door{
    void open();
    void close();
    void alarm();
}
```
具有报警功能的 AlarmDoor 的定义方式如下：
```
class AlarmDoor extends Door{
    void open(){…}
    void close(){…}
    void alarm(){…}
}
```
或者
```
class AlarmDoor implements Door{
    void open(){…}
    void close(){…}
    void alarm(){…}
}
```

这种方法违反了面向对象设计中的接口隔离原则（Interface Segregation Priciple，ISP）。在 Door 的定义中，把 Door 概念本身固有的行为方法和另一个概念"报警器"的行为方法混在了一起。这样引起的一个问题是那些仅仅依赖于 Door 这个概念的模块会因为"报警器"这个概念的改变而改变，反之亦然。

【解决方案二】

既然 open、close 和 alarm 属于两个不同的概念，那么根据 ISP 原则就应该把它们分别定义在代表这两个概念的抽象类中。定义方式有：

（1）这两个概念都使用 abstract class 方式定义。

（2）两个概念都使用 interface 方式定义。

（3）一个概念使用 abstract class 方式定义，另一个概念使用 interface 方式定义。

显然，由于 Java 语言不支持多重继承，所以两个概念都使用 abstract class 方式定义是不可行的。后两种定义方式虽然都是可行的，但对于它们的选择却反映出对于问题领域中的概念本质的理解、对于设计意图的反映是否正确、合理。接下来对此——进行分析、说明。

如果两个概念都使用 interface 方式来定义，那么就反映出以下两个问题：

（1）可能没有理解清楚问题领域。AlarmDoor 在概念本质上到底是 Door 还是报警器？

（2）如果对于问题领域的理解没有问题（例如，通过对于问题领域的分析发现，AlarmDoor 在概念本质上和 Door 是一致的），那么在实现时就未能正确地揭示设计意图，因为在这两个概念的定义上（均使用 interface 方式定义）反映不出上述含义。

如果对于问题领域的正确理解为：AlarmDoor 在概念本质上是 Door，同时它有具有报警的功能。那么，该如何来设计、实现并明确地反映该含义呢？前文已经介绍过，abstract class 在 Java 语言中表示一种继承关系，而继承关系在本质上是"is a"关系。所以对于 Door 这个概念，应该使用 abstarct class 方式来定义。另外，AlarmDoor 具有报警功能，说明它能够完成报警概念中定义的行为，所以报警概念可以通过 interface 方式定义。程序如下：

```
abstract class Door{
    abstract void open();
    abstract void close();
}
interface Alarm{
    void alarm();
}
class AlarmDoor extends Door implements Alarm{
    void open(){…}
    void close(){…}
    void alarm(){…}
}
```

这种实现方式基本上能够明确地反映出对于问题领域的理解，能够正确地揭示设计意图。

6. 接口小结

（1）一个接口可以继承多个接口。

例如，`interface C extends A,B{}`

（2）一个类可以实现多个接口。

例如，`class D implements A,B,C{}`

（3）但是一个类只能继承一个类，不能继承多个类。

例如，`class B extends A{}`

（4）在继承类的同时，也可以继承接口。

例如，`class E extends D implements A,B,C{}`

6.3.8 使用 JDBC 访问数据

1. JDBC 基础

JDBC（Java Database Connectivity）是一种用于执行 SQL 语句的 Java API（Application Programming Interface，应用程序编程接口），它由一组用 Java 语言编写的类和接口组成。JDBC 为工具/数据库开发人员提供了一个标准的 API，使他们能够用纯 Java API 来编写数据库应用程序。有了 JDBC，向各种关系数据库发送 SQL 语句就是一件很容易的事情。换言之，有了 JDBC，就不必为访问 SQL Server 数据库专门写程序 A，为访问 Oracle 数据库专门写程序 B，为访问 Informix 数据库写程序 C，等等。它可以屏蔽不同数据库驱动程序之间的差别，只需用 JDBC 写一个程序，它就可以向相应的数据库发送 SQL 语句。此外，使用 Java 语言编写的应用程序，无须忧虑要为不同的平台编写不同的应用程序。将 Java 和 JDBC 结合起来，程序员只需写一个程序就可让它在任何平台上运行。

2. JDBC 的重要类和接口

JDBC 主要用于连接数据库和调用 SQL 命令，执行各种 SQL 语句。在 JDBC 中，抽象类的实现是由驱动程序开发商提供，驱动程序实现了应用程序和某个数据库产品之间的接口。此外，JDBC 还提供了一系列接口，开发人员可以通过这些接口来编写访问数据库的 Java 应用程序。JDBC 的重要类和接口如表 6-2 所示。

表 6-2 JDBC 的重要类和接口

类和接口	说明
java.sql.DriverManager	该类用于处理驱动程序的加载和建立新数据库连接
java.sql.Connection	该接口表示到特定数据库的连接
java.sql.Statement	该接口表示用于执行静态 SQL 语句并返回它所生成结果的对象
java.sql.PrepareStatement	该接口表示预编译的 SQL 语句的对象，派生自 Statement。预编译 SQL 语句的效率高，且支持参数查询
java.sql.CallableStatement	该接口表示用于执行 SQL 存储过程的对象，派生自 PrepareStatement。用于调用数据库中的存储过程
java.sql.ResultSet	该接口表示数据库结果集的数据表，通常通过执行查询数据库的语句生成

3. 基于 JDBC 编写数据库程序

使用 JDBC 设计数据库程序时，首先应选择数据库管理系统，然后对应用程序的数据库进行设计。在此基础上，再基于 JDBC 编写 Java 应用程序。具体的 JDBC 编程步骤如下：

第 1 步，导入包。
第 2 步，注册 JDBC 驱动程序。
第 3 步，创建数据库连接对象。
第 4 步，创建 SQL 语句对象。
第 5 步，执行查询，返回查询结果集对象。
第 6 步，处理结果集。
第 7 步，关闭结果集对象、语句对象和连接对象。

1）导入包

无论使用哪种类型的 JDBC 驱动程序，都必须在程序的开始使用 import 语句导入 java.sql 包。语法格式如下：

  import java.sql.*; //支持标准的 JDBC 包

另外，由于系统采用的数据库不同，因此需要将具体的数据库驱动程序包导入项目。本系统采用的是 SQL Server 2008 数据库管理系统，需要加载 sqljdbc4.jar 包。如图 6-16 所示，右键单击项目名"BookBorrowManager"，在弹出的菜单中依次选择"Build Path"→"Add

External Archives…",弹出图 6-17 所示的窗口,找到 sqljdbc4.jar 文件,然后单击"打开"按钮。

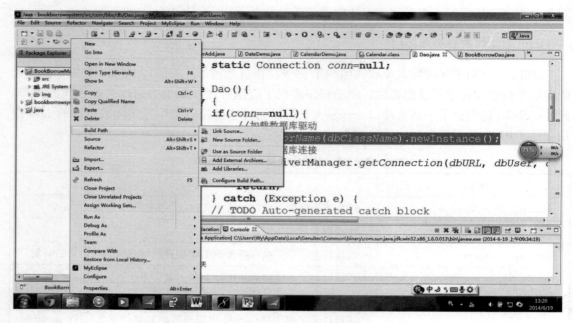

图 6-16　导入包步骤图

图 6-17　选择 sqljdbc4.jar 的所在路径

然后,项目的结构目录里,就自动生成了"Referenced Libraries",在其下面已添加了驱动包 sqljdbc4.jar,如图 6-18 所示。

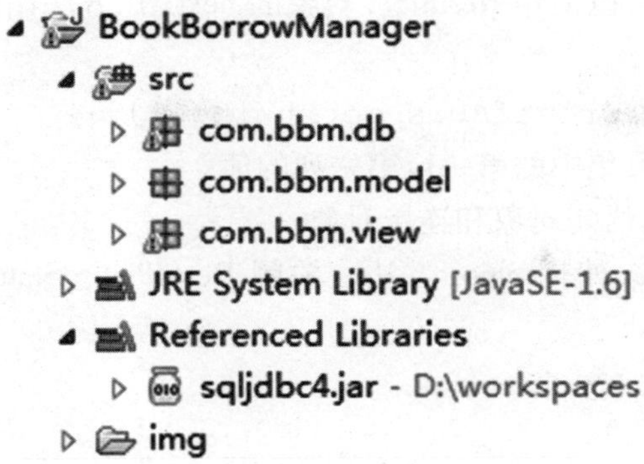

```
▲ 📁 BookBorrowManager
    ▲ 🌿 src
        ▷ 🔳 com.bbm.db
        ▷ 🔳 com.bbm.model
        ▷ 🔳 com.bbm.view
    ▷ 📚 JRE System Library [JavaSE-1.6]
    ▲ 📚 Referenced Libraries
        ▷ 📦 sqljdbc4.jar - D:\workspaces
    ▷ 📁 img
```

图 6-18 导入包效果图

2) 注册 JDBC 驱动程序

在程序中必须编码注册所安装的驱动程序，可以使用 JDBC DriverManager 类的 registerDriver() 方法来执行注册操作，这个类为管理 JDBC 驱动程序集提供基本服务。

也可以利用 Class.forName() 方法加载指定的驱动程序。例如：

```
String dbClassName = "com.microsoft.sqlserver.jdbc.SQLServerDriver";
Class.forName(dbClassName).newInstance();
```

其中，dbClassName 是 SQL Server 数据库的驱动程序字符串，不同数据库的连接字符串不同，加载的驱动程序也不同。

3) 创建数据库连接对象

数据库的连接可以使用 JDBC DriverManager 类的 getConnection() 方法，这个方法返回一个 JDBC Connection 对象，要求输入数据库连接字符串、用户名和口令，用于标识使用的 JDBC 驱动程序，以及需要连接的数据库。例如：

```
String dbURL = "jdbc:sqlserver://localhost:1433;DatabaseName = db_bookborrow;";
String dbUser = "sa";
static String dbPWD = "sqlserver2008";
Connection conn = DriverManager.getConnection(dbURL,dbUser,dbPWD);
```

4) 创建语句对象

一旦连接了数据库，下一步就创建一个 statement 对象。可以使用 JDBC connection 对象的 createStatement() 方法。例如，

```
Statement stmt = conn.createStatement();
```

5) 执行查询、返回结果集对象

执行查询可以使用 Statement 对象的 executeQuery() 方法。该方法将 SQL 语句作为输入参数，返回一个 JDBC ResultSet 对象。例如，

```
ResultSet rs = stmt.executeQuery("select * from book");
```

执行其他数据库的操作可以使用 Statement 对象的 executeUpdate() 方法。该方法返回一个整数值，指示受影响的行数。例如，

```
int i = stmt.executeUpdate("delete * from book");
```

6) 处理结果集

一旦执行了查询，就可以使用 ResultSet 对象的 next( ) 方法循环处理查询结果。例如，

```
while(rs.next())
       {System.out.println(rs.getString(1));}
```

该语句将输出查询结果集中的第一行第一列的值。

7) 关闭结果集对象、语句对象和连接对象

当执行完成操作之后，使用 close 方法，关闭 ResultSet、Statement 和 Connection 对象。例如，

```
rs.close();
stmt.close();
conn.close();
```

在进行数据库操作时，会抛出 SQL 异常，生成类 java.sql.SQLException 或者子类的实例。异常可能源于 JDBC 驱动程序，也可能源于数据库。因此，需要对异常进行处理。例如，

```
//关闭结果集对象
try{
      rs.close();
   }catch(SQLException e){
      e.printStackTrace();//在命令行打印异常信息在程序中出错的位置及原因
   }
```

【例6-29】使用 JDBC 对数据库进行访问，查询并显示编号为 11301121 的学生的学号、姓名。

程序代码：

```
package com.bbs.db;
import java.sql.Connection;
import java.sql.DriverManager;
import java.sql.ResultSet;
import java.sql.SQLException;
import java.sql.Statement;
public class Dao1{
protected static String dbClassName = "com.microsoft.sqlserver.jdbc.SQLServerDriver";
protected static String dbURL = "jdbc:sqlserver://localhost:1433;DatabaseName=db_bookborrow;";
protected static String dbUser = "sa";
protected static String dbPWD = "sqlserver2008";
private static Connection conn = null;
private static Statement stmt = null;
private static ResultSet rs = null;
public static void main(String[] args){
```

```java
try{
    //加载数据库驱动
    try{
        Class.forName(dbClassName).newInstance();
    }catch(Exception e){
        e.printStackTrace();
    }
    //创建数据库连接
    conn = DriverManager.getConnection(dbURL,dbUser,dbPWD);
    //创建语句对象
    stmt = conn.createStatement();
    //调用语句对象的executeQuery()方法执行查询语句,返回结果集对象rs
    rs = stmt.executeQuery("select * from reader where reade-
     rid = '11301121'");
    while(rs.next()){
        System.out.println(rs.getString("readerid"));
        System.out.println(rs.getString("name"));}
}catch(SQLException e){
    e.printStackTrace();
}finally{
    try{
        rs.close();
    }catch(SQLException e){
        e.printStackTrace();
    }
    try{
        stmt.close();
    }catch(SQLException e){
        e.printStackTrace();
    }
    try{
        conn.close();
    }catch(SQLException e){
        e.printStackTrace();
    }
}
}
```

程序运行显示编号为"11301121"的读者的读者编号和姓名,结果如下:
11301121
金鑫

通过 Statement 对象,不仅能够执行查询,还能够执行插入、修改和删除操作等,可以通过使用其 executeUpdate() 方法实现。

【例6-30】使用 Statement 对象,实现对表 reader 的查询、插入、修改和删除操作。

程序代码:

```java
package com.bbs.db;
import java.sql.Connection;
import java.sql.DriverManager;
import java.sql.ResultSet;
import java.sql.SQLException;
import java.sql.Statement;
public class StatementDemo{
    protected static String dbClassName = "com.microsoft.sqlserver.jdbc.SQLServerDriver";
    protected static String dbURL = "jdbc:sqlserver://localhost:1433;DatabaseName=db_bookborrow;";
    protected static String dbUser = "sa";
    protected static String dbPWD = "sqlserver2008";
    private static Connection conn = null;
    private static Statement stmt = null;
    private static ResultSet rs = null;
    private StatementDemo(){
        try{
            if(conn == null){
                //加载数据库驱动
                Class.forName(dbClassName).newInstance();
                //创建数据库连接
                conn = DriverManager.getConnection(dbURL,
                    dbUser,dbPWD);
            }else
                return;
        }catch(Exception e){
            e.printStackTrace();
        }
    }
    //执行查询操作,查询并显示指定编号的读者的姓名
    static void executeQuery(String rid){
```

```java
        try{
            if(conn==null)
                new StatementDemo();
            stmt=conn.createStatement();
            rs=stmt.executeQuery("select * from reader where
                readerid='"+rid+"'");;
            while(rs.next()){
                System.out.println(rs.getString("reade-
                    rid"));
                System.out.println(rs.getString("name"));}
        }catch(SQLException e){
            e.printStackTrace();
        }
    }
//执行插入操作,向reader表插入读者编号和姓名。插入成功,返回1;否则,返回-1
    static int executeInsert(String rid,String name){
        try{
            if(conn==null)
                new StatementDemo();
            stmt=conn.createStatement();
            String sql="insert into reader(readerid,
                name)values('"+rid+"','"+name+"')";
            int n=stmt.executeUpdate(sql);
            return n;
        }catch(SQLException e){
            // TODO Auto-generated catch block
            e.printStackTrace();
            return -1;
        }
    }
//执行修改操作,修改指定编号的读者的姓名。修改成功,返回1;否则,返回-1
    static int executeUpdate(String rid,String name){
        try{
            if(conn==null)
                new StatementDemo();
            stmt=conn.createStatement();
            String sql="update reader set name='"+name
                +"' where readerid='"+rid+"'";
            int n=stmt.executeUpdate(sql);
```

```java
                return n;
            }catch(SQLException e){
                e.printStackTrace();
                return -1;
            }
        }
        //执行删除操作,删除指定编号的读者。删除成功,返回1;否则,返回-1
        static int executeDelete(String rid){
            try{
                if(conn==null)
                    new StatementDemo();
                stmt=conn.createStatement();
                String sql="delete from reader where readerid='"+rid+"'";
                int n=stmt.executeUpdate(sql);
                return n;
            }catch(SQLException e){
                e.printStackTrace();
                return -1;
            }
        }
        //关闭连接
        public static void close(){
            try{
                conn.close();
            }catch(SQLException e){
                e.printStackTrace();
            }finally{
                conn=null;
            }
        }
        public static void main(String[] args){
            StatementDemo sd=new StatementDemo();
            sd.executeQuery("11301122");
            int i=sd.executeInsert("11301105","李琳");
            System.out.println("执行插入,返回值为:"+i);
            int u=sd.executeUpdate("11301105","李媛媛");
            System.out.println("执行修改,返回值为:"+u);
            int d=sd.executeDelete("11301105");
            System.out.println("执行删除,返回值为:"+d);
```

```
            sd.close();
        }
    }
```
运行结果如图6－19所示。

```
<terminated> StatementDemo [Java Application] C:\Users\Wy\AppData\Local\Genuitec\Common\binary\com.
11301122
李福林
执行插入，返回值为：1
执行修改，返回值为：1
执行删除，返回值为：1
```

图6－19　例6－30程序运行结果

4. 使用预处理语句对象

预处理语句对象PreparedStatement可以使用多个输入参数来执行语句。JDBC connection对象的preparedStatement()方法能够定义语句对象，绑定参数，并返回一个JDBC PreparedStatement对象。

【例6－31】通过使用PreparedStatement对象，添加、修改、删除记录。

程序代码：

```java
package com.bbs.db;
import java.sql.Connection;
import java.sql.DriverManager;
import java.sql.PreparedStatement;
import java.sql.ResultSet;
import java.sql.SQLException;
public class PreparedStatementDemo{
    protected static String dbClassName = "com.microsoft.sqlserver.jdbc.
        SQLServerDriver";
    protected static String dbURL = "jdbc:sqlserver://localhost:
        1433;DatabaseName=db_bookborrow;";
    protected static String dbUser = "sa";
    protected static String dbPWD = "sqlserver2008";
    private static Connection conn = null;
    private static PreparedStatement pstmt = null;
    private static ResultSet rs = null;
    private PreparedStatementDemo(){
        try{
            if(conn == null){
                //加载数据库驱动
                Class.forName(dbClassName).newInstance();
```

```java
            //创建数据库连接
            conn = DriverManager.getConnection(dbURL,
                dbUser,dbPWD);
        }else
            return;
    }catch(Exception e){
        e.printStackTrace();
    }
}
//执行查询操作,查询并显示指定编号的读者的姓名
static void executeQuery(String rid){
    try{
        if(conn==null)
            new PreparedStatementDemo();
        pstmt=conn.prepareStatement("select * from reader
         where readerid=?");
        pstmt.setString(1,rid);
        rs=pstmt.executeQuery();
        while(rs.next()){
            System.out.println(rs.getString("readerid"));
            System.out.println(rs.getString("name"));}
    }catch(SQLException e){
        e.printStackTrace();
    }
}
/* 执行插入操作,向reader表插入读者编号和姓名。插入成功,返回1;
   否则,返回-1*/
static int executeInsert(String rid,String name){
    try{
        if(conn==null)
            new PreparedStatementDemo();
        String sql="insert into reader(readerid,
         name)values(?,?)";
        pstmt=conn.prepareStatement(sql);
        pstmt.setString(1,rid);
        pstmt.setString(2,name);
        int n=pstmt.executeUpdate();
        return n;
    }catch(SQLException e){
```

```java
            // TODO Auto-generated catch block
            e.printStackTrace();
            return -1;
        }
    }
//执行修改操作,修改指定编号的读者的姓名。修改成功,返回1;否则,返回-1
    static int executeUpdate(String rid,String name){
        try{
            if(conn==null)
                new PreparedStatementDemo();
            String sql = "update reader set name =? where readerid =?";
            pstmt = conn.prepareStatement(sql);
            pstmt.setString(1,name);
            pstmt.setString(2,rid);
            int n = pstmt.executeUpdate();
            return n;
        }catch(SQLException e){
            e.printStackTrace();
            return -1;
        }
    }
//执行删除操作,删除指定编号的读者信息。删除成功,返回1;否则,返回-1
    static int executeDelete(String rid){
        try{
            if(conn==null)
                new PreparedStatementDemo();
            String sql = "delete from reader where readerid =?";
            pstmt = conn.prepareStatement(sql);
            pstmt.setString(1,rid);
            int n = pstmt.executeUpdate();
            return n;
        }catch(SQLException e){
            e.printStackTrace();
            return -1;
        }
    }
//关闭连接
    public static void close(){
```

```java
            try{
                conn.close();
            }catch(SQLException e){
                e.printStackTrace();
            }finally{
                conn=null;
            }
        }
    }
    public static void main(String[] args){
        PreparedStatementDemo psd=new PreparedStatementDemo();
        psd.executeQuery("11301121");
        int i=psd.executeInsert("11301105","李琳");
        System.out.println("执行插入,返回值为:"+i);
        int u=psd.executeUpdate("11301105","李媛媛");
        System.out.println("执行修改,返回值为:"+u);
        int d=psd.executeDelete("11301105");
        System.out.println("执行删除,返回值为:"+d);
        psd.close();
    }
}
```

运行结果如图 6-20 所示。

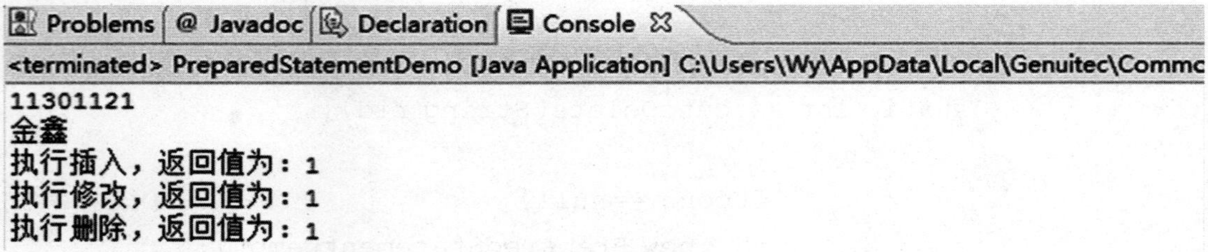

```
<terminated> PreparedStatementDemo [Java Application] C:\Users\Wy\AppData\Local\Genuitec\Comm
11301121
金鑫
执行插入,返回值为:1
执行修改,返回值为:1
执行删除,返回值为:1
```

图 6-20 例 6-31 程序运行结果

5. 使用 CallableStatement 调用存储过程

当希望使用调用语句来执行存储过程时，可使用 JDBC 驱动程序提供的 CallableStatement 对象类型，作为 java.sql.CallableStatement。

【例 6-32】使用 CallableStatement 调用存储过程。

（1）在 SQL Server 2008 创建存储过程 proc1，检索指定编号的读者的姓名。其中，@rid 代表读者编号，为输入参数；@name 代表读者姓名，为输出参数。

SQL 语句：

```
create proc proc1
@rid char(8),
@name char(20)output
```

```
as
select @name=name from reader where readerid=@rid
```
（2）编写 Java 程序，调用存储过程。

程序代码：

```java
package com.bbs.db;
import java.sql.CallableStatement;
import java.sql.Connection;
import java.sql.DriverManager;
import java.sql.SQLException;
import java.sql.Types;
public class CallableStatementDemo{
    protected static String dbClassName = "com.microsoft.sqlserver.jdbc.SQLServerDriver";
    protected static String dbURL = "jdbc:sqlserver://localhost:1433;DatabaseName=db_bookborrow;";
    protected static String dbUser = "sa";
    protected static String dbPWD = "sqlserver2008";
    private static Connection conn = null;
    private static CallableStatement cstmt = null;
    public static void main(String[] args){
        try{
            //加载数据库驱动
            try{
                Class.forName(dbClassName).newInstance();
            }catch(Exception e){
                e.printStackTrace();
            }
            //创建数据库连接
            conn = DriverManager.getConnection(dbURL,dbUser,dbPWD);
            cstmt = conn.prepareCall("{call proc1(?,?)}");
            cstmt.setString(1,"11301121");
            //注册输出参数,Types.CHAR 代表 SQL 中的 CHAR 类型
            cstmt.registerOutParameter(2,Types.CHAR);
            cstmt.executeUpdate();
            String str = cstmt.getString(2);
            System.out.println(str);
        }catch(SQLException e){
            e.printStackTrace();
```

```
            }finally{
                try{
                    cstmt.close();
                }catch(SQLException e){
                    e.printStackTrace();
                }
                try{
                    conn.close();
                }catch(SQLException e){
                    e.printStackTrace();
                }
            }
        }
    }
```

运行结果如图 6-21 所示，读者编号为 11301121 的读者的姓名为金鑫。

```
Problems  @ Javadoc  Declaration  Console ⊠
<terminated> CallableStatementDemo [Java Application] C:\Users\Wy\AppData\Local\Gen
金鑫
```

图 6-21　例 6-32 程序运行结果

6.4　项目实施

本任务的项目教学实施过程如下：

1. 教师带领学生完成内容

1）创建基本数据访问操作类 Dao.java
2）创建读者信息操作类 ReaderDao.java

2. 学生自行完成部分

1）创建图书信息操作类 BookDao.java
2）创建读者类型操作类 ReaderTypeDao.java
3）创建图书类别操作类 BookTypeDao.java
4）创建图书借阅操作类 BookBorrowDao.java
5）创建用户操作类 UserDao.java

其中，学生自行完成部分只给出了示例方案和核心技术点，读者可以参考并自行设计并完成。

【注意】

本项目在实施前需要导入数据库驱动包。本项目采用 SQL Server 2008 数据库管理系统，需要加载 sqljdbc4.jar 包。具体加载的方法参看 6.3.8 节。

6.4.1 任务1：基本数据访问操作类

基本数据访问操作类 Dao.java 主要用于数据库的连接，以及执行基本的 SQL 语句。此类包含的方法及其描述如下：

- 构造方法 Dao()：实现数据库连接，获取连接对象 conn。
- static ResultSet executeQuery(String sql)：静态方法，执行 SQL 查询操作，返回结果集对象 ResultSet。
- static int executeUpdate(String sql)：静态方法，执行非查询操作（如修改、插入等）。若操作执行成功，返回值为 1；否则，返回值为 –1。
- public static void close()：关闭数据库连接。

图书借阅系统基本数据库访问类的具体代码如下：

【Dao.java】

```java
package com.bbm.db;
import java.sql.Connection;
import java.sql.DriverManager;
import java.sql.ResultSet;
import java.sql.SQLException;
public class Dao{
    //定义 dbClassName 为 SQL Server 数据库的驱动程序字符串
    protected static String dbClassName = "com.microsoft.sqlserver.jdbc.SQLServerDriver";
    //定义数据库连接字符串 dbUrl,指定连接数据库名为 db_bookborrow
    protected static String dbUrl = "jdbc:sqlserver://localhost:1433;" + "DatabaseName=db_bookborrow;";
    //定义连接数据库的用户名 sa
    protected static String dbUser = "sa";
    //定义连接数据库的用户密码 sqlserver2008
    protected static String dbPwd = "sqlserver2008";
    //定义连接对象 conn
    private static Connection conn = null;
```

利用构造方法 Dao() 获得数据库连接时，应先判断连接对象 conn 是否为 null（空）；若不为空，则表示已经创建了连接对象，就直接返回 return。在进行连接时，有可能出现异常。因此，对创建连接对象的语句添加 try…catch 块进行异常处理。

```java
    private Dao(){
        try{
            if(conn == null){
                //注册驱动程序
```

```
                Class.forName(dbClassName).newInstance();
                //连接数据库,创建连接对象 conn
                conn=DriverManager.getConnection(dbUrl,dbUser,dbPwd);
            }else
                return;
        }catch(Exception e){
            e.printStackTrace();
        }
    }
```

创建静态方法 executeQuery(String sql),执行 SQL 查询操作,返回结果集 ResultSet。先通过"new Dao();"语句来创建连接对象,然后通过"conn.createStatement().executeQuery(sql);"语句来创建语句对象并调用语句对象的 executeQuery(sql),执行方法参数传进来的 SQL 查询语句。同样,添加 try…catch 块进行异常处理。如果查询语句 SQL 执行成功,则返回查询出的结果集对象;否则,返回 null。

```
    static ResultSet executeQuery(String sql){
        try{
            if(conn==null)
                new Dao();
            return conn.createStatement().executeQuery(sql);
        }catch(SQLException e){
            e.printStackTrace();
            return null;
        }
    }
```

创建静态方法 executeUpdate(String sql),执行 SQL 非查询操作,返回整数。先通过"new Dao();"语句来创建连接对象,然后通过"conn.createStatement().executeQuery(sql);"语句来创建语句对象并调用语句对象的 executeUpdate(String sql),执行方法参数传进来的 SQL 语句,该语句可能为 INSERT、UPDATE 或 DELETE 语句,或者不返回任何内容的 SQL 语句(如"*SQL DDL"语句)。同样,添加 try…catch 块进行异常处理。如果查询语句 SQL 执行成功,则返回查询出的结果集对象;否则,返回 null。

```
    static int executeUpdate(String sql){
        try{
            if(conn==null)
                new Dao();
            return conn.createStatement().executeUpdate(sql);
        }catch(SQLException e){
            e.printStackTrace();
            return -1;
        }
```

```
        }
    //关闭连接
    public static void close(){
        try{
            conn.close();
        }catch(SQLException e){
            e.printStackTrace();
        }finally{
            conn = null;
        }
    }
}
```

6.4.2 任务2：读者信息操作类

读者信息操作类为ReaderDao.java，根据实际功能的需要，此类实现的方法及其描述如表6-3所示。

表6-3 ReaderDao类的方法说明

方法功能	方法声明	方法描述
查询读者信息	public static List< Reader > selectReader( )	查询所有读者信息
	public static List< Reader> selectReaderById(String id)	查询指定读者编号的读者信息
	public static List< Reader> selectReaderByName(String name)	查询指定姓名的读者信息
	public static List< Reader> selectReaderByType(String type)	查询指定读者类型的读者信息
	public static List< Reader> selectReaderByDept(String dept)	查询指定所在系部的读者信息
添加读者信息	public static int insertReader(String id,String typename,String name,String major,String gender,String phone,String dept,String reg)	添加读者，包括读者编号、读者类型名、姓名、所属专业、性别、电话、所在系部及注册日期
修改读者信息	public static int updateReader(String id,String typename,String name,String major,String gender,String phone,String dept,String reg)	修改指定读者编号的读者信息，可以修改读者类型、姓名、所属专业、性别、电话、所在系部及注册日期

1. 读者信息查询

1) 查询所有读者信息

此功能为"读者信息查询与修改"界面（图6-22）使用，在打开此界面时，中间的表格部分自动显示当前系统所有读者的全部信息，如读者编号、读者类型名、姓名、所属专业、性别、电话等。

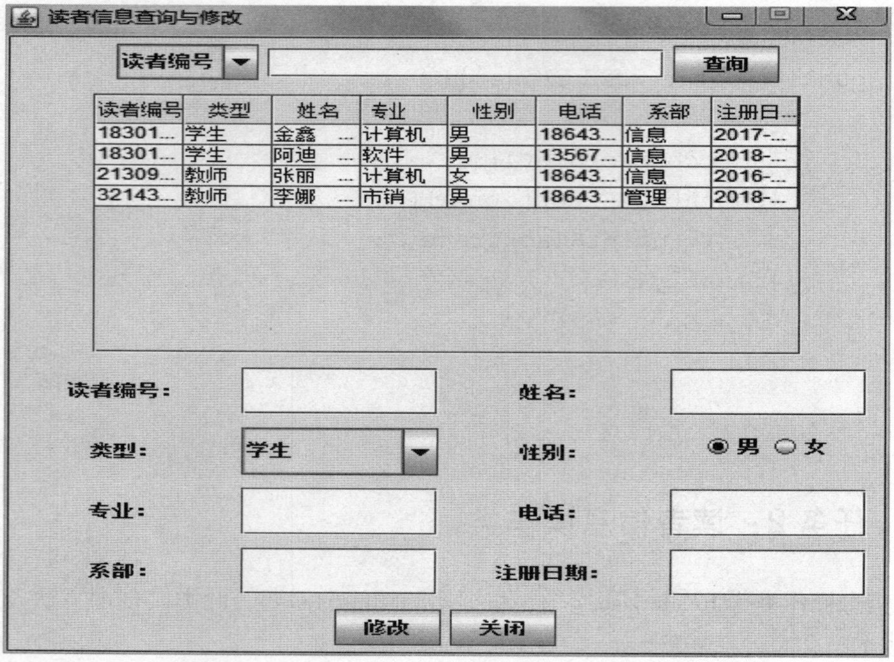

图 6-22 "读者信息查询与修改"界面

查询方法为：

public static List<Reader> selectReader()：查看所有读者信息。该方法无参数，返回一个 List 集合，包含查询出的多个 Reader 类对象。

图书借阅系统读者信息操作类部分代码（查询所有读者信息方法的具体代码）如下：

【ReaderDao.java】

```java
package com.bbm.db;
import java.sql.ResultSet;
import java.util.ArrayList;
import java.util.List;
import com.bbm.model.BookType;
import com.bbm.model.Reader;
/*读者信息管理*/
public class ReaderDao{
    //查看所有读者信息
    public static List<Reader> selectReader(){
        List<Reader> list = new ArrayList<Reader>();
        String sql = "select readerid,type,name,major,gender,
            phone,dept,regdate,typename,maxborrownum,limit from
            reader join readertype on reader.type = readertype.id";
        ResultSet rs = Dao.executeQuery(sql);
```

```
try{
    while(rs.next()){
        Reader reader = new Reader();
```

利用循环语句，获取结果集中的每个记录，并创建对应的 reader 对象。查询语句返回了多行记录，都存放在结果集对象 rs，可以通过 rs.get…() 方法取得，返回记录中的每行每列的值。例如，rs.getInt("readerid") 的含义是取得该行记录中的 readerid 列的值。需要注意的是，方法中的 readerid 应与表中的列名对应，而且前面的 getInt 的类型也必须与表中的类型相对应。例如，rs.getInt("type")，由于 type 在 reader 表中的类型为 int，因此，此处取值的方法应对应变为 getInt。在取得了列值之后，调用 Book 类的 set 方法，分别对应给每个属性设置值。此外，属性应与列名的含义一一对应。例如，"reader.setReaderid(rs.getInt("readerid"));"语句如果写成"reader.setReaderid(rs.getInt("type"));"，就没有意义了。

```
        reader.setReaderid(rs.getInt("readerid"));
        reader.setType(rs.getInt("type"));
        reader.setName(rs.getString("name"));
        reader.setmajor(rs.getString("major"));
        reader.setGender(rs.getString("gender"));
        reader.setPhone(rs.getString("phone"));
        reader.setDept(rs.getString("dept"));
        reader.setRegdate(rs.getDate("regdate"));
        reader.setTypename(rs.getString("typename"));
        reader.setMaxborrownum(rs.getInt("maxborrownum"));
        reader.setLimit(rs.getInt("limit"));
        list.add(reader);
    }
}catch(Exception e){
    e.printStackTrace();
}
Dao.close();
return list;
}
```

程序中的查询语句使用的是连接查询，因为读者类型名的信息存储在读者类型表 readertype 中，而其他读者信息存储在读者信息表 reader 中。因此，通过连接查询，就能查询出读者所属类型的类型名称 typename。

2）查询指定编号的读者信息

在查询读者信息的条件中，有一种是根据读者编号查询，输入读者编号，即可检索出对应读者的信息。

查询方法为：

public static List<Reader> selectReaderById(String id)：根据指定读者编号，查询读者信

息。该方法为静态方法。

具体代码如下：

```java
public static List<Reader> selectReaderById(String id){
    List<Reader> list = new ArrayList<Reader>();
    String sql = "select readerid,type,name,major,gender,phone,dept,regdate,typename,maxborrownum,limit from reader join readertype on reader.type = readertype.id and readerid = '"+id+"'";
    //其余代码同 selectReader()方法,此处不赘述
    ...
}
```

3）查询指定姓名的读者信息

读者信息也可以根据读者的姓名来查询。此处的查询要求实现模糊查询。例如，在姓名条件框输入"张"，代表查询所有姓名中有"张"字的读者的信息。

查询方法为：

public static List<Reader> selectReaderByName(String name)：查询指定姓名的读者，允许模糊查询。

具体代码如下：

```java
public static List<Reader> selectReaderByName(String Name){
    List<Reader> list = new ArrayList<Reader>();
    String sql = "select readerid,type,name,major,gender,phone,dept,regdate,typename,maxborrownum,limit from reader join readertype on reader.type = readertype.id and name like '%"+Name+"%'";
    //其余代码同 selectReader()方法,此处不赘述
    ...
}
```

在查询语句中，使用关键字 like 进行模糊查询。

4）查询指定系部的读者信息

可以根据输入的系部名称来查询指定系部的读者信息。此处的查询要求实现模糊查询。

查询方法如下：

public static List<Reader> selectReaderByDept(String dept)：检索指定系部的读者信息。

具体代码如下：

```java
public static List<Reader> selectReaderByDept(String dept){
    List<Reader> list = new ArrayList<Reader>();
    String sql = "select readerid,type,name,major,gender,phone,dept,regdate,typename,maxborrownum,limit from reader join readertype on reader.type =
```

```
            readertype.id and dept like '%"+dept+"%'";
       //其余代码同selectReader()方法,此处不赘述
       ...
   }
```

5）查询指定读者类型的读者信息

可以根据输入的读者类型名称，来查询指定读者类型的读者信息。此处的查询要求实现模糊查询。

查询方法为：

public static List<Reader> selectReaderByType（String type）：检索指定读者类型的读者信息。

具体代码如下：

```
       public static List<Reader> selectReaderByType(String type){
           List<Reader> list = new ArrayList<Reader>();
           String sql ="select readerid,type,name,major,gen-
               der,phone,dept,regdate,typename,maxborrownum,
               limit from reader join readertype on reader.type=
               readertype.id and readertype.typename like '%"+
               type+"%'";
           //其余代码同selectReader()方法,此处不赘述
           ...
       }
```

2．读者信息添加

"读者信息添加"界面如图 6-23 所示。要想实现读者信息添加的功能，则须将读者的相关信息添加到读者信息表 Reader。因此，应在 ReaderDao. java 中设置添加读者信息的方法。

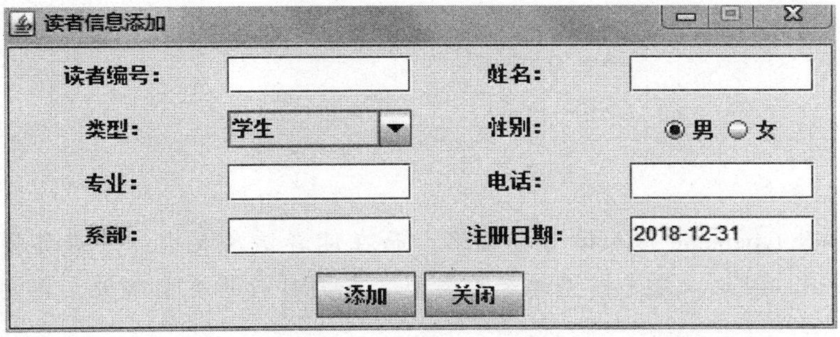

图 6-23 "读者信息添加"界面

添加方法为：

public static int insertReader（String id，String typename，String name，String age，String gender，String phone，String dept，String reg）：方法中的参数分别指读者编号、读者类型名、读者姓

名、所属专业、性别、电话、所在系部及注册日期。该方法将输入的读者信息插入对应的读者信息表，由于输入的读者类型参数值是读者类型名，而读者信息表中的读者类型参数值为读者的类型编号，所以，要根据读者类型名查询其对应的读者类型编号，最终实现插入操作。该方法为静态方法，通过类可以直接调用，返回值为一个整数。

具体代码如下：

```java
public static int insertReader(String id,String typename,String name,String major,String gender,String phone,String dept,String reg){
    int typeid=0,i=0;
    try{
        String sql1 = "select * from readertype where typename = '" + typename + "'";
        ResultSet rs = Dao.executeQuery(sql1);
        try{
            while(rs.next()){
                typeid = rs.getInt("id");
            }
        }catch(Exception e){
            e.printStackTrace();
        }
        String sql = "insert into reader(readerid,type,name,major,gender,phone,dept,regdate) values('" + id + "','" + typeid + "','" + name + "','" + major + "','" + gender + "','" + phone + "','" + dept + "','" + reg + "')";
        i = Dao.executeUpdate(sql);
    }catch(Exception e){
        e.printStackTrace();
    }
    Dao.close();
    return i;
}
```

【注意】

此方法由参数 typename 传入读者类型名，而在读者信息表中，读者类型列存储的读者类型为编号 typeid。因此，应先根据读者的类型名查询对应的类型编号，再向读者信息表插入读者信息。

3. 读者信息修改

要想修改指定读者的信息，应先找到该读者所属读者类型的编号，再进行修改。

修改方法为：

```java
public static int updateReader(String id, String typename, String name, Integer major, String
```

gender,String phone,String dept,String reg):方法中的参数分别为读者编号、读者类型名、读者姓名、所属专业、性别、电话、所在系部及注册日期。该方法用于修改指定读者编号的该读者的信息（读者编号除外）。由于输入的读者类型参数值是读者类型名，而读者信息表中的读者类型参数值为读者类型的编号，所以，要根据读者类型名查询其对应的读者类型编号，最终实现插入操作。该方法为静态方法，通过类可以直接调用，返回值为一个整数。

具体代码如下：

```java
public static int updateReader(String id,String typename,String name,Integer major,String gender,String phone,String dept,String reg){
    int typeid=0,i=0;
    try{
        String sql1 = "select * from readertype where typename = '"+typename+"'";
        ResultSet rs = Dao.executeQuery(sql1);
        try{
            while(rs.next()){
                typeid = rs.getInt("id");
            }
        }catch(Exception e){
            e.printStackTrace();
        }
        String sql = "update reader setreaderid = '"+id+"',type = "+typeid+",name = '"+name+"',major = "+major+",gender = '"+gender+"',phone = '"+phone+"',dept = '"+dept+"',regdate = '"+reg+"'"+" where readerid = '"+id+"'";
        i = Dao.executeUpdate(sql);
    }catch(Exception e){
        e.printStackTrace();
    }
    Dao.close();
    return i;
}
```

6.4.3 任务3：图书信息操作类

图书信息操作类为BookDao.java，根据实际功能的需要，实现该类的方法说明如表6－4所示。

表6-4 BookDao类的方法说明

方法功能	方法声明	方法描述
查询图书信息	public static List<Book> selectBook()	查询所有图书信息
	public static List<Book> selectBookByISBN(String ISBN)	查询指定ISBN的图书信息
	public static List<Book> selectBookByName(String bookname)	查询指定书名的图书信息
	public static List<Book> selectBookByType(String type)	查询指定类别的图书信息
	public static List<Book> selectBookByAuthor(String author)	查询指定作者的图书信息
	public static List<Book> selectBookByPress(String press)	查询指定出版社的图书信息
添加图书信息	public static int insertBook(String ISBN, String typename, String bookname, String author, String press, String publicationdate, String edition, Double price)	添加图书信息，包括图书的ISBN、图书类别名、书名、作者、出版社、出版日期、版次及定价
修改图书信息	public static int updatebook(String ISBN, String typename, String bookname, String author, String press, String publicationdate, String edition, Double price)	修改指定ISBN的图书信息，可以修改图书所属类别名、书名、作者、出版社、出版日期、版次及定价

1. 图书信息查询

1）查询所有图书信息

"图书信息查询"选项卡界面如图6-24所示。在此界面中，中间的表格部分能自动显示当前系统的所有图书的全部信息，包括ISBN、类别、书名、作者、出版社、出版日期、版次、定价。

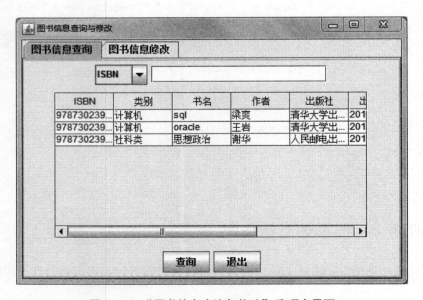

图6-24 "图书信息查询与修改"选项卡界面

查询方法为：

public static List<Book> selectBook( )：查看所有图书信息。该方法无参数，返回一个 List 集合，包含查询出的多个 Book 类对象。

由于在"图书信息查询"选项卡界面中显示的是图书类别名，而在数据库中的图书信息表保存的是图书类别编号，因此在查询图信息前，应查出图书对应的图书类别名，从而通过连接查询来实现。

查询所有图书信息的 SQL 语句示例如下：

String sql = "select ISBN,typeid,bookname,author,press,publication-date,edition,price,typename from book join booktype on book.typeid = booktype.id";

2）查询指定 ISBN 的图书信息

在查询图书信息的条件中，有一种是根据 ISBN 查询。输入要查询的图书的 ISBN，即可检索出相应图书的信息。

查询方法如下：

public static List<Book> selectBookByISBN(String ISBN)：查询指定 ISBN 的图书信息。该方法为静态方法。

查询指定 ISBN 的图书信息的 SQL 语句示例如下：

String sql = "select ISBN,typeid,bookname,author,press,publication-date,edition,price,typename from book join booktype on book.typeid = booktype.id and ISBN = '" + ISBN + "'";

3）查询指定书名的图书信息

图书信息查询也可以根据书名来查询。此处的查询要求实现模糊查询。例如，在书名条件框输入"Java"，表示查询所有书名中有"Java"的图书的信息。

查询方法为：

public static List<Book> selectBookByName(String bookname)：查询指定名称的图书，允许模糊查询。该方法为静态方法，可以通过类名直接调用。

查询指定书名的图书信息的 SQL 语句示例如下：

String sql = "select ISBN,typeid,bookname,author,press,publication-date,edition,price,typename from book join booktype on book.typeid = booktype.id and bookname like '%" + bookname + "%'";

4）查询指定作者的图书信息

图书信息查询也可以根据作者进行查询。此处的查询要求实现模糊查询。例如，某本书有多个作者，只知道其作者之一是"王岩"，此时可以只输入"王岩"，表示查询所有作者中含有"王岩"的图书的信息，即只要作者名中包含"王岩"，就都查询出来。

查询方法为：

public static List<Book> selectBookByAuthor(String author)：查询指定作者的图书，允许模糊查询。该方法为静态方法，可以通过类名直接调用。

查询指定作者的图书信息的 SQL 语句示例如下：

String sql = "select ISBN,typeid,bookname,author,press,publicationdate,edition,price,typename from book join booktype on book.typeid = booktype.id and author like '%"+author+"%'";

因为要获取图书类别名,所以使用连接查询。此处使用 like 字符比较符来实现模糊查询,其中,"%"代表任意个数的任意字符。因此,作者名包含给定的字符"author"的描述方式为"author like '%"+author+"%'"。

5) 查询指定类别的图书信息

图书查询可以根据图书的类别进行查询。此处的查询要求实现模糊查询。例如,操作人员不知道准确的图书类别名,只知道大概属于计算机类,那么只需输入"计算机",就可以查到所有计算机相关类别的图书信息,即只要图书类别名中包含"计算机",就都被查询出来。

查询方法为:

public static List<Book> selectBookByType(String typename):查询指定类别名的图书,允许模糊查询。该方法为静态方法,可以通过类名直接调用。

查询指定类别的图书信息的 SQL 语句示例如下:

String sql = "select ISBN,typeid,bookname,author,press,publication-date,edition,price,typename from book join booktype on book.typeid = booktype.id and typename like '%"+typename+"%'";

6) 查询指定出版社的图书信息

图书查询可以根据出版社进行查询。此处的查询要求实现模糊查询。例如,要查询清华大学出版社的图书信息,只需在"出版社"文本框中输入"清华",就可以查到出版社名中包含"清华"的所有图书,即可查询系统中所有清华大学出版社出版的图书。

查询方法为:

public static List<Book> selectBookByPress(String press):查询指定出版社名的图书,允许模糊查询。该方法为静态方法,可以通过类名直接调用。

查询指定出版社的图书信息的 SQL 语句示例如下:

String sql = "select ISBN,typeid,bookname,author,press,publication-date,edition,price,typename from book join booktype on book.typeid = booktype.id and press like '%"+press+"%'";

2. 添加图书信息

要想实现图书信息添加功能,就需要将图书相关信息添加到图书信息表,"图书信息添加"界面如图 6-25 所示。由于该界面中的类别为图书类别的名称,因此,应先根据图书类别名查询对应的图书类别编号,再将图书信息插入图书信息表。

图 6-25 "图书信息添加"界面

添加方法为：

public static int insertBook(String ISBN, String typename, String bookname, String author, String press, String publicationdate, String edition, Double price)：方法中参数分别为图书的 ISBN、图书类别名、书名、作者、出版社、出版日期、版次及定价，该方法将输入的图书信息插入图书信息表中的对应位置。由于类别传入的参数值是类别名，而图书信息表中的图书类别为图书类别编号，因此要先根据给定的图书类别名 typename 查询其对应的图书类别编号 typeid，再进行插入操作。该方法为静态方法，通过类可以直接调用，返回值为一个整数。

（1）找到要添加图书信息的图书类别名所对应的图书类别编号。

SQL 语句示例如下：

```
String sql1 = "select * from booktype where typename = '" + typename + "'";
ResultSet rs = Dao.executeQuery(sql1);
        try{
                while(rs.next()){
                        typeid = rs.getInt("id");
                 }
        }catch(Exception e){
                e.printStackTrace();
         }
```

（2）将获取到的图书类别编号和其他图书信息添加到图书信息表。

SQL 语句示例如下：

```
String sql = "insert into Book(ISBN,typeid,bookname,author,press,publicationdate,edition,price)values('" + ISBN + "','" + typeid + "','" + bookname + "','" + author + "','" + press + "','" + publicationdate + "','" + edition + "'," + price + ")";
```

3. 修改图书信息

与添加图书信息的方法类似，修改指定图书的信息的方法同样需要先根据图书类别名找到要修改的图书类别的编号，然后进行修改。

修改方法为：

public static int updatebook(String ISBN, String typename, String bookname, String author, String press, String publicationdate, String edition, Double price)：方法中的参数分别为图书的 ISBN、图书类别名、书名、作者、出版社、出版日期、版次及定价，该方法用于修改指定 ISBN 的该图书的信息（ISBN 除外），由于类别传入的参数值是图书类别名，而图书信息表中的类别为图书类别的编号，所以要根据图书类别名查到其对应的图书类别编号，最终实现插入操作。该方法为静态方法，通过类可以直接调用，方法返回值为一整数。

图书信息修改方法中，用到的 SQL 语句示例如下：

```
//先找到要修改图书的类别名
String sql1 = "select * from booktype where typename = '" + typename + "'";
ResultSet rs = Dao.executeQuery(sql1);
```

```
        try{
            while(rs.next()){
                typeid = rs.getInt("id");
            }
        }catch(Exception e){
            e.printStackTrace();
        }
```

然后执行修改语句，示例如下：
```
String sql = "update book set ISBN = '" + ISBN + "',typeid = '" + typeid + "',bookname = '" + bookname + "',author = '" + author + "',press = '" + press + "',publicationdate = '" + publicationdate + "',edition = '" + edition + "',price = " + price + " where ISBN = '" + ISBN + "'";
```

6.4.4 任务4：读者类型操作类

读者类型操作类为ReaderTypeDao.java，根据实际功能的需要，实现该类的方法及其描述如表6-5所示。

表6-5 ReaderTypeDao类的方法说明

方法功能	方法声明	方法描述
查询读者类型信息	public static List<ReaderType> selectReaderType( )	查询所有读者类型信息
	public static List<ReaderType> selectReaderType(String type)	查询指定读者类型名的读者类型信息
添加读者类型信息	public static int insertReaderType(Integer id, String typename, Integer num, Integer limit)	添加读者类型信息，包括读者类型编号、读者类型名、该类型读者的可借图书数量和可借图书期限
修改读者类型信息	public static int updateReaderType(Integer id, String typename, Integer num, Integer limit)	修改指定读者类型编号的读者类型信息，可以修改读者类型名、该类型读者的可借图书数量和可借图书期限
删除读者类型信息	public static int deleteReaderType(Integer id)	删除指定读者类型编号的读者类型信息

1. 查询读者类型信息

1) 查询所有读者类型信息

"读者类型管理"界面如图6-26所示，当打开此界面时，中间的表格自动显示当前系统中的所有读者类型信息，包括读者类型编号和读者类型名称。

因此，应在读者类型操作类中设置查询所有读者类型信息的方法。

查询方法为：

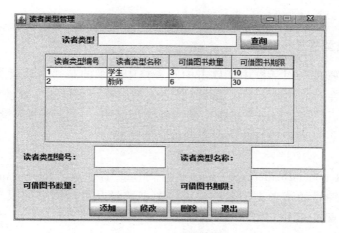

图 6–26 "读者类型管理"界面

public static List<ReaderType> selectReaderType()：查看所有读者类型信息。无参数，返回一个 List 集合，包含查询出来的多个 ReaderType 类对象。该方法为静态方法，可以通过类名直接调用。

查询所有读者类型信息的 SQL 语句示例如下：

String sql = "select * from readertype";

2）按照读者类型名查询读者类型信息

在"读者类型管理"界面中，可以输入所要查询的读者类型名，进行模糊查询。例如，查询学生类，只需要输入"学生"，则"学生"类型的读者类型信息就会显示在下面的表格中。

查询方法为：

public static List<ReaderType> selectReaderType(String type)：模糊查看指定读者类型名的读者类型信息。参数为指定的类型名，返回一个 List 集合，包含查询出来的多个 ReaderType 类对象。该方法为静态方法，可以通过类名直接调用。

按照读者类型名检索读者类型信息，重载了上述查询所有读者类型信息的方法，实现模糊查询的 SQL 语句示例如下：

String sql = "select * from readertype where typename like '%" + type + "%'";

2. 添加读者类型信息

在"读者类型管理"界面中，输入读者类型编号和读者类型名称，然后单击"添加"按钮，即可添加新的读者类型。

添加方法为：

public static int insertReaderType(Integer id, String typename, Integer num, Integer limit)：参数为新添加的读者类型编号、读者类型名、该类型读者可借图书数量和可借图书期限，返回一个整数。该方法为静态方法，可以通过类名直接调用。

添加读者类型方法的 SQL 语句示例如下：

String sql = "insert into readertype values(" + id + ",'" + typename + "'

','" + num + "," + limit + ")";

3. 修改读者类型信息

在"读者类型管理"对话框中,单击中间表格中显示的某一个读者类型,该读者类型的相关信息会自动在对应的读者类型编号、读者类型名称、可借图书数量及可借图书期限的文本框中显示。然后,可以修改文本框中的读者类型名称、可借图书数量及可借图书期限,单击"修改"按钮,从而实现修改读者类型信息的功能。

修改方法为:

public static int updateReaderType(Integer id, String typename, Integer num, Integer limit):修改指定读者类型编号的读者类型名称、可借图书数量及可借图书期限。该方法为静态方法,可以通过类名直接调用,返回一个整数。

修改读者类型信息的 SQL 语句示例如下:

String sql = "update readertype set typename = '" + typename + "',maxborrownum = " + num + ",limit = " + limit + "where id = " + id";

4. 删除读者类型信息

在"读者类型管理"界面中,单击中间表格中显示的某一个读者类型,然后单击"删除"按钮,即可删除选中的读者类型信息。

删除方法如下:

public static int deleteReaderType(Integer id):删除指定读者类型编号的读者类型信息。该方法为静态方法,可以通过类名直接调用,返回一个整数。

删除读者类型信息的 SQL 语句示例如下:

String sql = "delete from readertype where id = " + id;

6.4.5　任务5:图书类别操作类

图书类别操作类为 BookTypeDao.java,根据实际功能的需要,此类实现的方法及其描述如表 6-6 所示。

表 6-6　BookTypeDao 类的方法说明

方法功能	方法声明	方法描述
查询图书类别信息	public static List<BookType> selectBookType()	查询所有图书类别信息
	public static List<BookType> selectBookType(String name)	查询指定图书类别名的图书类别信息
添加图书类别信息	public static int insertBookType(Integer id, String typename)	添加图书类别,包括图书类别编号、图书类别名
修改图书类别信息	public static int updateBookType(Integer id, String typename)	修改指定编号的图书类别信息,可以修改图书类别名
删除图书类别信息	public static int deleteBookType(Integer id)	删除指定图书类别编号的图书类别信息

1. 查询图书类别信息

1)查询所有图书类别信息

"图书类别管理"界面如图6-27所示,在此界面中,中间的表格部分能自动显示当前系统中的所有的图书类别信息,包括图书类别编号和图书类别名称。

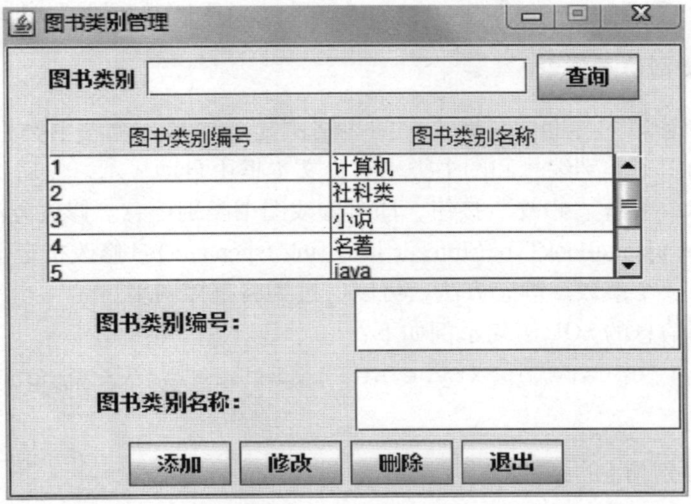

图6-27 "图书类别管理"界面

因此,应在图书类别操作类中设置了查询所有图书类别信息的方法。

查询方法为:

public static List<BookType> selectBookType():查看所有图书类别信息。该方法无参数,返回一个List集合,包含查询出来的多个BookType类对象;静态方法,可以通过类名直接调用。

查询所有图书类别的SQL语句示例如下:

String sql ="select * from booktype";

2)按照图书类别名查询图书类别信息

在"图书类别管理"界面中,可以输入要查询的图书类别名,进行模糊查询。例如,要想查询计算机类,只需输入"计算机",则计算机类别的图书类别信息就会显示在下面的表格中。

查询方法为:

public static List<BookType> selectBookType(String name):模糊查询指定图书类别名的图书类别信息。参数为指定的图书类别名,返回一个List集合,包含查询出来的多个BookType类对象。该方法为静态方法,可以通过类名直接调用。

按照图书类别名进行模糊查找图书类别的SQL语句示例如下:

String sql ="select * from booktype where typename like '%"+name+"%'";

2. 添加图书类别信息

在"图书类别管理"界面中,输入图书类别编号和图书类别名称,然后单击"添加"

按钮，即可添加新的图书类别。

添加方法为：

public static int insertBookType(Integer id,String typename)：参数为新添加的图书类别编号和图书类别名，返回一个整数。该方法为静态方法，可以通过类名直接调用。

添加图书类别信息的 SQL 语句如下：

String sql = "insert into booktype values(" + id + ",'" + typename + "')";

3. 修改图书类别信息

在"图书类别管理"界面中，单击中间表格中显示的某一个图书类别，该图书类别的相应信息在对应的图书类别编号和图书类别名称文本框中自动显示。然后，可以修改文本框中的图书类别名称，单击"修改"按钮，即可修改图书类别信息。修改方法如下：

public static int updateBookType(Integer id,String typename)：修改指定图书类别编号的图书类别名称。返回一个整数。静态方法，可以通过类名直接调用。

修改图书类别信息的 SQL 语句示例如下：

String sql = "update booktype set typename = '" + typename + "',where id = " + id;

4. 删除图书类别信息

在"图书类别管理"界面中，单击中间表格中显示的某一个图书类别，然后单击"删除"按钮，即可删除选中的图书类别的信息。

删除方法如下：

public static int deleteBookType(Integer id)：删除指定图书类别编号的图书类别信息。返回一个整数。该方法为静态方法，可以通过类名直接调用。

删除图书类别信息的 SQL 语句示例如下：

String sql = "delete from booktype where id = " + id;

6.4.6 任务6：图书借阅操作类

图书借阅操作类为 BookBorrowDao.java，根据实际功能的需要，此类实现的方法及其描述如表 6-7 所示。

表 6-7 BookBorrowDao 类的方法说明

方法功能	方法声明	方法描述
查询读者借书信息	public static List<BorrowBook> selectBorrowBookByReaderId(String readerid)	查询指定读者编号的借书信息
图书借阅管理	public static int borrowBook(String readerid, String ISBN,Date borrowdate)	图书借阅，保存借阅者的读者编号、借阅图书的 ISBN 及借阅日期
图书归还管理	public static int returnBook(String readerid, String ISBN,Date returndate)	图书归还，保存还书者的读者编号、所还图书的 ISBN 及还书日期

1. 查询读者借书信息

在"图书借阅"界面（图6-28），输入读者编号，按〈Enter〉键，则该读者的借阅图书信息会自动出现在中间的表格中，因此需要设置读者借阅查询方法。

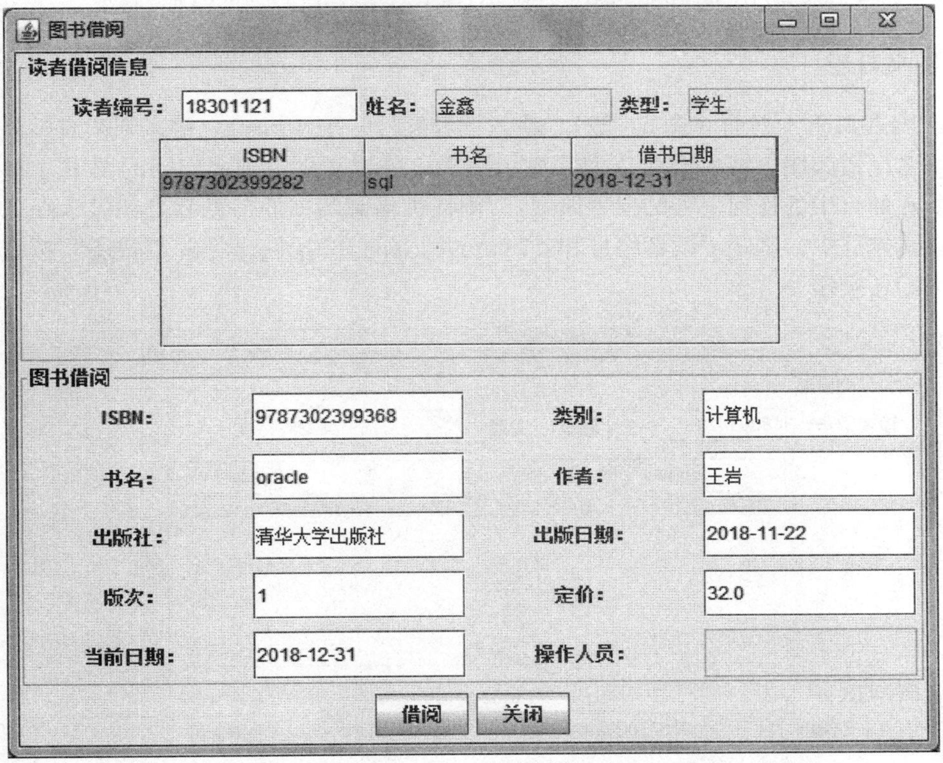

图6-28 "图书借阅"界面

查询方法为：

public static List<BorrowBook> selectBorrowBookByReaderId(String readerid)：查看指定读者编号的读者借书信息，返回一个 List 集合，包含查询出来的多个 BorrowBook 类对象。静态方法，可以通过类名直接调用。

查询读者借书信息的 SQL 语句示例如下：

String sql = "select * from borrowbook where readerid = '" + readerid + "' and returndate is null";

2. 图书借阅

在"图书借阅"界面，输入读者编号，按〈Enter〉键，则读者姓名、读者类型及读者的借书情况都会查询并显示出来；在 ISBN 文本框中输入该读者要借阅的图书的 ISBN，则该图书的其余信息会自动显示；在确定了读者编号和要借阅图书的 ISBN 后，单击"借阅"按钮即可进行图书借阅操作。

图书借阅方法为：

public static int borrowBook(String readerid, String ISBN, Date borrowdate)：图书借阅方法。

参数分别为读者编号、借阅图书的 ISBN 及借阅日期。该方法返回一个整数值。该方法为静态方法，可以通过类名直接调用。

图书借阅的 SQL 语句示例如下：

String sql = "insert into borrowbook(readerid,ISBN,borrowdate)values('" + readerid + "','" + ISBN + "','" + borrowdate + "')";

3. 图书归还

在"图书归还"界面（图 6-29），输入读者编号，按〈Enter〉键，则读者姓名、读者类型及读者已借阅图书情况都会查询并显示出来；单击表格中想要归还的图书（单击要归还图书所在的行中的任何一列的位置即可），则该被借阅图书的信息都自动显示在下面相对应的信息文本框中；确定了读者编号和要归还的图书的 ISBN 后，单击"归还"按钮，即可进行图书归还操作。

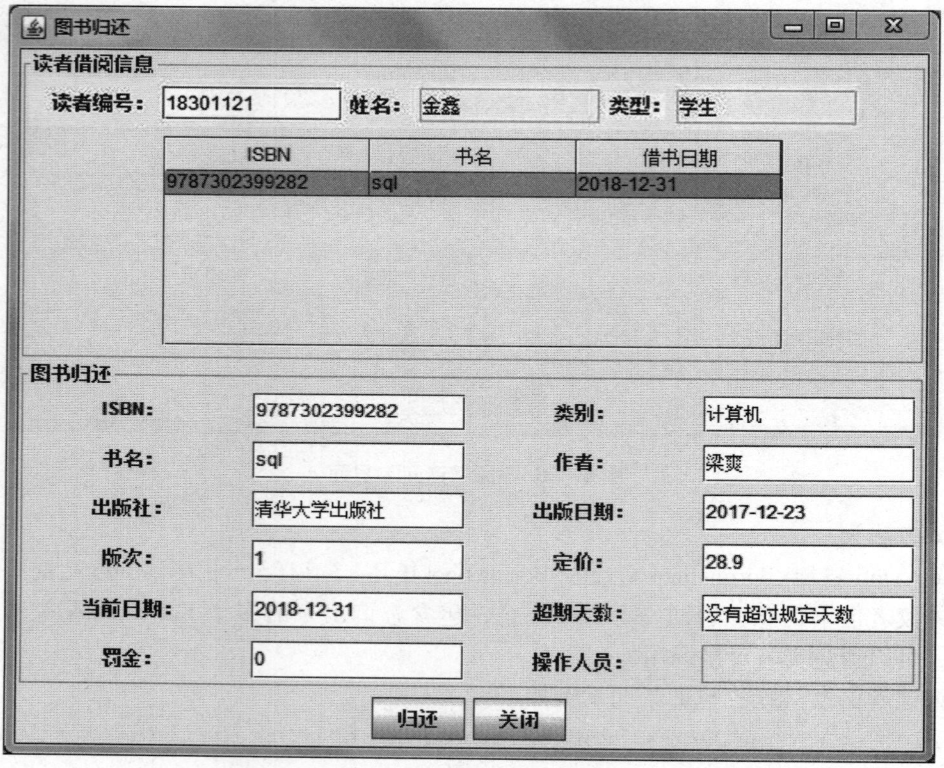

图 6-29 "图书归还"界面

图书归还方法为：

public static int returnBook(String readerid, String ISBN, Date returndate)：图书归还方法。参数分别为读者编号、归还图书的 ISBN 及归还日期。该方法为静态方法，可以通过类名直接调用，返回一个整数值。

图书归还的 SQL 语句示例如下：

String sql = "update borrowbook set returndate = '" + returndate + "' where readerid = '" + readerid + "' and ISBN = '" + ISBN + "'";

6.4.7 任务7：用户操作类

用户操作类为 UserDao.java，根据实际功能的需要，此类实现的方法及其描述如表6-8所示。

表6-8 UserDao 类的方法说明

方法功能	方法声明	方法描述
用户校验	public static Users check (String name, String password)	此方法用于在登录系统判断用户名和密码是否有效
查询所有用户	public static List<Users> selectUser( )	查询所有用户的信息
添加用户信息	public static int insertUser (String name, String pwd)	添加用户，包括用户名和密码
修改用户密码信息	public static int updateUserPWD(Integer id, String pwd)	修改指定用户编号的用户密码
删除用户信息	public static int deleteUser(Integer id)	删除指定用户编号的用户信息

1. 用户校验

用户校验功能是在用户登录时，判断该用户是否存在，即用户名和密码是否匹配。在系统登录界面（图6-30），输入完用户名和密码，单击"登录"按钮，即可调用此方法进行判断。

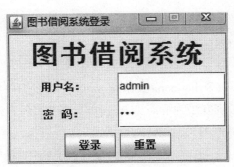

图6-30 系统登录界面

校验方法为：

public static Users check(String name, String password)：用户登录校验。判断用户名和密码是否有效，即在用户表中是否存在用户名和密码相匹配的用户记录。该方法为静态方法，可以通过类名直接调用，返回一个 Users 类对象。

用户登录校验方法的 SQL 语句示例如下：

String sql = "select * from users where name = '" + name + "' and password = '" + password + "'";

2. 查询所有用户

查询所有用户信息的功能是指显示当前系统中的所有用户信息。在"删除用户"界面（图6-31），应自动显示系统当前所有用户的信息，就可以通过调用此方法来实现。

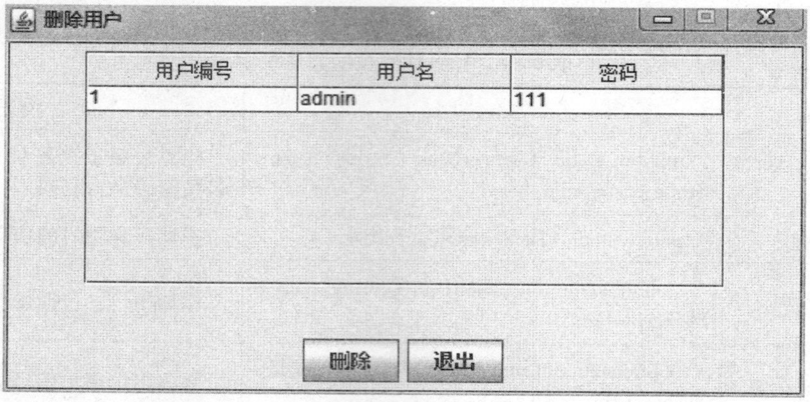

图6-31 "删除用户"界面

查询方法为：

public static List<Users> selectUser()：查询当前系统中的所有用户信息。返回一个List集合，包含查询出来的多个Users类对象。该方法为静态方法，可以通过类名直接调用。

查询所有用户信息的SQL语句示例如下：

String sql = "select * from users";

3. 添加用户

添加用户功能用于添加新的用户信息。

添加方法为：

public static int insertUser(String name, String pwd)：添加用户信息。插入用户名及用户密码。方法返回一个整数值。该方法为静态方法，可以通过类名直接调用。

添加用户的SQL语句示例为：

String sql = "insert into users(name,password)values('" + name + "','" + pwd + "')";

4. 修改用户密码

修改用户密码功能是在用户登录之后，用于修改该用户的密码。"修改密码"界面如图6-32所示。

修改方法为：

public static int updateUserPWD(Integer id, String pwd)：修改指定编号的用户的密码。该方法为静态方法，可以通过类名直接调用，返回一个整数值。

修改用户密码的SQL语句示例如下：

String sql = "update users set password = '" + pwd + "' where id = " + id + "";

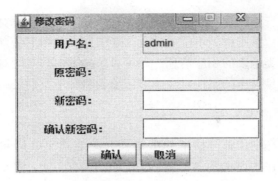

图 6-32 "修改密码"界面

5. 删除用户

在"删除用户"界面（图 6-31），单击表格中要删除的某一行中的任何一列，确定要删除的用户，然后单击"删除"按钮，即可调用此方法执行删除。

删除方法为：

public static int deleteUser(Integer id)：删除指定编号的用户。该方法为静态方法，可以通过类名直接调用，返回一个整数值。

删除用户的 SQL 语句示例如下：

String sql = "delete from users where id = " + id + "";

6.5 本项目实施过程中可能出现的问题

本项目主要实现图书借阅系统的相关数据访问操作类。在实施本项目的过程中，需要注意以下几点：

1. 所有方法设置为静态方法

由于本项目创建的类都用于实现数据的相关访问操作，主要为界面实现其实质的功能。所以，为了便于调用方法，建议将所有方法都定义成静态方法，这样就可以直接通过类名来调用，而不用实例化类后通过类对象调用。

2. 读者类型及图书类别的处理

在本项目中，在读者和图书的管理界面（包括添加、修改和删除）显示了读者类型名和图书类别名，而在数据库中对应的读者信息表和图书信息表中，存储的是对应的编号。如何进行名称与编号的转换，是需要解决的难点问题。

在执行读者和图书的相关信息查询时，将读者信息表及读者类型表、图书信息表及图书类别表进行连接，从而获取相应的名称显示在界面中。在执行添加、修改和删除操作时，根据用户输入的读者类型（或图书类别），先查询读者类型表（或图书类别表），得到对应的编号，再对读者信息表或图书信息表进行添加、修改和删除操作。

经过上述操作，就可以将读者信息表及读者类型表、图书信息表及图书类别表进行连接。在返回的数据中，读者基本信息中包含读者类型名，图书基本信息中包含图书类别名，用得到的结果集的每一行来创建一个读者信息类对象或图书信息类对象。因此，本系统中设计的读者信息类和图书信息类中，不仅应包含读者信息表和图书信息表的相应信息，而且应包含读者类型表和图书类别表的相应信息，即读者信息类中的属性对应读者信息表和读者类型表中的字段，图书信息类中的属性对应图书信息表和图书类别表中的字段。

3. SQL 语句的书写格式

在本项目各类的方法中，都使用了 SQL 语句，此处的 SQL 语句是作为一个 String 类型变量来定义的，因此应在其 SQL 语句的前后加上双引号（""）。例如，查询所有图书类别信息的 SQL 语句格式：

```
String sql = "select * from booktype";
```

如果需要将方法参数传给 SQL 语句，则应该用"＋"进行连接。例如，按照图书类别名来模糊查询图书类别的 SQL 语句格式：

```
String sql = "select * from booktype where typename like '%" + name + "%'";
```

其中，name 为方法参数，将其用在 SQL 语句中，需要在其前后用"＋"进行连接。在此语句中，使用了 like 关键字，表示要进行模糊查询，其中,% 代表一个或多个字符，因此，该 SQL 语句的作用是查询包含参数值 name 的图书类别名。

4. 查询结果集的处理

对于查询操作，返回的是结果集对象；对于数据库查询，返回的是一行或多行记录。而在 Java 程序设计中，需要将返回的记录转换为相应的对象。例如，将查询到的图书类别表中的图书类别记录转换成图书类别类对象，可用下面的方法实现：

```
while(rs.next()){
            BookType booktype = new BookType();
            booktype.settypeid(rs.getInt("id"));
            booktype.settypename(rs.getString("typename"));
            list.add(booktype);
        }
```

其中，rs.next() 方法进行结果集的遍历。语句 "booktype.settypeid(rs.getInt("id"));" 中的 rs 代表循环中的某一行，id 代表查询结果集中某一行的 id 列（注意：此处的 id 为图书类别表中的列名，不能随便写）。通过 booktype 类对象的 settypeid 方法，先将查询结果集中的某行的 id 列的值赋给一个 booktype 类对象的 typeid 属性，再通过 "booktype.settypename(rs.getString("typename"));" 语句获得该 booktype 类对象的 typename 属性，从而得到一个完整的 booktype 类对象，将其添加到集合对象 list。这样得到的对象集合 list 就包含了查询的所有结果集对象，是查询出的所有图书类别的结果集。

5. 数据库混合模式的设置

在使用 JDBC 进行数据库连接时，需要输入连接数据库的用户名和密码。此时，要求采用"SQL Server 身份验证"方式登录。如果安装 SQL Server 时没有选择混合模式，就会出现图 6-33 所示的错误提示。

图6-33 登录失败问题

解决步骤如下：

（1）先以"Windows 身份验证"方式登录，然后在图6-34所示的对象资源管理器中选中"localhost（…）"，右键单击，在弹出的菜单中选择"属性"，弹出如图6-35所示的对话框，将"服务器身份验证"设置为"SQL Server 和 Windows 身份验证模式"。

图6-34 右键单击选中部分

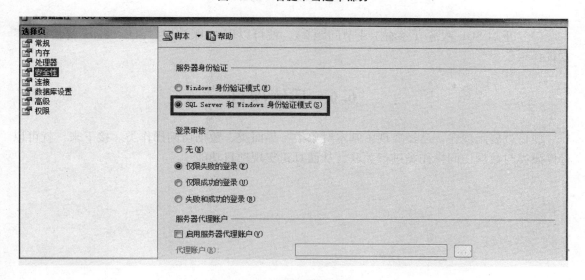

图6-35 修改身份验证方式

（2）设置用户 sa 的登录密码。在图6-36所示的对象资源管理器中依次展开"安全性"→"登录名"，找到 sa 账户，右键单击，在弹出的菜单中选择"属性"，即可在弹出的对话框中设置 sa 的密码，如图6-37所示。

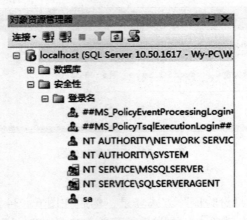

图 6-36 找到 sa 账户

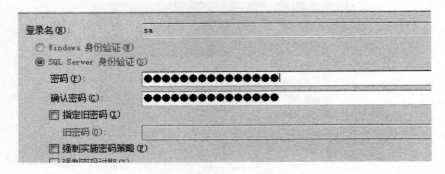

图 6-37 设置 sa 的密码

(3) 重启 SQL 服务（参看 1.4 节问题 2），就可以用 sa 账户以"SQL Server 身份验证"方式登录了。

6.6 后续项目

项目进展到现在，已经实现了基本对象类、界面类、数据访问操作类。接下来，就可以将界面类与数据访问操作类进行关联，从而真正实现项目功能。

子项目 7

图书借阅系统功能设计与实现

7.1 项目任务

在该子项目中要完成以下任务：
- 实现图书借阅系统各功能。

图书借阅系统各界面功能如表 7-1 所示。

表 7-1 图书借阅系统各界面功能

包名	文件名	说明
com. bbm. view	Login. java	登录界面功能实现
	Library. java	系统主界面功能实现
	BookAdd. java	图书添加界面功能实现
	BookBorrow. java	图书借阅界面功能实现
	BookReturn. java	图书归还界面功能实现
	BookSelectandUpdate. java	图书查询与修改界面功能实现
	BookTypeManage. java	图书类别管理界面功能实现
	ReaderAdd. java	读者添加界面功能实现
	ReaderSelectandUpdate. java	读者查询与修改界面功能实现
	ReaderTypeManage. java	读者类型管理界面功能实现
	FineSet. java	罚金设置界面功能实现
	UpdatePWD. java	更改用户密码界面功能实现
	UserAdd. java	添加用户界面功能实现
	UserDel. java	删除用户界面功能实现

图书借阅系统界面类文件组织结构如图 7-1 所示。

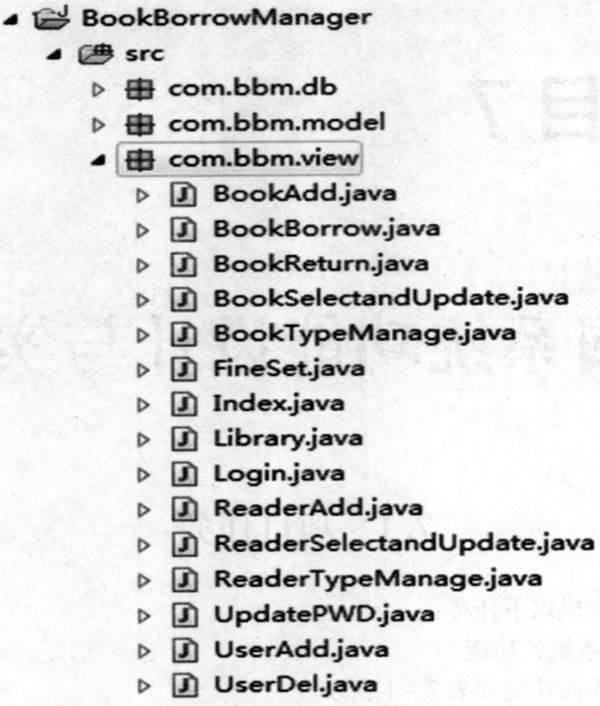

```
▲ 🗁 BookBorrowManager
    ▲ 🗁 src
        ▷ ⊞ com.bbm.db
        ▷ ⊞ com.bbm.model
        ▲ ⊞ com.bbm.view
            ▷ 🇯 BookAdd.java
            ▷ 🇯 BookBorrow.java
            ▷ 🇯 BookReturn.java
            ▷ 🇯 BookSelectandUpdate.java
            ▷ 🇯 BookTypeManage.java
            ▷ 🇯 FineSet.java
            ▷ 🇯 Index.java
            ▷ 🇯 Library.java
            ▷ 🇯 Login.java
            ▷ 🇯 ReaderAdd.java
            ▷ 🇯 ReaderSelectandUpdate.java
            ▷ 🇯 ReaderTypeManage.java
            ▷ 🇯 UpdatePWD.java
            ▷ 🇯 UserAdd.java
            ▷ 🇯 UserDel.java
```

图 7-1 图书借阅系统界面类文件组织结构

7.2 项目的提出

图书借阅系统最终是通过界面来与用户进行交互的。本章将在前两章的基础上，将界面和实现的方法进行关联，从而实现各项功能。

本章主要使用 Java 事件处理机制来为相应的组件添加监听器，进行事件响应。在教学中，学生应重点掌握 Java 委托型事件处理模式、事件的处理技术等。

7.3 实施项目的预备知识

7.3.1 Java 事件处理机制

GUI（Graphics User Interface，图形用户界面）程序设计归根到底要完成以下两个层面的任务：

（1）要完成程序外观界面的设计，包括：创建窗体；在窗体中添加菜单、工具栏及多种 GUI 组件；设置各类组件的大小、位置、颜色等属性。这个层面的工作可以认为是对程序静态特征的设置，在子项目 5 已经得到了解决。

（2）要为各种组件对象提供响应与处理不同事件的功能支持，从而使程序具备与用户（或外界事物）交互的能力，使程序"活"起来。这个层面的工作可以认为是对程序动态特征的处理。

1. Java 事件处理模式

很多面向对象编程语言（如 VB、Delphi）将事件处理方法作为对象的成员方法，当发生事件时，由对象自己调用相应的事件处理方法。而 Java 语言采用了委托型事件处理模式，即对象（指组件）本身没有用成员方法来处理事件，而是将事件委托给事件监听者处理，这就使组件更加简练。

能产生事件的组件叫作事件源。如果希望对事件进行处理，就可以调用事件源的注册方法把事件监听者注册给事件源，当事件源发生事件时，事件监听者就代替事件源对事件进行处理，这就是委托。

事件监听者可以是一个自定义类或其他容器（如 JFrame），其本身没有处理方法，需要使用事件接口中的事件处理方法。因此，事件监听者必须实现事件接口。

2. Java 事件处理的核心概念

1）事件

事件是用户在界面上的一个操作，通常使用各种输入设备（如鼠标、键盘等）来完成。当一个事件发生时，该事件用一个事件对象来表示。事件对象有对应的事件类。不同的事件类描述不同类型的用户动作。事件类包含在 java.awt.event 和 javax.swing.event 包中。

2）事件源

产生事件的组件叫作事件源。例如，单击某个按钮时，该按钮就是事件源，会产生一个 ActionEvent 类型的事件。

3）事件处理器

事件处理器（事件处理方法）是一个接收事件对象并对其进行相应处理的方法。事件处理器包含在一个类中，这个类的对象负责检查事件是否发生，若发生就激活事件处理器进行处理。

4）事件监听器类

（1）事件监听器类包含事件处理器，其实例就是事件监听器对象。事件监听器类必须实现事件监听器接口或继承事件监听器适配器类。

（2）事件监听器接口定义了处理事件必须实现的方法。事件监听器适配器类是对事件监听器接口的简单实现，其目的是减少编程的工作量。

（3）事件监听器接口和事件监听器适配器类都包含在 java.awt.event 和 javax.swing.event 包中。

5）注册事件监听器

为了能够让事件监听器检查某个组件（事件源）是否发生了某些事件，并且在发生时激活事件处理器进行相应处理，必须在事件源上注册事件监听器。这是使用事件源组件的以下方法来完成的：

addXxxListener(事件监听器对象)

其中，Xxx 为对应相应的事件类名，下同。

3. Java 事件处理过程

Java 事件处理的整个流程如图 7-2 所示，具体步骤如下：

(1) 事件监听器的产生。实现某个事件监听器接口的类就可以作为事件监听器使用。

(2) 把事件监听器注册到事件源。采用 addXxxListener 方式，如 button. addActionListener（监听器）。

(3) 事件的产生。例如，用户执行交互操作时，单击按钮，就会自动产生该事件的一个对象。

(4) 系统把产生出来的事件对象自动返回已注册过的监听器。

(5) 由该监听器来指派事件处理器（相应的方法）处理事件。

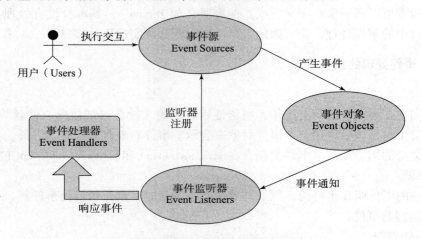

图 7-2 Java 事件处理的流程图

4. Java 事件处理编程方法

要处理某 GUI 组件（假定为事件源 G）上发生的 XxxEvent 事件，其通用的编程方法如下：

(1) 编写一个监听器类，该监听器类实现了 XxxListener 接口（假定该监听器类的类名为 MyXxxListener）。

(2) 在 MyXxxListener 中的相应事件处理方法中编写事件处理代码（事件处理器）。

(3) 调用 GUI 组件 G 的 addXxxListener() 方法注册事件监听器对象。代码如下：
G. addXxxListener(new MyXxxListener());

(4) 要处理 G 上的多种事件，可以编写多个相应的监听器类，进行多次注册。也可以编写一个实现了多个监听器接口的类，进行一次注册。

7.3.2 Java 事件类

设计一个图形界面，不仅需要创建窗体并向窗体添加组件，还要使组件能响应用户操作，实现交互运行。事件是程序运行中出现的行为和动作的反映。图形界面都是由事件驱动的，即当用户和界面进行交互通信时产生事件，并由此触发事件处理程序。典型的事件有：

单击按钮、在文本框中输入数据等。

如图 7-3 所示,在 Java 语言中,AWTEvent 类不仅是所有事件类的最上层,还继承了 EventObject 类(java.util 包中),java.util.EventObject 类则继承了 java.lang.Object 类。

根据事件的不同特征,将 Java 事件类分为以下两种:

(1)继承自 ComponentEvent 类的低级事件,如 ContainerEvent、FocusEvent、WindowEvent 与 KeyEvent 等。

(2)直接继承自 AWTEvent 类的语义事件,如 ActionEvent、AdjustmentEvent 与 ComponentEvent 等。

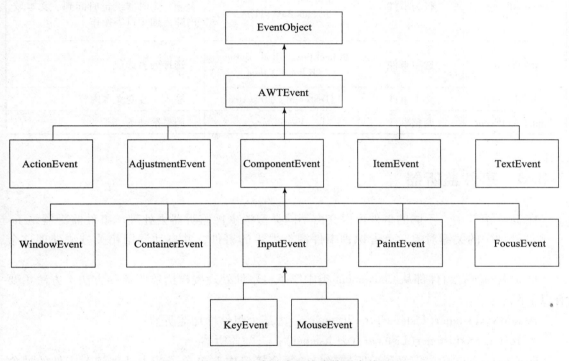

图 7-3　Java 事件类所构成的层次关系

1. 低级事件

低级事件表示低级输入或出现在屏幕上的可视构件窗口发生的系统事件,具体描述如表 7-2 所示。

表 7-2　低级事件列表

事件名称	事件说明	事件的触发条件
ComponentEvent	组件事件	缩放、移动、显示或隐藏组件
InputEvent	输入事件	操作键盘或鼠标
KeyEvent	键盘事件	键盘按键被按下或释放
MouseEvent	鼠标事件	鼠标移动、拖动,或鼠标被按下、释放或单击
FocusEvent	焦点事件	组件得到(或失去)焦点
ContainerEvent	容器事件	容器内组件的添加或删除
WindowEvent	窗口事件	窗口被激活、关闭、图标化、恢复等操作

2. 语义事件

语义事件又称为高级事件，包括用户接口组件产生的用户定义信息，具体描述如表 7-3 所示。

表 7-3 语义事件列表

事件名称	事件说明	事件源组件	事件的触发条件
ActionEvent	行为事件	JButton、JTextField、JComboBox、JTimer	单击按钮、选择菜单项、选择列表项、定时器设定时间到、文本域内输入回车符等操作
ItemEvent	选项事件	JCheckBox、JRadioButton、JChoice、JList	选择列表选项
TextEvent	文本事件	JTextField、JTextAtea	输入、改变文本内容
AdjustmentEvent	调整事件	JScrollBar	调整滚动条

7.3.3 事件监听器

在 Java 语言中，不同的事件可以交由不同类型的事件监听器去处理。事件监听器是 Java 事件处理中的关键对象，负责识别事件源上发生的事件，并自动调用相关方法处理这个事件。

Java 中的所有组件都从 Component 类中继承将事件处理授权给监听器的方法。方法主要有以下两个：

- addXxxListener(ListenerType listener)：为某个组件增加监听器。
- removeXxxListener(ListenerType listener)：去除监听器。

java.awt.event 包中定义了监听器接口，每个接口内部包含了若干处理相关事件的抽象方法。一般说来，每个事件类都有一个监听器接口与之相对应，而事件类中的每个具体事件类型都有一个具体的抽象方法与之相对应，当具体事件发生时，这个事件将被封装成一个事件类的对象作为实际参数传递给与之对应的具体方法，由这个具体方法负责响应并处理发生的事件。

例如，与 ActionEvent 类事件对应的接口是 ActionListener，这个接口定义了抽象方法"public void actionPerformed(ActionEvent e);"，凡是要处理 ActionEvent 事件的类都必须实现 ActionListener 接口，要想实现 ActionListener 接口就必须重载该 actionPerformed() 方法。在重载的方法体中，通常需要调用参数 e 的有关方法。

表 7-4 所示为 java 常用的事件对应的监听器接口及其监听器接口定义的抽象方法。

表7-4 事件类接口抽象方法表

事件类	监听器接口	监听器接口定义的抽象方法（事件处理器）
ActionEvent	ActionListener	actionPerformed(ActionEvent e)
AdjustmentEvent	AdjustmentListener	adjustmentValueChanged(AdjustmentEvent e)
ItemEvent	ItemListener	itemStateChanged(ItemEvent e)
TextEvent	TextListener	textValueChanged(TextEvent e)
MouseEvent	MouseListener、MouseMotionListener	mouseClicked(MouseEvent e) mouseEntered(MouseEvent e) mouseExited(MouseEvent e) mousePressed(MouseEvent e) mouseReleased(MouseEvent e) mouseDragged(MouseEvent e) mouseMoved(MouseEvent e)
KeyEvent	KeyListener	keyTyped(KeyEvent e) keyPressed(KeyEvent e) keyReleased(KeyEvent e)
WindowEvent	WindowListener	windowActivated(WindowEvent e) windowClosed(WindowEvent e) windowClosing(WindowEvent e) windowDeactivated(WindowEvent e) windowDeiconified(WindowEvent e) windowIconified(WindowEvent e) windowOpened(WindowEvent e)

比较特殊的类有以下两个：
- InputEvent 类：它不对应具体的事件，没有监听者与之相对应。
- MouseEvent 类：它有两个监听者接口与之相对应。一个是 MouseListener 接口（其中的方法可以响应 MOUSE_CLICKED、MOUSE_ENTERED、MOUSE_EXITED、MOUSE_PRESSED、MOUSE_RELEASED 五个具体事件），另一个是 MouseMotionListener 接口（其中的方法可以响应 MOUSE_DRAGGED、MOUSE_MOVED 两个事件）。

表7-5所示为事件源注册监听器的方法、监听的事件类型及相应的事件源。

表7-5 注册事件类监听器的主要方法列表

注册监听器方法	监听的事件类型	使用注册方法的事件源类（AWT 组件）
addActionListener()	ActionEvent	Button、TextFiled、MenuItem、List
addTextListener()	TextEvent	TextComponent
addItemListener()	ItemEvent	Choic、List
addAdjustmentListener()	AdjustmentEvent	Scrollbar、ScrollPaneAdjustable
addContainerListener()	ContainerEvent	Container
addComponentListener()	ComponentEvent	Component
addKeyListener()	KeyEvent	Component

续表

注册监听器方法	监听的事件类型	使用注册方法的事件源类(AWT 组件)
addMouseListener( )	MouseEvent	Component
addMouseMotionListener( )	MouseEvent	Component
addFocusListener( )	FocusEvent	Component
addWindowListener( )	WindowEvent	Window

【例 7-1】给按钮添加事件响应,演示 ActionEvent。

程序代码:

```java
package package6;
import java.awt.FlowLayout;
import java.awt.event.ActionEvent;
import java.awt.event.ActionListener;
import javax.swing.JButton;
import javax.swing.JFrame;
public class ActionEventDemo extends JFrame{
    public ActionEventDemo()
    {
        setTitle("单击按钮事件响应");
        JButton jb = new JButton("Press Me!");
        jb.addActionListener(new ActionEventHandler());
        setLayout(new FlowLayout());
        add(jb);
        setSize(300,100);
        setVisible(true);
    }
    public static void main(String[] args){
        ActionEventDemo aed = new ActionEventDemo();
    }
}
// ActionEvent Handler 为监听器类
class ActionEventHandler implements ActionListener
{
    public void actionPerformed(ActionEvent e)
    {
        System.out.println("ActionEvent occurred");
    }
}
```

运行结果如图 7-4 所示。单击 "Press Me!" 按钮,即可在控制台上输出 "ActionEvent

occurred"。

图 7-4　例 7-1 程序运行结果

7.3.4　事件适配器

从前面的学习中了解到，当类实现接口时，必须实现接口中声明的所有方法。这使得在某些时候，当用实现接口的类对象作为监听器时，即使只需要实现其中的一部分方法，也必须在类中实现接口中的所有方法。例如，需要关闭窗口时，只需实现 WindowListener 接口中的 windowClosing 方法，但如果创建的类实现 WindowListener 接口，则类中必须对 WindowListener 接口中的所有方法予以实现，比较麻烦。

为方便起见，Java 在 java.awt.event 包中声明了一组带 Adapter 标记的类（适配器类），用于实现那些包含多于一个方法的处理事件接口。在适配器类的定义中，实现了对应接口的所有方法，不过方法体中均不包含任何语句。例如，WindowListener 接口声明的 7 种方法如下：

```java
public interface WindowListener extends EventListener
{
    public void windowOpened(WindowEvent e);
    public void windowClosed(WindowEvent e);
    public void windowClosing(WindowEvent e);
    public void windowActivated(WindowEvent e);
    public void windowDeactivated(WindowEvent e);
    public void windowIconified(WindowEvent e);
    public void windowDeiconified(WindowEvent e);
}
```

WindowAdapter 类作为其对应的适配器类，定义如下：

```java
public abstract class WindowAdapter implements WindowListener
{
    public void windowOpened(WindowEvent e){}
    public void windowClosed(WindowEvent e){}
    public void windowClosing(WindowEvent e){}
    public void windowActivated(WindowEvent e){}
    public void windowDeactivated(WindowEvent e){}
```

```
public void windowIconified(WindowEvent e){}
public void windowDeiconified(WindowEvent e){}
}
```

因此，当使用适配器子类创建的对象做监听器时，就只需重写所需要的方法。例如，要处理窗口关闭事件，需要使用 WindowAdapter 类对象做监听器，只需重写 windowClosing 方法即可。表 7-6 所示为低级事件监听器接口与适配器类对照。

表 7-6 低级事件监听器接口与适配器类对照

事件类	事件监听接口	事件适配器
ContainerEvent	ContainerListener( )	ContainAdapter
ComponentEvent	ComponentListener( )	ComponentAdapter
KeyEvent	KeyListener	KeyAdapter
MouseEvent	MouseListener	MouseAdapter
MouseEvent	MouseMotionListener	MouseMotionAdapter
FocusEvent	FouseListener	FocusAdapter
WindowEvent	WindowEvent	WindowAdapter

【例 7-2】使用适配器实现窗口关闭处理程序。

程序代码：

```
import java.awt.Color;
import java.awt.Frame;
import java.awt.Label;
import java.awt.event.WindowAdapter;
import java.awt.event.WindowEvent;
import java.awt.event.WindowListener;
public class EventAdapterDemo{
    EventAdapterDemo(){
        JFrame frm = new JFrame("EventAdapterDemo");
        JLabel lbl = new JLabel("Hello java!");
        frm.setSize(200,200);
        frm.setBackground(Color.yellow);
        frm.setLocation(250,250);
        frm.add(lbl);
        frm.setVisible(true);
        frm.addWindowListener(new WinAdapter());
    }
    //内部类实现接口
//   class WinListener implements WindowListener{
//       public void windowClosing(WindowEvent e){
//           System.out.println("window closing");
```

```
//                  System.exit(0);
//              }
//          public void windowOpened(WindowEvent e){}
//              public void windowIconified(WindowEvent e){}
//              public void windowDeiconified(WindowEvent e){}
//              public void windowClosed(WindowEvent e){}
//              public void windowActivated(WindowEvent e){}
//              public void windowDeactivated(WindowEvent e){}
//          }
        //使用适配器实现窗口关闭处理程序
        class WinAdapter extends WindowAdapter{
            public void windowClosing(WindowEvent e){
                System.out.println("window closing");
                System.exit(0);
            }
        }
        public static void main(String[] args){
            new EventAdapterDemo();
        }
    }
```

运行程序后，单击右上方的"×"按钮，即可关闭窗口。关闭功能需要事件处理。

7.3.5 内部类

类除了有成员变量和方法之外，还可以包含一种特殊成员——内部类。内部类就是在一个类中声明另一个类。内部类的特点如下：

(1) 内部类可以声明为 private、protected 或 public。
(2) 内容类可以定义为 abstract。
(3) 内部类不能与包含它的类同名。
(4) 内部类可以使用包含它的类的成员变量，包括类和实例成员变量。

使用内部类的主要原因有以下几点：

(1) 一个内部类的对象可以访问外部类的成员方法和变量，包括私有成员。但外部类不能直接访问内部类的成员。
(2) 实现事件监听器时，采用内部类非常方便。
(3) 可用于编写事件驱动程序。
(4) 当类与接口（或者是接口与接口）发生方法命名冲突时，必须使用内部类来实现。

内部类包括成员内部类、局部内部类、静态内部类和匿名内部类。

1. 成员内部类

成员内部类作为外部类的一个成员存在，与外部类的属性、方法并列，可看作外部类的实例变量。

【例7-3】成员内部类的使用。

程序代码：

```java
package package6;
public class MemberInnerClassDemo{
    private String name;
    public MemberInnerClassDemo(){
    }
    public MemberInnerClassDemo(String name){
        this.name = name;
    }
    //私有内部类
    public class MemberInnerClass{
        public void hello(){
            //引用外部类对象
            System.out.println("直接引用:" + name);
            System.out.println("this 引用:" +
                MemberInnerClassDemo.this.name);
        }
    }
    public void start(){
        MemberInnerClass inner = new MemberInnerClass();
        inner.hello();
    }
    public static void main(String[] args){
        MemberInnerClassDemo outer = new MemberInnerClassDemo("张三");
        outer.start();
    }
}
```

运行结果如图7-5所示。

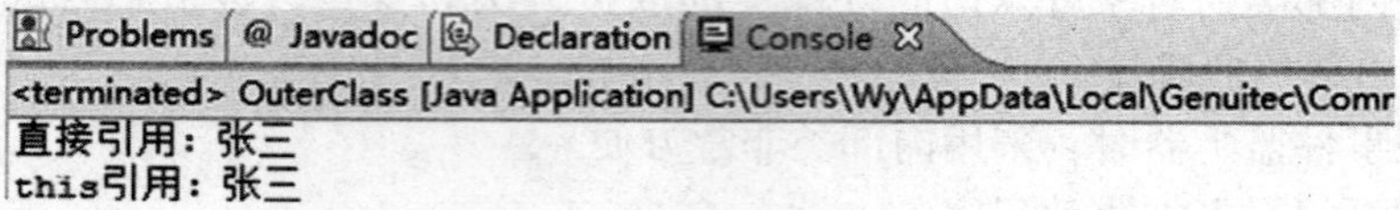

```
直接引用：张三
this引用：张三
```

图7-5 例7-3程序运行结果

内部类的对象有一个隐式引用，它引用了实例化该内部对象的外围对象。通过这个隐式引用，可以访问外围对象的全部状态，可使用this直接引用外围类对象。

- 在内部类中访问实例变量的格式为：this.属性，或直接引用属性。

- 在内部类访问外部类的实例变量的格式为：外部类名.this.属性。

内部类不能有静态属性和方法（final 类型的除外），因为 static 在加载类的时候已创建，而此时内部类还未被创建。内部类是不能直接实例化的，在创建成员内部类的实例时，外部类的实例必须存在。在外部类的内部，可以直接使用"Inner inner = new Inner();"，因为外部类知道 inner 是哪个类。而在外部类的外部，要生成一个内部类对象，则需要通过外部类对象生成。可以使用以下代码：（OuterClass 代表外部类；InnerClass 代表内部类）

```
OuterClass outer = new OuterClass();
OuterClass.InnerClass inner = outer.new InnerClass();
```

或

```
OuterClass.InnerClass inner = new OuterClass().new InnerClass();
```

但是下面的用法是错误的：

```
OuterClass.InnerClass inner = new OuterClass.InnerClass();
```

2. 局部内部类

在方法中定义的内部类称为局部内部类。

局部内部类的特点如下：

（1）与局部变量类似，局部内部类不能用 public、protected 和 private 进行声明，其范围为定义它的代码块。

（2）可以访问外部类的所有成员。

（3）可以访问局部变量（含参数），但局部变量必须被声明为 final。

（4）在类外不能直接生成局部内部类，以保证局部内部类对外是不可见的，即对外部是完全隐藏的。

（5）在方法中才能调用其局部内部类。

（6）局部内部类不能声明接口和枚举。

【例 7-4】 局部内部类的使用。

程序代码：

```java
package package6;
public class LocalInnerClassDemo{
    public void getInner(){
        class LocalInnerClass{
            public void show(){
                System.out.println("局部内部类的对象中的 show
                    方法。");
            }
        }
        LocalInnerClass inner = new LocalInnerClass();
        inner.show();
    }
    public static void main(String[] args){
```

```
        //创建外部类对象
        LocalInnerClassDemo outer = new LocalInnerClassDemo();
        //调用外部类中的getInner()方法
        outer.getInner();
    }
}
```

运行结果如图7-6所示。

```
Problems  @ Javadoc  Declaration  Console ⊠
<terminated> LocalInnerClassDemo [Java Application] C:\Users\Wy\AppData\Local\Genuitec\Co
局部内部类的对象中的show方法。
```

图7-6 例7-4程序运行结果

在非静态成员内部类中，可以访问外部类的任何成员，而在局部内部类中虽然也可以访问外部类的成员，但不可以访问同在一个局部的普通局部变量。如图7-7所示，将例7-4的程序改写后，出现了编译错误。

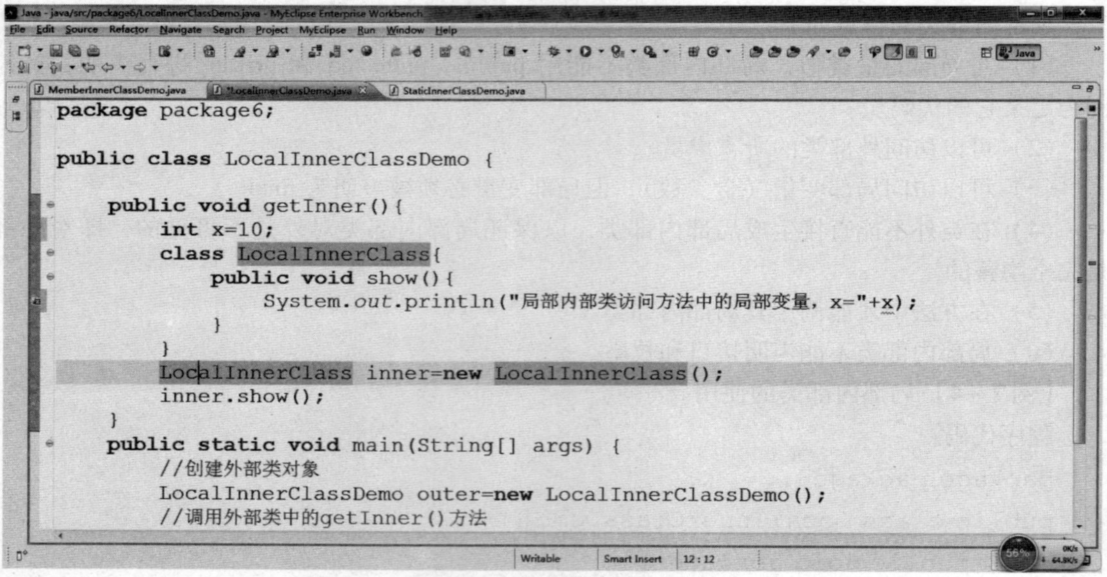

```
package package6;

public class LocalInnerClassDemo {

    public void getInner(){
        int x=10;
        class LocalInnerClass{
            public void show(){
                System.out.println("局部内部类访问方法中的局部变量, x="+x);
            }
        }
        LocalInnerClass inner=new LocalInnerClass();
        inner.show();
    }
    public static void main(String[] args) {
        //创建外部类对象
        LocalInnerClassDemo outer=new LocalInnerClassDemo();
        //调用外部类中的getInner()方法
```

图7-7 局部内部类访问普通局部变量出错

出现错误，是因为在局部内部类中访问了局部变量x，这就要求将局部变量x声明为final类型。这是因为在局部内部类中不能访问普通的局部变量。只要将局部变量x定义为final类型（即final int x =10;），就能编译通过了。之所以产生这个问题，因为普通的局部变量随所在语句块的执行结束而消亡，而创建的局部内部类对象并不会随着语句块的结束而消亡。如果在语句块结束后调用局部内部类对象中访问普通局部变量的方法，就会出现问题，因为此时要访问的局部变量不存在了。final修饰的局部变量的存储方式与普通局部变量不同，其不会因为语句块的结束而消失，因此可以被局部内部类访问。

3. 静态内部类

如果不需要内部类对象与其外部类对象之间有联系，那么在内部类不需要访问外部类对象时，就应该使用静态内部类。静态内部类的声明为 static，通常也称为嵌套类。

静态内部类的特点如下：

（1）静态内部类定义在类中，在任何方法外，用 static 定义。
（2）静态内部类能直接访问外部类的静态成员。
（3）不能直接访问外部类的实例成员。
（4）静态内部类里面可以定义静态成员（其他内部类不可以）。
（5）生成（new）一个静态内部类不需要外部类成员，这是静态内部类和成员内部类的区别。

①静态内部类的对象可以直接生成。例如，
OuterClass.InnerClass inner=new OuterClass.InnerClass();
②成员内部类的对象需要通过外部类对象生成。例如，
OuterClass.InnerClass inner=new OuterClass().new InnerClass();

（6）静态内部类不能用 private 来进行定义。
（7）声明在接口中的内部类自动成为 static 和 public。

【例 7-5】静态内部类的使用。

程序代码：

```java
package package6;
public class StaticInnerClassDemo{
    static class StaticInnerClass{
        public void show(){
            System.out.println("静态内部类的对象。");
        }
    }
    public void getInner(){
        StaticInnerClass inner=new StaticInnerClass();
        inner.show();
    }
    public static void main(String[] args){
        //在外部类外创建静态内部类的对象
        StaticInnerClassDemo.StaticInnerClass inner=new StaticInnerClassDemo.StaticInnerClass();
        inner.show();
        //调用外部类中的 getInner()方法
        new StaticInnerClassDemo().getInner();
    }
}
```

运行结果如图 7-8 所示。

```
Console ☒
<terminated> StaticInnerClassDemo [Java Application] C:\Users\Wy\AppData\Local\Genuite
静态内部类的对象。
静态内部类的对象。
```

图 7-8　例 7-5 程序运行结果

4. 匿名内部类

匿名内部类，是没有名字的内部类。由于构造方法的名字必须和类名相同，而匿名类没有类名，所以匿名内部类没有构造方法。匿名内部类在声明类的同时也创建了对象。匿名类可以被视为非静态的内部类，所以它们具有和方法内声明的非静态内部类一样的权限和限制。匿名内部类的声明要么基于继承，要么基于实现接口。如果一个类用于继承其他类或是实现接口，而不需要增加额外的方法，只是实现或覆盖方法，并且只是为了获得一个对象实例，这时就可以使用匿名类。

【例 7-6】匿名内部类的使用。使用匿名内部类来实现单击按钮动作事件处理。当单击按钮时，提示消息对话框，显示"通过匿名内部类实现事件响应。"。

程序代码：

```java
package package6;
import java.awt.event.ActionEvent;
import java.awt.event.ActionListener;
import javax.swing.JButton;
import javax.swing.JFrame;
import javax.swing.JOptionPane;
import javax.swing.JPanel;
public class AnonymousInnerClassDemo extends JFrame{
    private JButton jb;
    private JPanel jp;
    private JOptionPane jo;
    public AnonymousInnerClassDemo(){
        setSize(100,100);
        JButton jb = new JButton("内部类演示");
        //此处使用匿名内部类
        jb.addActionListener(new ActionListener(){
            public void actionPerformed(ActionEvent e){
                jo.showMessageDialog(null,"通过匿名内部类实现事
                    件响应。");
            }
        }
```

```
        JPanel jp = new JPanel();
        jp.add(jb);
        add(jp);
        setVisible(true);
    }
    public static void main(String[] args){
        AnonymousInnerClassDemo aicd = new AnonymousInnerClassDemo();
    }
}
```

运行结果如图7-9所示，单击"内部类演示"按钮，会出现图7-10所示的运行结果。

图7-9　例7-6程序运行结果（1）

图7-10　例7-6程序运行结果（2）

7.3.6　多态

多态性将函数的功能与实现分开，也就是说，将"做什么"与"怎样做"分开。多态性使程序代码的组织以及可读性都得到了提高，也使程序更易于扩展。前面介绍过的方法重写（Overriding）和重载（Overloading）是Java多态性的不同表现。

1. 重写

重写（Overriding）是父类与子类之间多态性的一种表现。在Java语言中，子类可继承父类中的方法，而不需要重新编写相同的方法。但有时子类并不想原封不动地继承父类的方法，而是想做一些修改，这就需要采用方法的重写。方法的重写又称为方法的覆盖。重写具有以下的特点：

（1）子类中重写的方法与其父类原有方法有相同的名称和参数，子类中重写的方法将覆盖原有父类的方法。

（2）如果需要调用父类中原有的方法，则可以使用super关键字，该关键字引用了当前类的父类。

（3）子类函数的访问修饰权限不能少于父类的。

2. 重载

重载是一个类中多态性的一种表现。如果在一个类中定义了多个同名方法，它们或有不同的参数个数，或有不同的参数类型，则称为方法的重载（Overloading）。重载具有以下的特点：

（1）方法的重载是让类以统一的方式处理不同类型数据的一种手段。多个同名函数同时存在，具有不同的参数个数、参数类型。

（2）Java 的方法重载就是在类中可以创建多个方法，它们具有相同的名字，但具有不同的参数和不同的定义。调用方法时，通过传递给它们的不同参数个数和参数类型来决定具体使用哪个方法，这也是多态性的体现。

（3）重载的时候，方法名要一样，但是参数类型和参数个数不一样，返回值的类型可以相同，也可以不相同。

一个父类的引用变量可以指向不同的子类对象，并且在运行时根据父类引用变量所指向对象的实际类型来执行相应的子类方法，这就是类的多态性。

【例 7-7】类的多态性。

程序代码：

```
package package6;
    class Animal{
        void cry(){};
    }
    class Dog extends Animal{
        void cry(){
            System.out.println("汪汪");
        }
    }
    class Cat extends Animal{
        void cry(){
            System.out.println("喵喵");
        }
    }
    class Sheep extends Animal{
        void cry(){
            System.out.println("咩咩");
        }
    }
public class PolymorphicDemo{
    public static void main(String[] args){
        Animal animal;
        animal = new Dog();
        animal.cry();
        animal = new Cat();
        animal.cry();
        animal = new Sheep();
```

```
        animal.cry();
    }
}
```

运行结果如图 7－11 所示。

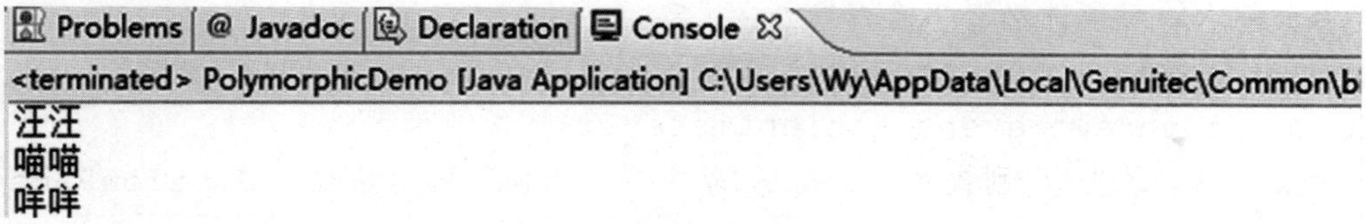
Problems
@ Javadoc
Declaration
Console
<terminated> PolymorphicDemo [Java Application] C:\Users\Wy\AppData\Local\Genuitec\Common\b
汪汪
喵喵
咩咩

图 7－11　例 7－7 程序运行结果

7.4　项目实施

本任务的项目教学实施过程如下：

1. 教师带领学生完成内容

1）创建项目 BookBorrowManager
2）创建实体类包 com. bbm. model
3）创建图书实体类 Book

2. 学生自行完成部分

1）创建图书类别类 BookType
2）创建读者信息类 Reader
3）创建读者类型类 ReaderType
4）创建用户类 Users
5）创建图书借阅类 BorrowBook

对于学生自行完成部分，本章仅给出可供参考的设计步骤，具体的设计方案，读者可自行完成。同时，读者也可以自行设计并编码，实现相应的功能。

本项目是在项目 6 的基础上，即在具备了完成了界面的基础上，实现界面的功能（即交互），其中每个任务都需要完成的内容有：找出事件源；注册监听器；定义监听器类；重写事件处理方法（其中需要调用数据访问操作类方法）。

项目 5 已经完成了每个类的界面设计部分，本项目在此基础上仅补充了功能实现的代码。

【注意】

要想整个程序能正常运行（包括界面与功能），需要将项目 5 中的程序和本项目中对应的程序进行整合。

7.4.1　任务 1：实现登录界面功能

登录界面主要实现用户登录的校验，通过查询用户信息表中是否存在用户名和密码与用户输入的信息相匹配的记录来判断。如果存在此记录，则登录成功，打开图书借阅系统的主界面；否则，提示出错信息。另外，还要实现"重置"按钮的功能，即清空用户名文本框和密码框中的内容。

本任务中需要导入的类如下：

//需要导入的与事件处理相关的类
import java.awt.event.ActionEvent;
import java.awt.event.ActionListener;
//如果用户登录失败,则提示出错信息,就需要导入使用的对话框类 JOptionPane
import javax.swing.JOptionPane;
//导入数据访问操作类
import com.bbm.db.UserDao;
//导入实体类
import com.bbm.model.Users;

1. "登录"按钮功能实现

系统登录界面如图 7 – 12 所示。如果不输入用户名和密码，直接单击"登录"按钮，将弹出如图 7 – 13 所示的提示框。如果用户名和密码错误，则单击"登录"按钮后将弹出图 7 – 14 所示的提示框。如果用户名和密码正确，则运行系统主界面。

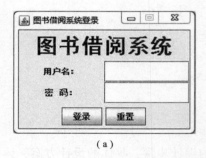
（a）

（b）

图 7 – 12　系统登录界面
（a）初始界面；（b）输入用户名和密码

图 7 – 13　未输入用户名和密码的提示

图 7 – 14　输入错误用户名和密码的提示

1）确定事件源、事件、监听器及需要重写的事件处理方法
- 事件源："登录"按钮 loginJB。
- 事件：单击按钮产生 ActionEvent 事件。

- 监听器：ActionListener。
- 需要重写的事件处理方法：actionPerformed(ActionEvent e)。

2）创建事件监听器类，重写事件处理方法

根据上面的分析，以内部类的方式创建事件监听器类，重写事件处理方法 actionPerformed(ActionEvent e)。

方法功能描述如下：

```
if(用户名和密码不为空){
        根据输入的用户名和密码在用户信息表中检索,返回一个 Users 类对象;
        if(返回的 Users 类对象的用户名不为空){
                登录成功,运行主界面;
        }else{
                登录失败,提示错误信息;
        清空用户名文本框和密码框;
        }
}else{
        没有输入用户名或密码,提示出错信息;
}
```

事件监听器类的具体代码如下：

```java
class LoginAction implements ActionListener{
    public void actionPerformed(ActionEvent e){
        if(!"".equals(usernameJTF.getText())&&!"".equals(new String(pwdJPF.getPassword()))){
            user = UserDao.check(usernameJTF.getText(),new String(pwdJPF.getPassword()));
            if(user.getName()!=null){
                try{
                    Library frame = new Library();
                    frame.setVisible(true);
                    Login.this.setVisible(false);
                }catch(Exception ex){
                    ex.printStackTrace();
                }
            }else{
                JOptionPane.showMessageDialog(null,"您输入的用户名或密码错误,不能登录!");
                usernameJTF.setText("");
                pwdJPF.setText("");
            }
        }else{
```

```
                    JOptionPane.showMessageDialog(null,"请输入用户名和
                    密码!");
            }
        }
    }
```

3）给事件源注册监听器

事件源为 loginJB，注册监听器的方法为 addActionListener(new LoginAction())，其中，"new LoginAction()"为创建的事件监听器类对象。

给事件源注册监听器的语句为：

```
loginJB.addActionListener(new LoginAction());
```

2. "重置"按钮功能实现

单击"重置"按钮，清空用户名文本框和密码框中的内容。

1）确定事件源、事件、监听器及需要重写的事件处理方法
- 事件源："重置"按钮 resetJB。
- 事件：单击按钮产生 ActionEvent 事件。
- 监听器：ActionListener。
- 需要重写的事件处理方法：actionPerformed(ActionEvent e)。

2）创建事件监听器类，重写事件处理方法

根据上面的分析，以内部类的方式创建事件监听器类，重写事件处理方法 actionPerformed(ActionEvent e)。

事件监听器类具体代码如下：

```
class ResetAction implements ActionListener{
    public void actionPerformed(final ActionEvent e){
        usernameJTF.setText("");
        pwdJPF.setText("");
    }
}
```

3）给事件源注册监听器

事件源为 resetJB，注册监听器的方法为 addActionListener(new ResetAction())，其中，"new ResetAction()"为"重置"事件监听器类对象。

给事件源注册监听器的语句为：

```
resetJB.addActionListener(new ResetAction());
```

实现登录界面功能的完整程序代码如下（既包含界面又包含功能）：

【Login.java】

```
/*登录界面*/
package com.bbm.view;
import java.awt.BorderLayout;
```

```java
import java.awt.Font;
import java.awt.GridLayout;
import java.awt.Toolkit;
import java.awt.event.ActionEvent;
import java.awt.event.ActionListener;
import javax.swing.JButton;
import javax.swing.JFrame;
import javax.swing.JLabel;
import javax.swing.JOptionPane;
import javax.swing.JPanel;
import javax.swing.JPasswordField;
import javax.swing.JTextField;
import javax.swing.SwingConstants;
import com.bbm.db.UserDao;
import com.bbm.model.Users;
public class Login extends JFrame{
//序列化。为了保持版本的兼容性,在版本升级时反序列化,保持对象的唯一性
    private static final long serialVersionUID =1L;
    private JPanel textJP,loginJP,buttonJP;
    private Font f1 =new Font("黑体",Font.BOLD,32);
    private JLabel textJL,usernameJL,passwordJL;
    private JTextField usernameJTF;
    private JPasswordField pwdJPF;
    private JButton loginJB,resetJB;
    private static Users user;
    public Login(){
        setSize(260,180);
        //在整个界面的中间位置显示
        int width =Toolkit.getDefaultToolkit().getScreenSize().width;
        int height =Toolkit.getDefaultToolkit().getScreenSize().height;
        this.setLocation(width/2 -200,height/2 -150);
        setTitle("图书借阅系统登录");
        textJP =new JPanel();//提示信息面板
        loginJP =new JPanel();//登录信息面板
        buttonJP =new JPanel();//登录取消按钮面板
        //提示信息面板
        textJL =new JLabel();
        textJL.setFont(f1);
        textJL.setText("图书借阅系统");
```

```java
            textJP.add(textJL);
            this.add(textJP,BorderLayout.NORTH);
            //登录信息面板设计
            loginJP.setLayout(new GridLayout(2,2));
            usernameJL=new JLabel("用户名:");
            usernameJL.setHorizontalAlignment(SwingConstants.CENTER);
            usernameJTF=new JTextField();
            passwordJL=new JLabel("密  码:");
            passwordJL.setHorizontalAlignment(SwingConstants.CENTER);
            pwdJPF=new JPasswordField();
            loginJP.add(usernameJL);
            loginJP.add(usernameJTF);
            loginJP.add(passwordJL);
            loginJP.add(pwdJPF);
            this.add(loginJP,BorderLayout.CENTER);
            //按钮面板设计
            loginJB=new JButton("登录");
            loginJB.addActionListener(new LoginAction());
            resetJB=new JButton("重置");
            resetJB.addActionListener(new ResetAction());
            buttonJP.add(loginJB);
            buttonJP.add(resetJB);
            this.add(buttonJP,BorderLayout.SOUTH);
            //关闭该界面时,退出程序
            setDefaultCloseOperation(JFrame.EXIT_ON_CLOSE);
            this.setVisible(true);//设置该界面显示,否则不显示
            setResizable(false);//取消最大化
    }
    public static void setUser(Users user){
            Login.user=user;
    }
    public static Users getUser(){
            return user;
    }
    //单击"登录"按钮事件监听器类
    class LoginAction implements ActionListener{
            public void actionPerformed(ActionEvent e){
 if(!"".equals(usernameJTF.getText())&& !"".equals(new String(pwd-
 JPF.getPassword()))){
```

```java
            user = UserDao.check(usernameJTF.getText(),new String
        (pwdJPF.getPassword()));
                if(user.getName()!=null){
                    try{
                        Library frame=new Library();
                        frame.setVisible(true);
                        Login.this.setVisible(false);
                    }catch(Exception ex){
                        ex.printStackTrace();
                    }
                }else{
JOptionPane.showMessageDialog(null,"您输入的用户名或密码错误,不
    能登录!");
                    usernameJTF.setText("");
                    pwdJPF.setText("");
                }
            }else{
                JOptionPane.showMessageDialog(null,"请输入用户名
                    和密码!");
            }
        }
    }

    //单击"重置"按钮事件监听器类
    class ResetAction implements ActionListener{
        public void actionPerformed(final ActionEvent e){
            usernameJTF.setText("");
            pwdJPF.setText("");
        }
    }
    public static void main(String[] args){
        new Login();
    }
}
```

7.4.2 任务2：实现主界面功能

图书借阅系统的主界面主要实现当用户单击菜单项时，能够打开相应菜单功能的界面。本任务中需要导入的类如下：
//需要导入的事件处理相关的类

```
import java.awt.event.ActionEvent;
import java.awt.event.ActionListener;
```

1. "读者信息添加"菜单项功能实现

单击"读者信息添加"菜单项，打开"读者信息添加"界面。
1）确定事件源、事件、监听器及需要重写的事件处理方法
- 事件源："读者信息添加"菜单项 readerAddJMI。
- 事件：ActionEvent 事件。
- 监听器：ActionListener。
- 需要重写的事件处理方法：actionPerformed(ActionEvent e)。

2）创建事件监听器类，重写事件处理方法

根据上面的分析，以内部类的方式创建事件监听器类，重写事件处理方法 actionPerformed(ActionEvent e)。

事件监听器类具体代码如下：
```
class ReaderAddListener implements ActionListener{
    public void actionPerformed(ActionEvent e){
        new ReaderAdd();
    }
}
```

3）给事件源注册监听器

事件源为 readerAddJMI，注册监听器的方法为 addActionListener(new ReaderAddListener())，其中，"new ReaderAddListener()"为"读者信息添加"菜单项事件监听器类对象。

给事件源注册监听器的语句为：
```
readerAddJMI.addActionListener(new ReaderAddListener());
```

2. 其他菜单项功能实现

其他菜单项功能实现与"读者信息添加"菜单项功能实现过程类似，请读者参考上述步骤，自行完成主界面的所有菜单项的事件响应，并在第5章界面设计的基础上，补全【Library.java】程序，既实现界面又实现功能。

7.4.3 任务3：实现读者信息添加功能

"读者信息添加"界面如图7-15所示，主要实现添加读者信息的功能。录入读者的基本信息后，单击"添加"按钮，对录入的信息进行校验，如果数据满足要求，则将数据插入对应的读者信息表中；否则，提示相应的出错信息。单击"关闭"按钮，即可关闭"读者信息添加"界面。同时，读者类型自动显示当前系统中所有的读者类型名；注册日期自动显示为系统当前时间，不可编辑；性别默认设置为"男"。

本任务中需要导入的类如下：
```
//需要导入的事件处理相关的类
```

图 7-15 "读者信息添加"界面

```
import java.awt.event.ActionEvent;
import java.awt.event.ActionListener;
//用于格式化注册日期
import java.text.SimpleDateFormat;
//导入使用的对话框类 JOptionPane
import javax.swing.JOptionPane;
//导入数据访问操作相关类
import com.bbm.db.ReaderDao;
import com.bbm.db.ReaderTypeDao;
import java.util.List;
//导入实体类
import com.bbm.model.ReaderType;
```

1. "添加"按钮功能实现

单击"添加"按钮时，对用户输入的读者信息进行校验。要求读者编号和姓名的文本框均不能为空，且读者编号必须为 8 位。若输入的读者编号不是 8 位，则出现图 7-16 所示的提示。另外，读者姓名的文本框不能为空，错误提示如图 7-17 所示。

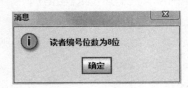

图 7-16 读者编号位数错误时的提示

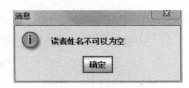

图 7-17 读者姓名文本框为空时的提示

当所有信息填写正确后，单击"添加"按钮，弹出图 7-18 所示的提示信息。同时，将新的读者信息插入读者信息表。

图 7-18 读者信息添加成功的提示

1）确定事件源、事件、监听器及需要重写的事件处理方法
- 事件源："添加"按钮 addJB。
- 事件：单击按钮产生 ActionEvent 事件。
- 监听器：ActionListener。
- 需要重写的事件处理方法：actionPerformed(ActionEvent e)。

2）创建事件监听器类，重写事件处理方法

根据以上分析，以内部类的方式创建事件监听器类，重写事件处理方法 actionPerformed (ActionEvent e)。

方法功能描述如下：

```
if(读者编号文本框文本长度为0){
    提示编号不能为空;
}
if(读者编号文本框文本长度不为8){
    提示编号必须为8位;
}
if(读者姓名文本框文本长度为0){
    提示姓名不能为空;
}
获取用户输入的读者信息;
    调用 ReaderDao.insertReader(…)方法向读者信息表执行插入操作;
    if(执行插入操作返回的结果是1){
        显示添加成功;
        关闭"读者信息添加"界面;
    }
```

读者信息"添加"按钮事件监听器类具体代码如下：

```java
class ReaderAddActionListener implements ActionListener{
    private JRadioButton button1;
    //重载构造方法,带有参数 JRadioButton 类对象,用来接收传入的性别按钮
    ReaderAddActionListener(JRadioButton button1){
        this.button1 = button1;
    }
    public void actionPerformed(final ActionEvent e){
        if(IDJTF.getText().length() == 0){
            JOptionPane.showMessageDialog(null,"读者编号不可
                以为空");
            return;
        }
        if(IDJTF.getText().length() != 8){
            JOptionPane.showMessageDialog(null,"读者编号位数
```

```java
            为8位");
            return;
        }
        if(readerNameJTF.getText().length()==0){
            JOptionPane.showMessageDialog(null,"读者姓名不可
                以为空");
            return;
        }
        String ID = IDJTF.getText().trim();//读者编号
        //获取读者类型
        String readertype =(String)readertypeJCB.getSelectedItem();
        //读者姓名
        String name = readerNameJTF.getText().trim();
        String major = majorJTF.getText().trim();
        String gender = "女";
        /* 读者性别,在调用此类时传入"男"性别按钮,此处的button1 即代
            表"男"性别按钮,如果被选择,就代表性别为"男";否则,性别为
            "女"*/
        if(button1.isSelected()){
            gender = "男";
        }
        String phone = phoneJTF.getText().trim();
        String dept = deptJTF.getText().trim();
        String regdate = regtimeJTF.getText().trim();
    /* 调用 ReaderDao 的插入读者信息方法,返回整数值。如果为1,代表插入成
        功;否则,插入失败*/
     int i = ReaderDao.insertReader ( ID, readertype, name, major,
     gender,phone,dept,regdate);
        if(i==1){
            JOptionPane.showMessageDialog(null,"添加成功");
            //关闭"读者信息添加"界面
            ReaderAdd.this.setVisible(false);
        }
    }
}
```

3) 给事件源注册监听器

事件源为 addJB,注册监听器的方法为 addActionListener (new ReaderAddActionListener (JRB1)),其中,"new ReaderAddActionListener(JRB1)"为上面创建的读者信息"添加"按钮事件监听器类对象,JRB1 为"男"性别按钮,将其作为监听器类的参数,传递读者的

性别信息。

给事件源注册监听器的语句为：

```
addJB.addActionListener(new ReaderAddActionListener(JRB1));
```

2. "关闭"按钮功能实现

单击"关闭"按钮，关闭"读者信息添加"界面。

1）确定事件源、事件、监听器及需要重写的事件处理方法
- 事件源："关闭"按钮 closeJB。
- 事件：ActionEvent 事件。
- 监听器：ActionListener。
- 需要重写的事件处理方法：actionPerformed(ActionEvent e)。

2）创建事件监听器类，重写事件处理方法

根据以上分析，以内部类的方式创建事件监听器类，重写事件处理方法 actionPerformed (ActionEvent e)。

"关闭"按钮事件监听器类具体代码如下：

```java
class CloseActionListener implements ActionListener{
    public void actionPerformed(final ActionEvent e){
        setVisible(false);
    }
}
```

3）给事件源注册监听器

事件源为 closeJB，注册监听器的方法为 addActionListener(new CloseActionListener())，其中，"new CloseActionListener()"为上面创建的"关闭"按钮事件监听器类对象。

给事件源注册监听器的语句为：

```
closeJB.addActionListener(new CloseActionListener());
```

3. 注册日期自动显示当前日期功能实现

当运行"读者信息添加"界面时，注册日期文本框的内容自动显示为当前系统日期。

```java
//创建注册日期文本框
regtimeJTF = new JTextField();
//格式化日期值
SimpleDateFormat format = new SimpleDateFormat("yyyy-MM-dd");
//获取系统当前日期
String str = format.format(new java.util.Date());
//将系统当前日期添加到文本框
regtimeJTF.setText(str);
//设置注册日期文本框不可编辑,即默认当前日期为注册日期,不能修改
regtimeJTF.setEditable(false);
```

4. 读者类型自动显示功能实现

当运行"读者信息添加"界面时，读者类型下拉列表框的内容自动显示为当前系统中已有的读者类型。此功能是通过查询读者类型表中的类型，将查询结果显示到对应的下拉列表框中来实现。

```java
//读者类型下拉列表
readertypeJCB = new JComboBox();
//调用ReaderTypeDao.selectReaderType()查询所有读者类型
List<ReaderType> list = ReaderTypeDao.selectReaderType();
        for(int i = 0;i < list.size();i ++){
            //rt 以ReaderType类对象来保持查询返回的每个读者类型的记录
            ReaderType rt = list.get(i);
            //获取每个读者类型类对象的读者类型值,并添加到下拉列表中
            readertypeJCB.addElement(rt.getName());
        }
```

实现"读者信息添加"界面功能的完整程序代码如下（既包含界面又包含功能）：

【ReaderAdd.java】

```java
package com.bbm.view;
import java.awt.BorderLayout;
import java.awt.FlowLayout;
import java.awt.GridLayout;
import java.awt.event.ActionEvent;
import java.awt.event.ActionListener;
import java.text.SimpleDateFormat;
import java.util.List;
//相关组件类
import javax.swing.ButtonGroup;
import javax.swing.JButton;
import javax.swing.JComboBox;
import javax.swing.JFrame;
import javax.swing.JLabel;
import javax.swing.JOptionPane;
import javax.swing.JPanel;
import javax.swing.JRadioButton;
import javax.swing.JTextField;
import javax.swing.SwingConstants;
import javax.swing.border.EmptyBorder;
import com.bbm.db.ReaderDao;
import com.bbm.db.ReaderTypeDao;
```

```java
import com.bbm.model.ReaderType;
public class ReaderAdd extends JFrame{
//序列化。为了保持版本的兼容性,在版本升级时反序列化,保持对象的唯一性
    private static final long serialVersionUID=1L;
    private JPanel readerAddJP,genderJP,buttonJP;
    private ButtonGroup buttonGroup=new ButtonGroup();
    private JRadioButton JRB1,JRB2;
    private JLabel, IDJL, categoryJL, readerNameJL, genderJL, phone-
     JLabel,deptJLabel,majorJLabel,regJLabel;
    private JTextField IDJTF, readerNameJTF, phoneJTF, deptJTF, ma-
     jorJTF,regtimeJTF;
    private JComboBox readertypeJCB;
    private JButton addJB,closeJB;
    //构造方法,界面初始化
    public ReaderAdd(){
        setBounds(200,200,500,200);
        setTitle("读者信息添加");
        //按钮面板
        buttonJP=new JPanel();
        //"读者信息添加"面板设计
        readerAddJP=new JPanel();
        readerAddJP.setBorder(new EmptyBorder(5,10,5,10));
        final GridLayout gridLayout=new GridLayout(4,4);
        gridLayout.setVgap(10);
        gridLayout.setHgap(10);
        readerAddJP.setLayout(gridLayout);
        getContentPane().add(readerAddJP);
        IDJL=new JLabel("读者编号:");
        IDJL.setHorizontalAlignment(SwingConstants.CENTER);
        readerAddJP.add(IDJL);
        IDJTF=new JTextField();
        readerAddJP.add(IDJTF);
        readerNameJL=new JLabel("姓名:");
        readerNameJL.setHorizontalAlignment(SwingConstants.CENTER);
        readerAddJP.add(readerNameJL);
        readerNameJTF=new JTextField();
        readerAddJP.add(readerNameJTF);
        categoryJL=new JLabel("类型:");
        categoryJL.setHorizontalAlignment(SwingConstants.CENTER);
```

```java
readerAddJP.add(categoryJL);
//下拉列表
readertypeJCB = new JComboBox();
//从数据库中读取图书类别
List<ReaderType> list = ReaderTypeDao.selectReaderType();
for(int i = 0;i < list.size();i ++){
    ReaderType rt = list.get(i);
    readertypeJCB.addItem(rt.getName());
}
readerAddJP.add(readertypeJCB);
genderJL = new JLabel("性别:");
genderJL.setHorizontalAlignment(SwingConstants.CENTER);
readerAddJP.add(genderJL);
genderJP = new JPanel();
final FlowLayout flowLayout = new FlowLayout();
flowLayout.setHgap(0);
flowLayout.setVgap(0);
genderJP.setLayout(flowLayout);
readerAddJP.add(genderJP);
JRB1 = new JRadioButton();
genderJP.add(JRB1);
JRB1.setSelected(true);
buttonGroup.add(JRB1);
JRB1.setText("男");
JRB2 = new JRadioButton();
genderJP.add(JRB2);
buttonGroup.add(JRB2);
JRB2.setText("女");
majorJLabel = new JLabel("专业:");
majorJLabel.setHorizontalAlignment(SwingConstants.CENTER);
readerAddJP.add(majorJLabel);
majorJTF = new JTextField();
readerAddJP.add(majorJTF);
phoneJLabel = new JLabel("电话:");
phoneJLabel.setHorizontalAlignment(SwingConstants.CENTER);
readerAddJP.add(phoneJLabel);
phoneJTF = new JTextField();
readerAddJP.add(phoneJTF);
deptJLabel = new JLabel("系部:");
```

```java
        deptJLabel.setHorizontalAlignment(SwingConstants.CENTER);
        readerAddJP.add(deptJLabel);
        deptJTF = new JTextField();
        readerAddJP.add(deptJTF);
        regJLabel = new JLabel("注册日期:");
        regJLabel.setHorizontalAlignment(SwingConstants.CENTER);
        readerAddJP.add(regJLabel);
        regtimeJTF = new JTextField();
        SimpleDateFormat format = new SimpleDateFormat("yyyy-MM-dd");
        String str = format.format(new java.util.Date());
        regtimeJTF.setText(str);
        regtimeJTF.addKeyListener(new DateListener());
        readerAddJP.add(regtimeJTF);
        //登录"取消"按钮面板设计
        addJB = new JButton("添加");
        addJB.addActionListener(new ReaderAddActionListener(JRB1));
        closeJB = new JButton("关闭");
        closeJB.addActionListener(new CloseActionListener());
        buttonJP.add(addJB);
        buttonJP.add(closeJB);
        this.add(readerAddJP,BorderLayout.CENTER);
        this.add(buttonJP,BorderLayout.SOUTH);
        this.setVisible(true);//设置该界面显示。否则,不显示
        setResizable(false);//取消最大化
    }
    //"添加"按钮事件监听器类
    class ReaderAddActionListener implements ActionListener{
        private final JRadioButton button1;
        ReaderAddActionListener(JRadioButton button1){
            this.button1 = button1;
        }
        public void actionPerformed(final ActionEvent e){
            if(IDJTF.getText().length() == 0){
                JOptionPane.showMessageDialog(null,"读者编号不可以
                    为空");
                return;
            }
            if(IDJTF.getText().length() != 8){
                JOptionPane.showMessageDialog(null,"读者编号位数为
```

```java
            8位");
            return;
        }
        if(readerNameJTF.getText().length()==0){
            JOptionPane.showMessageDialog(null,"读者姓名不可以
                为空");
            return;
        }
        String ID = IDJTF.getText().trim();
        //获取选择的读者类型
        String readertype =(String)readertypeJCB.getSelectedItem();
        String name = readerNameJTF.getText().trim();
        String major =majorJTF.getText().trim();
        //获取读者的性别
        String gender ="女";
        if(button1.isSelected()){
            gender ="男";
        }
        String phone =phoneJTF.getText().trim();
        String dept =deptJTF.getText().trim();
        String regdate = regtimeJTF.getText().trim();
        int i = ReaderDao.insertReader(ID,readertype,name,ma-
          jor,gender,phone,dept,regdate);
        if(i ==1){
            JOptionPane.showMessageDialog(null,"添加成功");
            ReaderAdd.this.setVisible(false);
        }
      }
    }
}
//"关闭"按钮的事件监听器类
class CloseActionListener implements ActionListener{
    public void actionPerformed(final ActionEvent e){
        setVisible(false);
    }
}
public static void main(String[] args){
    new ReaderAdd();
}
}
```

7.4.4 任务4：实现读者信息查询与修改功能

打开"读者信息查询与修改"界面，默认显示当前系统所有读者的信息。另外，可以按条件进行特定读者的查询，条件包括读者编号、姓名、类型、所在系部，其中，姓名、类型以及所在系部可以进行模糊查询。如果要修改某个读者的信息，则选中表格中某个读者后，该读者的信息就会出现在下方的对应文本框中，如图7-19所示。然后，可以修改该读者的相关信息，如将该读者的所在专业由原来的"软件"改为"计算机"。修改结束后，单击"修改"按钮，即可保存本次修改操作。

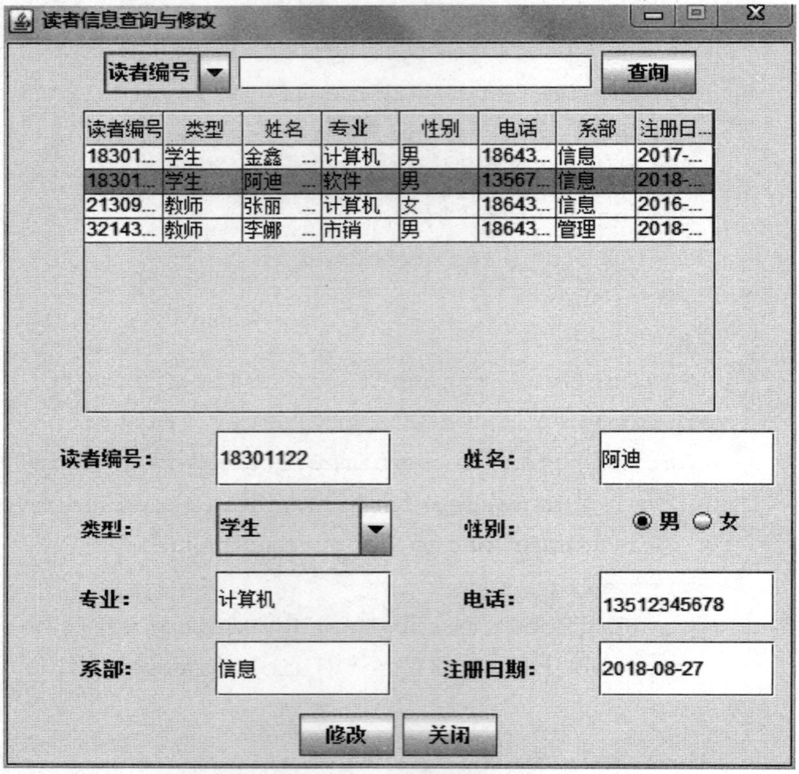

图7-19 "读者信息查询与修改"界面

本任务中需要导入的类如下：
```
//导入需要的事件处理相关的类
import java.awt.event.ActionEvent;
import java.awt.event.ActionListener;
import java.awt.event.MouseAdapter;
import java.awt.event.MouseEvent;
//导入数据访问操作相关类
import com.bbm.db.ReaderDao;
import com.bbm.db.ReaderTypeDao;
```

```java
import com.bbm.model.Reader;
import com.bbm.model.ReaderType;
import java.util.List;
```

1. 显示全部读者信息功能实现

当运行"读者查询与修改"界面时，中间的表格部分显示了系统当前所有读者的相关信息。

具体代码如下：

```java
//定义一维数组,作为表的表头
private String[] readersearch = {"读者编号","类型","姓名","专业","性别","电话","系部","注册日期"};
//将查询到的读者信息转换成二维对象数组
    private Object[][] getSelect(List<Reader> list){
      Object[][] results = new Object[list.size()][readersearch.length];
      for(int i=0;i<list.size();i++){
          Reader reader = list.get(i);
          results[i][0] = reader.getReaderid();
          results[i][1] = reader.getTypename();
          results[i][2] = reader.getName();
          results[i][3] = reader.getMajor();
          results[i][4] = reader.getGender();
          results[i][5] = reader.getPhone();
          results[i][6] = reader.getDept();
          results[i][7] = reader.getRegdate();
      }
      return results;
    }
//显示读者信息面板
select_resultJP = new JPanel();
//由于读者信息较多,将读者信息放到滚动面板。创建滚动面板
jscrollPane = new JScrollPane();
jscrollPane.setPreferredSize(new Dimension(400,200));
//调用 ReaderDao.selectReader()查询所有读者信息,并通过上面定义的 getSe-
//lect,将获取到的所有读者信息存放到二维对象数组中,用来创建表格
Object[][] results = getSelect(ReaderDao.selectReader());
//创建表格。results 为表数据,即查询出来的读者信息;readersearch 为对应的
//表头
jtable = new JTable(results,readersearch);
```

```
//使用此语句,则在表格的下方会出现横向滚动条,表中数据分散显示,即如果没有在当
//前表格中显示全,则需要拖动才能看到全部数据,如图7-20 所示。如果不使用此语
//句,则数据集中全部显示在当前表格中,不允许拖动,如图7-21 所示
    jtable.setAutoResizeMode(JTable.AUTO_RESIZE_OFF);
    //将表格作为jscrollPane的视图显示
    jscrollPane.setViewportView(jtable);
```

读者编号	类型	姓名	专业	性别	
18301121	学生	金鑫	计算机	男	186
18301122	学生	阿迪	软件	男	135
213098	教师	张丽	计算机	女	186
321434	教师	李娜	市销	男	186

图7-20　带滚动条

读者编号	类型	姓名	专业	性别	电话	系部	注册日...
18301...	学生	金鑫 ...	计算机	男	18643...	信息	2017-...
18301...	学生	阿迪 ...	软件	男	13567...	信息	2018-...
21309...	教师	张丽 ...	计算机	女	18643...	信息	2016-...
32143...	教师	李娜 ...	市销	男	18643...	管理	2018-...

图7-21　不带滚动条

```
    //将jscrollPane添加到select_resultJP
    select_resultJP.add(jscrollPane);
```

2. 按条件查询指定读者信息功能实现

在下拉列表中对查询条件（读者编号、姓名、类型、所在系部）进行选择，然后单击“查询”按钮，检索指定要求的读者信息，要求对姓名、类型以及所在系部可以进行模糊查询。

1）确定事件源、事件、监听器及需要重写的事件处理方法

- 事件源：“查询”按钮 selectJB。
- 事件：ActionEvent 事件。
- 监听器：ActionListener。
- 需要重写的事件处理方法：actionPerformed(ActionEvent e)。

2）创建事件监听器类，重写事件处理方法

根据以上分析，以内部类的方式创建事件监听器类，重写事件处理方法 actionPerformed(ActionEvent e)。在此方法中，每次查询后，都要更新表格中的数据。

“查询”按钮事件监听器类的具体代码如下：

```
//按条件查询读者
class SelectAction implements ActionListener{
    public void actionPerformed(ActionEvent arg0){
            //condition用来存放用户选择的查询条件
            String condition =(String)conditionJCB.getSelectedItem();
            //按读者编号查询
            if(condition.equals("读者编号")){
                Object[ ][ ] results = getSelect ( ReaderDao. selec-
```

```
tReaderById(select_conditionJTF.getText().trim()));
                jtable = new JTable(results,readersearch);
                jscrollPane.setViewportView(jtable);
                jtable.setAutoResizeMode(JTable.AUTO_RESIZE_OFF);
                //对表格添加监听,用于响应用户选择的某一读者信息操作
                jtable.addMouseListener(new TableListener());
            //按读者姓名查询
            }else if(condition.equals("姓名")){
                Object[][] results = getSelect(ReaderDao.selectReaderByCondition(select_conditionJTF.getText().trim()));
                jtable = new JTable(results,readersearch);
                jscrollPane.setViewportView(jtable);
                jtable.setAutoResizeMode(JTable.AUTO_RESIZE_OFF);
                jtable.addMouseListener(new TableListener());
            //按读者类型查询
            }else if(condition.equals("类型")){
                Object[][] results = getSelect(ReaderDao.selectReaderByType(select_conditionJTF.getText().trim()));
                jtable = new JTable(results,readersearch);
                jscrollPane.setViewportView(jtable);
                jtable.setAutoResizeMode(JTable.AUTO_RESIZE_OFF);
                jtable.addMouseListener(new TableListener());
            //按读者的所在系部查询
            }else if(condition.equals("系部")){
                Object[][] results = getSelect(ReaderDao.selectReaderByDept(select_conditionJTF.getText().trim()));
                jtable = new JTable(results,readersearch);
                jscrollPane.setViewportView(jtable);
                jtable.setAutoResizeMode(JTable.AUTO_RESIZE_OFF);
                jtable.addMouseListener(new TableListener());
            }
        }
    }
```

3) 给事件源注册监听器

事件源为selectJB,注册监听器的方法为addActionListener(new SelectActionListener()),其中,"new SelectActionListener()"为"查询"按钮事件监听器类对象。

给事件源注册监听器的语句为:

```
selectJB.addActionListener(new SelectActionListener());
```

3. 选择要修改的读者信息并显示在其对应的组件中功能实现

在本任务中,按照上述方法查询到满足条件的读者后,可以选中在表格中显示的某位读者。当单击某位读者所在行时,该读者的信息对应显示到下面的组件中。例如,读者姓名显示到下面的"姓名"文本框中。

1) 确定事件源、事件、适配器及需要重写的事件处理方法
- 事件源:存放查询出来的读者信息的表格 jtable。
- 事件:MouseEvent 事件。
- 适配器:MouseAdapter。
- 需要重写的事件处理方法:mouseClicked(MouseEvent e)。

2) 创建事件适配器类,重写事件处理方法

根据以上分析,以内部类的方式创建事件适配器类,重写事件处理方法 mouseClicked(MouseEvent e)。当单击表格中的某一行的任意一列时,将该行的读者信息分别添加到界面中对应的组件中。

表格事件适配器类的具体代码如下:

```java
class TableListener extends MouseAdapter{
    public void mouseClicked(MouseEvent e){
        //变量 selRow 保存选中的行
        int selRow = jtable.getSelectedRow();
//通过 jtable.getValueAt(selRow,0)的方法获取选中行中的每一列,注意从 0
//开始
        IDJTF.setText(jtable.getValueAt(selRow,0).toString().
            trim());
    readertypeJCB.setSelectedItem(jtable.getValueAt(selRow,1).
        toString().trim());
        readerNameJTF.setText(jtable.getValueAt(selRow,2).toS-
            tring().trim());
        majorJTF.setText(jtable.getValueAt(selRow,3).toString().
            trim());
        // JRB1 为性别"男"的按钮;JRB2 为性别"女"的按钮
        if(jtable.getValueAt(selRow,4).toString().trim().equals
            ("男"))
            JRB1.setSelected(true);
        else
            JRB2.setSelected(true);
        phoneJTF.setText(jtable.getValueAt(selRow,5).toString().
            trim());
        deptJTF.setText(jtable.getValueAt(selRow,6).toString().
            trim());
```

```
        regJTF.setText(jtable.getValueAt(selRow,7).toString().
            trim());
    }
}
```

3）给事件源注册监听器

事件源为 jtable，注册监听器的方法为 addMouseListener(new TableListener())，其中，"new TableListener()" 为单击表格事件适配器类对象。

给事件源注册监听器的语句为：

```
jtable.addMouseListener(new TableListener());
```

4. 读者信息修改功能实现

选中要修改的读者并将其信息显示在对应的组件中之后，就可以对读者的信息进行修改了（注意：读者编号不允许修改）。数据更改之后，单击"修改"按钮，即可将修改的信息更新到读者信息表。

1）确定事件源、事件、监听器及需要重写的事件处理方法
- 事件源："修改"按钮 updateJB。
- 事件：ActionEvent 事件。
- 监听器：ActionListener。
- 需要重写的事件处理方法：actionPerformed(ActionEvent e)。

2）创建事件监听器类，重写事件处理方法

根据以上分析，以内部类的方式创建事件监听器类，重写事件处理方法 actionPerformed(ActionEvent e)，实现修改指定编号读者的信息的功能。

"修改"按钮事件监听器类的具体代码如下：

```
class ReaderUpdActionListener implements ActionListener{
    public void actionPerformed(final ActionEvent e){
        String id = IDJTF.getText().trim();
        String type = (String)readertypeJCB.getSelectedItem();
        String name = readerNameJTF.getText().trim();
        Integer major = Integer.parseInt(majorJTF.getText().trim());
        String gender = "男";
        if(!JRB1.isSelected()){
            gender = "女";
        }
        String phone = phoneJTF.getText().trim();
        String dept = deptJTF.getText().trim();
        String regdate = regJTF.getText().trim();
        //执行对读者信息表的修改
        int i = ReaderDao.updateReader(id,type,name,major,gender,
            phone,dept,regdate);
```

```
                System.out.println(i);
                if(i==1){
                    JOptionPane.showMessageDialog(null,"修改成功");
                    Object[][] results =getSelect(ReaderDao.selectReader());
                    jtable = new JTable(results,readersearch);
                    jscrollPane.setViewportView(jtable);
                    jtable.setAutoResizeMode(JTable.AUTO_RESIZE_OFF);
                }
            }
    }
```

3) 给事件源注册监听器

事件源为updateJB，注册监听器的方法为addActionListener(new ReaderUpdActionListener())，其中，"new ReaderUpdActionListener()"为"修改"按钮事件监听器类对象。

给事件源注册监听器的语句为：

```
updateJB.addActionListener(new ReaderUpdActionListener());
```

5. "关闭"按钮功能实现

在本任务中，单击"关闭"按钮，即可关闭"读者信息查询与修改"界面。具体实现与读者信息添加功能中的"关闭"按钮相似，请读者参考并自行完成。

实现"读者信息查询与修改"界面功能的完整程序代码如下（既包含界面又包含功能）：

【ReaderSelectandUpdate.java】

```
package com.bbm.view;
import java.awt.BorderLayout;
import java.awt.Dimension;
import java.awt.FlowLayout;
import java.awt.GridLayout;
import java.awt.event.ActionEvent;
import java.awt.event.ActionListener;
import java.awt.event.MouseAdapter;
import java.awt.event.MouseEvent;
import java.util.List;
import javax.swing.ButtonGroup;
import javax.swing.JButton;
import javax.swing.JComboBox;
import javax.swing.JFrame;
import javax.swing.JLabel;
import javax.swing.JOptionPane;
import javax.swing.JPanel;
```

```java
import javax.swing.JRadioButton;
import javax.swing.JScrollPane;
import javax.swing.JTable;
import javax.swing.JTextField;
import javax.swing.SwingConstants;
import javax.swing.border.EmptyBorder;
import com.bbm.db.ReaderDao;
import com.bbm.db.ReaderTypeDao;
import com.bbm.model.Reader;
import com.bbm.model.ReaderType;
public class ReaderSelectandUpdate extends JFrame{
//序列化。为了保持版本的兼容性,即在版本升级时反序列化,保持对象的唯一性
    private static final long serialVersionUID =1L;
    private JPanel selectJP,select_conditionJP,select_resultJP,
     genderJP,updateJP,buttonJP;
    private ButtonGroup buttonGroup = new ButtonGroup();
    private JLabel IDJL, typeJL, readerNameJL, genderJL, phoneJL,
     deptJL,majorJL,regJL;
    private JTextField select_conditionJTF, IDJTF, readerNameJTF,
     phoneJTF,deptJTF,majorJTF,regJTF;
    private JComboBox conditionJCB,readertypeJCB;
    private JScrollPane jscrollPane;
    private DefaultComboBoxModel readertypeModel;
    private JRadioButton JRB1,JRB2;
    private JTable jtable;
    private JButton selectJB,updateJB,closeJB;
    //存放读者信息表格的表头数据
    private String[] readersearch ={"读者编号","类型","姓名","专业","性别","电话","系部","注册日期"};
    private Object[][] getSelect(List<Reader> list){
      Object[][] results =new Object[list.size()][readersearch.length];
      for(int i =0;i < list.size();i ++){
          Reader reader =list.get(i);
          results[i][0] = reader.getReaderid();
          results[i][1] = reader.getTypename();
          results[i][2] = reader.getName();
          results[i][3] = reader.getMajor();
          results[i][4] = reader.getGender();
          results[i][5] = reader.getPhone();
```

```java
            results[i][6] = reader.getDept();
            results[i][7] = reader.getRegdate();
        }
    return results;
}
//构造方法
public ReaderSelectandUpdate(){
        setBounds(200,200,500,500);
        setTitle("读者信息查询与修改");
        //"读者信息查询"面板设计
        selectJP = new JPanel();
        selectJP.setLayout(new BorderLayout());
        //查询条件面板
        //查询条件下拉列表框
        select_conditionJP = new JPanel();
        conditionJCB = new JComboBox();
        String[] array = {"读者编号","姓名","类型","系部"};
        for(int i = 0;i < array.length;i ++){
            conditionJCB.addItem(array[i]);
        }
        select_conditionJP.add(conditionJCB);
        //查询条件文本框
        select_conditionJTF = new JTextField();
        select_conditionJTF.setColumns(20);
        select_conditionJP.add(select_conditionJTF);
        //查询条件按钮
        selectJB = new JButton();
        selectJB.setText("查询");
        selectJB.addActionListener(new SelectActionListener());
        select_conditionJP.add(selectJB);
        selectJP.add(select_conditionJP,BorderLayout.NORTH);
        //查询结果面板
        select_resultJP = new JPanel();
        jscrollPane = new JScrollPane();
        jscrollPane.setPreferredSize(new Dimension(400,200));
        Object[][] results = getSelect(ReaderDao.selectReader());
        jtable = new JTable(results,readersearch);
        jtable.setAutoResizeMode(JTable.AUTO_RESIZE_OFF);
        jtable.addMouseListener(new TableListener());
```

```java
jscrollPane.setViewportView(jtable);
select_resultJP.add(jscrollPane);
selectJP.add(select_resultJP,BorderLayout.CENTER);
//"读者信息修改"面板设计
updateJP = new JPanel();
updateJP.setBorder(new EmptyBorder(5,10,5,10));
GridLayout gridLayout = new GridLayout(4,4);
gridLayout.setVgap(10);
gridLayout.setHgap(10);
updateJP.setLayout(gridLayout);
IDJL = new JLabel("读者编号:");
IDJL.setHorizontalAlignment(SwingConstants.CENTER);
updateJP.add(IDJL);
IDJTF = new JTextField();
updateJP.add(IDJTF);
readerNameJL = new JLabel("姓名:");
readerNameJL.setHorizontalAlignment(SwingConstants.CENTER);
updateJP.add(readerNameJL);
readerNameJTF = new JTextField();
updateJP.add(readerNameJTF);
typeJL = new JLabel("类型:");
typeJL.setHorizontalAlignment(SwingConstants.CENTER);
updateJP.add(typeJL);
//下拉列表
readertypeJCB = new JComboBox();
//从数据库中读取读者类型
List<ReaderType> list = ReaderTypeDao.selectReaderType();
for(int i = 0;i < list.size();i ++){
    ReaderType rt = list.get(i);
    readertypeJCB.addItem(rt.getName());
}
updateJP.add(readertypeJCB);
genderJL = new JLabel("性别:");
genderJL.setHorizontalAlignment(SwingConstants.CENTER);
updateJP.add(genderJL);
genderJP = new JPanel();
final FlowLayout flowLayout = new FlowLayout();
flowLayout.setHgap(0);
flowLayout.setVgap(0);
```

```java
genderJP.setLayout(flowLayout);
updateJP.add(genderJP);
JRB1 = new JRadioButton();
genderJL.add(JRB1);
JRB1.setSelected(true);
buttonGroup.add(JRB1);
JRB1.setText("男");
JRB2 = new JRadioButton();
genderJL.add(JRB2);
buttonGroup.add(JRB2);
JRB2.setText("女");
majorJL = new JLabel("专业:");
majorJL.setHorizontalAlignment(SwingConstants.CENTER);
updateJP.add(majorJL);
majorJTF = new JTextField();
updateJP.add(majorJTF);
phoneJL = new JLabel("电话:");
phoneJL.setHorizontalAlignment(SwingConstants.CENTER);
updateJP.add(phoneJL);
phoneJTF = new JTextField();
updateJP.add(phoneJTF);
deptJL = new JLabel("系部:");
deptJL.setHorizontalAlignment(SwingConstants.CENTER);
updateJP.add(deptJL);
deptJTF = new JTextField();
updateJP.add(deptJTF);
regJL = new JLabel("注册日期:");
regJL.setHorizontalAlignment(SwingConstants.CENTER);
updateJP.add(regJL);
regJTF = new JTextField();
updateJP.add(regJTF);
//按钮面板设计
buttonJP = new JPanel();
updateJB = new JButton("修改");
updateJB.addActionListener(new ReaderUpdActionListener());
closeJB = new JButton("关闭");
closeJB.addActionListener(new CloseActionListener());
buttonJP.add(updateJB);
buttonJP.add(closeJB);
```

```java
        this.add(selectJP,BorderLayout.NORTH);
        this.add(updateJP,BorderLayout.CENTER);
        this.add(buttonJP,BorderLayout.SOUTH);
        this.setVisible(true);//设置该界面默认显示。否则,不显示
        setResizable(false);//取消最大化
    }
    //按条件查询读者
    class SelectActionListener implements ActionListener{
        public void actionPerformed(ActionEvent arg0){
            String condition =(String)conditionJCB.getSelectedItem();
            if(condition.equals("读者编号")){
                Object[][] results =getSelect(ReaderDao.selectReaderById
                    (select_conditionJTF.getText().trim()));
                    jtable = new JTable(results,readersearch);
                    jscrollPane.setViewportView(jtable);
                    jtable.setAutoResizeMode(JTable.AUTO_RESIZE_OFF);
                    jtable.addMouseListener(new TableListener());
            }else if(condition.equals("姓名")){
                Object[][] results =getSelect(ReaderDao.selec-
                    tR-eaderByCondition(select_conditionJTF.get-
                    Text().trim()));
                    jtable = new JTable(results,readersearch);
                    jscrollPane.setViewportView(jtable);
                    jtable.setAutoResizeMode(JTable.AUTO_RESIZE_OFF);
                    jtable.addMouseListener(new TableListener());
            }else if(condition.equals("类型")){
                Object[][] results =getSelect(ReaderDao.selec-
                    tReaderByType(select_conditionJTF.getText().
                    trim()));
                    jtable = new JTable(results,readersearch);
                    jscrollPane.setViewportView(jtable);
                    jtable.setAutoResizeMode(JTable.AUTO_RESIZE_OFF);
                    jtable.addMouseListener(new TableListener());
            }else if(condition.equals("系部")){
                Object[][] results =getSelect(ReaderDao.selec-
                    tReaderByDept(select_conditionJTF.getText().
                    trim()));
                    jtable = new JTable(results,readersearch);
                    jscrollPane.setViewportView(jtable);
```

```java
            jtable.setAutoResizeMode(JTable.AUTO_RESIZE_OFF);
            jtable.addMouseListener(new TableListener());
        }
    }
}
        //表格事件适配器类
        class TableListener extends MouseAdapter{
            public void mouseClicked(final MouseEvent e){
                int selRow = jtable.getSelectedRow();
                IDJTF.setText(jtable.getValueAt(selRow,0).toString().trim());
                readertypeJCB.setSelectedItem(jtable.getValueAt(selRow,1).
                 toString().trim());
                readerNameJTF.setText(jtable.getValueAt(selRow,2).toString().
                 trim());
                majorJTF.setText(jtable.getValueAt(selRow,3).toString().
                 trim());
                if(jtable.getValueAt(selRow,4).toString().trim().e-
                 quals("男"))
                    JRB1.setSelected(true);
                else
                    JRB2.setSelected(true);
                phoneJTF.setText(jtable.getValueAt(selRow,5).toString().
                 trim());
                deptJTF.setText(jtable.getValueAt(selRow,6).toString().
                 trim());
                regJTF.setText(jtable.getValueAt(selRow,7).toString().
                 trim());
            }
        }
        class ReaderUpdActionListener implements ActionListener{
            public void actionPerformed(final ActionEvent e){
                String id = IDJTF.getText().trim();
                String type = (String)readertypeJCB.getSelectedItem();
                String name = readerNameJTF.getText().trim();
                Integer major = Integer.parseInt(majorJTF.getText().trim());
                String gender = "男";
                if(!JRB1.isSelected()){
                    gender = "女";
                }
```

```
                String phone=phoneJTF.getText().trim();
                String dept=deptJTF.getText().trim();
                String regdate=regJTF.getText().trim();
            int i=ReaderDao.updateReader(id,type,name,major,gender,
        phone,dept,regdate);
                System.out.println(i);
                if(i==1){
                    JOptionPane.showMessageDialog(null,"修改成功");
                Object[][] results=getSelect(ReaderDao.selectReader());
                    //model.setDataVector(results,readersearch);
                    //jtable.setModel(model);
                    jtable=new JTable(results,readersearch);
                    jscrollPane.setViewportView(jtable);
                    jtable.setAutoResizeMode(JTable.AUTO_RESIZE_OFF);
                }
            }
        }
    //"关闭"按钮的事件监听器类
    class CloseActionListener implements ActionListener{
        public void actionPerformed(final ActionEvent e){
            setVisible(false);
        }
    }
    //主方法
    public static void main(String[] args){
        new ReaderSelectandUpdate();
    }
}
```

本任务中其他界面功能的实现方法类似,下面仅列出其他界面功能的实现步骤,请读者参照读者信息管理功能的实现过程,独立完成具体内容。(7.4.5~7.4.14节的代码空白有待读者自行补充填写,独立完成代码实现部分)

7.4.5 任务5:实现图书信息添加功能

"图书信息添加"界面如图7-22所示,主要实现添加图书的功能。录入图书的基本信息后,单击"添加"按钮,对录入的信息进行校验,如果数据满足要求,就将数据插入对应的图书信息表;否则,提示相应的出错信息。单击"重置"按钮,即可清空该图书的所有信息,重新录入。单击"关闭"按钮,则关闭"图书信息添加"界面。

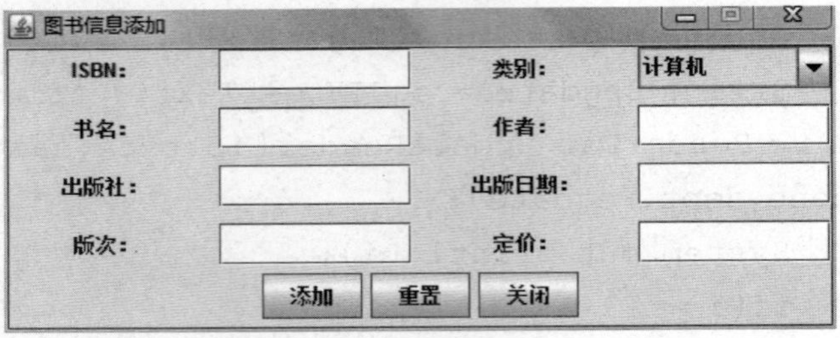

图 7-22 "图书信息添加"界面

1. "添加"按钮功能实现

单击"添加"按钮时，对用户输入的图书信息进行校验。要求"ISBN""书名""作者""出版社"及"定价"的文本框不能为空，且 ISBN 为 13 位。当所有信息填写正确之后，单击"添加"按钮，提示添加成功。同时，将新的图书信息插入图书信息表中。

1) 确定事件源、事件、监听器及需要重写的事件处理方法
- 事件源：
- 事件：
- 监听器：
- 需要重写的事件处理方法：

2) 创建事件监听器类，重写事件处理方法

根据以上分析，以内部类的方式创建事件监听器类，重写事件处理方法。

方法功能描述：

事件监听器类的具体代码：

3) 给事件源注册监听器

给事件源注册监听器的语句为：

2. "重置"按钮功能实现

单击"重置"按钮，就清空所有图书信息，允许用户重新录入。

1) 确定事件源、事件、监听器及需要重写的事件处理方法
- 事件源：
- 事件：

- 监听器：
- 需要重写的事件处理方法：

2）创建事件监听器类，重写事件处理方法

根据以上分析，以内部类的方式创建事件监听器类，重写事件处理方法。

事件监听器类的具体代码：

3）给事件源注册监听器

给事件源注册监听器的语句为：

3．"关闭"按钮功能实现

单击"关闭"按钮，关闭"图书信息添加"界面。请自行设计实现。

4．书号是否重复校验功能实现

待用户输入图书的 ISBN 后，当光标移走时，就判断该 ISBN 是否已经存在，如果存在，则提示"添加书号重复！"。

1）确定事件源、事件、适配器及需要重写的事件处理方法
- 事件源：
- 事件：
- 监听器（适配器）：
- 需要重写的事件处理方法：

2）创建事件适配器类，重写事件处理方法

根据以上分析，以内部类的方式创建事件监听器类，重写事件处理方法。

事件监听器类的具体代码：

3）给事件源注册监听器

给事件源注册监听器的语句为：

请读者自行完成完整的【BookAdd.java】程序（既包含界面又包含功能）。

7.4.6 任务6：实现图书信息查询与修改功能

打开"图书信息查询与修改"界面，可以对图书信息进行查询和修改。图 7 – 23 所示

为"图书信息查询"选项卡界面，默认显示当前系统的所有图书信息。该界面可以实现条件查询，包括根据 ISBN、书名、图书类别、作者、出版社进行检索，能对书名、图书类别、作者、出版社实现模糊查询。例如，查询书名中含有字母"l"的图书，运行结果中将"sql"和"oracle"两本书都检索出来。

图 7-23 "图书信息查询"选项卡界面

1. 显示全部图书信息功能实现

当运行"图书查询与修改"界面时，在图书信息查询中，表格部分直接显示出了系统当前的所有图书的相关信息。

//定义一维数组,作为表的表头

//将查询到的读者信息转换成二维对象数组

2. 按条件查询指定读者信息功能实现

在下拉列表中对查询条件（ISBN、书名、图书类别、作者、出版社）进行选择，然后单击"查询"按钮，进行检索指定要求的图书信息。其中，能对书名、图书类别、作者、出版社实现模糊查询。

1）确定事件源、事件、监听器及需要重写的事件处理方法
- 事件源：
- 事件：
- 监听器：
- 需要重写的事件处理方法：

2)创建事件监听器类,重写事件处理方法

根据以上分析,以内部类的方式创建事件监听器类,重写事件处理方法。在此方法中,每次查询之后,都需要更新表格中的数据。

事件监听器类的具体代码:

3)给事件源注册监听器

给事件源注册监听器的语句为:

3. "退出"按钮功能实现

单击"退出"按钮,关闭"图书信息查询与修改"界面。自行设计实现。

4. 根据输入的 ISBN 检索图书信息

用户在"图书信息修改"界面中,输入要修改图书的 ISBN 后按〈Enter〉键,则该书的相关信息自动出现在对应的组件中,然后可以进行修改。

1)确定事件源、事件、监听器及需要重写的事件处理方法
- 事件源:
- 事件:
- 监听器:
- 需要重写的事件处理方法:

2)创建事件监听器类,重写事件处理方法

根据以上分析,以内部类的方式创建事件监听器类,重写事件处理方法。

事件监听器类的具体代码:

3)给事件源注册监听器

给事件源注册监听器的语句为:

5. 图书信息修改功能实现

图 7-24 所示为"图书信息修改"选项卡界面,首先输入要修改图书的 ISBN,然后按〈Enter〉键,此时,该图书的其他信息将全部显示,用户可以修改其中的信息。修改结束

后，单击"修改"按钮，即可保存修改后的信息。

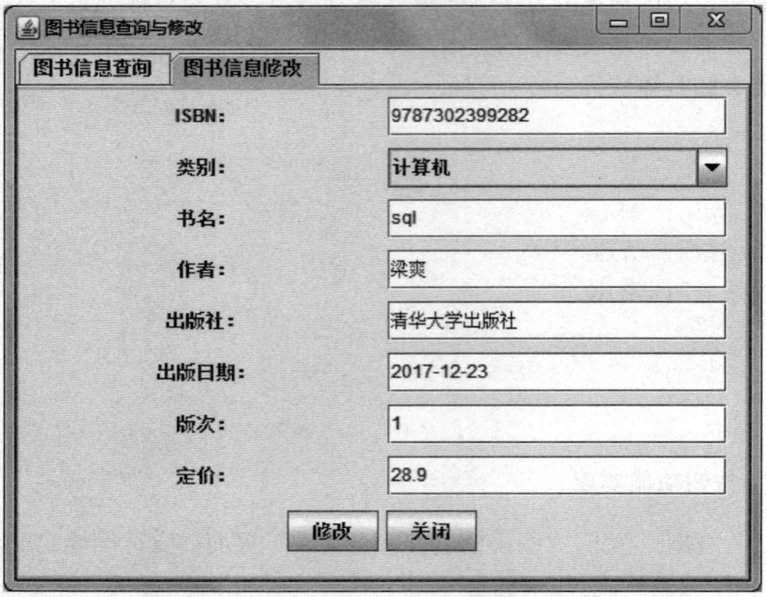

图 7-24 "图书信息修改"选项卡界面

1）确定事件源、事件、监听器及需要重写的事件处理方法
- 事件源：
- 事件：
- 监听器：
- 需要重写的事件处理方法：

2）创建事件监听器类，重写事件处理方法

根据以上分析，以内部类的方式创建事件监听器类，重写事件处理方法。

事件监听器类的具体代码：

3）给事件源注册监听器

给事件源注册监听器的语句为：

6. "关闭"按钮功能实现

单击"关闭"按钮，关闭"图书信息查询与修改"界面。自行设计完成。

请读者自行完成完整的【BookSelectandUpdate.java】程序（既包含界面又包含功能）。

7.4.7 任务7：实现图书借阅管理功能

在"图书借阅"界面输入读者编号，按〈Enter〉键，则其对应的读者姓名和类型信息自动显示，同时该读者的借书情况显示在中间的表格中，运行效果如图7-25所示。在该界面的下半部分，输入该读者要借阅的图书的 ISBN，按〈Enter〉键，图书的其他信息也都全部显示出来。其中，"当前日期"为系统当前时间，"操作人员"为当前登录系统的用户名，均自动显示。读者和图书的信息确定后，单击"借阅"按钮，即可进行借阅操作。

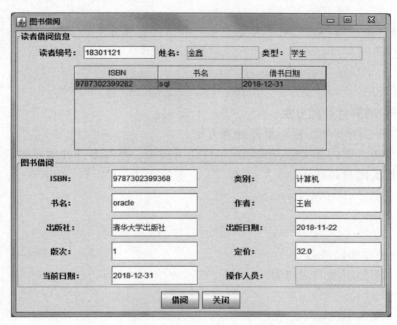

图7-25 "图书借阅"界面

1. 读者信息查询功能

输入读者编号后，按〈Enter〉键，读者的姓名、类型及其借书情况将自动显示在相应的组件中。

1）确定事件源、事件、监听器及需要重写的事件处理方法
- 事件源：
- 事件：
- 监听器：
- 需要重写的事件处理方法：

2）创建事件监听器类，重写事件处理方法

根据以上分析，以内部类的方式创建事件监听器类，重写事件处理方法。

事件监听器类的具体代码：

3）给事件源注册监听器

给事件源注册监听器的语句为：

2. 图书信息查询功能

输入要借阅图书的 ISBN，然后按〈Enter〉键，则图书的其他信息将显示在对应的组件中。

1）确定事件源、事件、监听器及需要重写的事件处理方法
- 事件源：
- 事件：
- 监听器：
- 需要重写的事件处理方法：

2）创建事件监听器类，重写事件处理方法

根据以上分析，以内部类的方式创建事件监听器类，重写事件处理方法。

事件监听器类的具体代码：

3）给事件源注册监听器

给事件源注册监听器的语句为：

3. "借阅"按钮功能

确定了读者和要借阅的图书后，单击"借阅"按钮，即可进行图书借阅操作，并将借阅图书的信息保存到图书借阅表。

1）确定事件源、事件、监听器及需要重写的事件处理方法
- 事件源：
- 事件：
- 监听器：
- 需要重写的事件处理方法：

2）创建事件监听器类，重写事件处理方法

根据以上分析，以内部类的方式创建事件监听器类，重写事件处理方法。

事件监听器类的具体代码：

3) 给事件源注册监听器

给事件源注册监听器的语句为：

4. "关闭"按钮功能

单击"关闭"按钮，关闭"图书借阅"界面。自行设计完成。

请读者自行完成完整的【BookBorrow.java】程序（既包含界面又包含功能）。
独立运行此程序时，可能会出现如下错误信息提示：

```
Exception in thread "main" java.lang.NullPointerException
    at com.bbm.view.BookBorrow.<init>(BookBorrow.java:179)
    at com.bbm.view.BookBorrow.main(BookBorrow.java:264)
```

出现此提示的原因：此界面中的"操作人员"的信息是自动提取的，其值为登录系统的用户的用户名，由于在独立运行时没有先运行登录界面，而直接运行此程序，因此"操作人员"的相关组件提取不到值，从而出现该错误提示。

正确的运行方式是按顺序运行，即"登录"→"图书借阅管理"→"图书借阅"。

7.4.8 任务8：实现图书归还功能

在"图书归还"界面，输入读者编号，按〈Enter〉键，其对应的读者姓名和类型信息自动显示，同时该读者的借书情况将显示在中间的表格中，运行效果如图7-26所示。单击表格中要归还的图书，界面下半部分的图书信息会自动显示。归还时，要统计是否有超期现

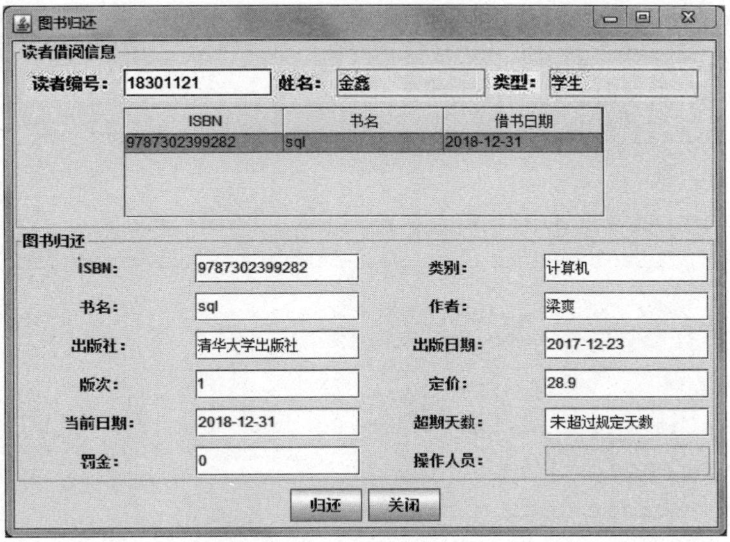

图7-26 "图书归还"界面

象，如果超期，则根据设置的罚金标准来计算罚金；如果未超期，则在超期天数中显示"没有超过规定天数"，对应罚金显示为0。单击"归还"按钮，出现"归还成功"提示框，单击其中的"确定"按钮后，则图7-26所示的读者借阅信息中将不再出现此书信息。

1. 读者信息查询功能

此功能与图书借阅管理功能中的读者信息查询功能一样，在此不再赘述。具体代码请读者自行完成。

2. 选择要归还的图书功能

在查询出来的借阅结果中，单击表格中的要归还的某一行图书信息（单击该图书所在行的任意一列即可），则该图书的信息将自动显示在下方的各图书信息组件中。

1）确定事件源、事件、适配器及需要重写的事件处理方法
- 事件源：
- 事件：
- 监听器（适配器）：
- 需要重写的事件处理方法：

2）创建事件适配器类，重写事件处理方法

根据以上分析，以内部类的方式创建事件监听器（适配器）类，重写事件处理方法。同时，计算超期天数和罚金。

下面仅列出计算超期天数和罚金的方法，

```
//设置超期天数值
// borrowday 代表借阅时间,returnday 代表归还时间
java.sql.Date borrowday,returnday;
borrowday = java.sql.Date.valueOf(jtable.getValueAt(selRow,2).toString().trim());
returnday = java.sql.Date.valueOf(returndate.getText().trim());
//计算归还日期减借阅日期所得微秒数
Long m_intervalday = returnday.getTime() - borrowday.getTime();
//计算所得的天数
Long borrowtime = m_intervalday/1000/60/60/24;
List<Reader> list1 = ReaderDao.selectReaderById(readeridJTF.getText().trim());
//limit 保存该读者能借阅的天数信息
int limit;
for(int i = 0;i < list1.size();i ++){
    Reader reader = list1.get(i);
    limit = reader.getLimit();
    if(borrowtime > limit){
        overlimitJTF.setText(String.valueOf(borrowtime));
```

```
            //用超期天数乘每天的罚金得到总罚金
            Double zfk = Double.valueOf(borrowtime) * FineSet.fine;
            fineJTF.setText(String.valueOf(zfk));
        }else{
            overlimitJTF.setText("未超过规定天数");
            fineJTF.setText("0");
        }
    }
```

3) 给事件源注册监听器

给事件源注册监听器的语句为：

3. 图书归还功能实现

在本功能中，单击"归还"按钮，即可将指定读者借阅的图书归还。

1) 确定事件源、事件、监听器及需要重写的事件处理方法
- 事件源：
- 事件：
- 监听器：
- 需要重写的事件处理方法：

2) 创建事件监听器类，重写事件处理方法

根据以上分析，以内部类的方式创建事件监听器类，重写事件处理方法。

事件监听器类的具体代码：

3) 给事件源注册监听器

给事件源注册监听器的语句为：

4. "关闭"按钮功能实现

单击"关闭"按钮，关闭"图书归还"界面。此功能与其他界面的"关闭"按钮功能类似，请读者自行完成。

请读者自行完整的【BookReturn.java】程序（既包含界面又包含功能）。

本程序与图书借阅程序都不能独立运行，在运行前也需要先获取到登录的用户名信息，

因此运行顺序为:"登录"→"图书借阅管理"→"图书归还"。

7.4.9 任务9:实现读者类型设置功能

在图书借阅系统的主界面单击"基础信息维护"菜单下的"读者类型设置"子菜单,出现图7-27所示的界面,该界面能实现读者类型的查询、添加、修改、删除的操作。该界面默认显示当前所有读者的类型信息,可以针对读者类型进行模糊查询。如果要添加读者类型,则在下面的文本框中输入相应的读者类型编号、读者类型名称、可借图书数量、可借图书期限信息,单击"添加"按钮即可实现。如果要修改现有的读者类型信息,则单击中间表格中要修改的读者类型,下面的文本框中会自动显示该读者类型的原有信息,即可修改除读者类型编号以外的其他信息。修改结束后,单击"修改"按钮即可保存。如果要删除某个读者类型,则单击表格中对应的类型,然后单击"删除"按钮即可。

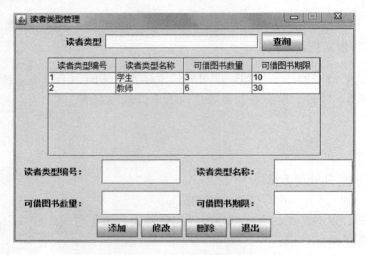

图7-27 "读者类型管理"界面

1. 自动显示所有读者类型信息

当运行"读者类型管理"界面时,表格将自动显示当前系统中所有的读者类型信息。此功能与7.4.4节中的显示全部读者信息类似,在此不再赘述。

2. 按读者类型查询

在读者类型中输入类型名称,然后单击"查询"按钮,实现按输入的名称来模糊查询的功能。

1)确定事件源、事件、监听器及需要重写的事件处理方法
- 事件源:
- 事件:
- 监听器:
- 需要重写的事件处理方法:

2)创建事件监听器类,重写事件处理方法

根据以上分析，以内部类的方式创建事件监听器类，重写事件处理方法。查询之后，应更新表格中的数据。

事件监听器类的具体代码：

3）给事件源注册监听器

给事件源注册监听器的语句为：

3. "添加"读者类型

单击"添加"按钮，即可将输入的读者类型编号、读者类型名称、可借图书数量及可借图书期限等信息添加到读者类型表。

1）确定事件源、事件、监听器及需要重写的事件处理方法
- 事件源：
- 事件：
- 监听器：
- 需要重写的事件处理方法：

2）创建事件监听器类，重写事件处理方法

根据以上分析，以内部类的方式创建事件监听器类，重写事件处理方法。

事件监听器类的具体代码：

3）给事件源注册监听器

给事件源注册监听器的语句为：

4. 给表格添加监听器

当单击表格中某一行的任意一列时，该读者类型的信息会自动显示在下面对应的文本框中。

1）确定事件源、事件、适配器及需要重写的事件处理方法
- 事件源：
- 事件：
- 监听器：

- 需要重写的事件处理方法：

2）创建事件适配器类，重写事件处理方法

根据以上分析，以内部类的方式创建事件监听器（适配器）类，重写事件处理方法。

事件监听器类的具体代码：

3）给事件源注册监听器

给事件源注册监听器的语句为：

5."修改"读者类型

选中表格中要修改的读者类型（即单击表格中某一行的任意一列），则该读者类型的信息会自动显示在下面对应的文本框中，然后就可以修改类型编号以外的其他信息。修改结束后，单击"修改"按钮，即可保存更新的信息。

1）确定事件源、事件、监听器及需要重写的事件处理方法
- 事件源：
- 事件：
- 监听器：
- 需要重写的事件处理方法：

2）创建事件监听器类，重写事件处理方法

根据以上分析，以内部类的方式创建事件监听器类，重写事件处理方法。

事件监听器类的具体代码：

3）给事件源注册监听器

给事件源注册监听器的语句为：

6."删除"读者类型

选中表格中要删除的读者类型，然后单击"删除"按钮即可进行删除操作。

1）确定事件源、事件、监听器及需要重写的事件处理方法
- 事件源：
- 事件：

- 监听器：
- 需要重写的事件处理方法：

2）创建事件监听器类，重写事件处理方法

根据以上分析，以内部类的方式创建事件监听器类，重写事件处理方法。

事件监听器类的具体代码：

3）给事件源注册监听器

给事件源注册监听器的语句为：

7. "退出"按钮功能实现

单击"退出"按钮，即可关闭"读者类型管理"界面。该功能与"读者信息查询与修改"中"关闭"按钮的功能类似，在此不再赘述，请读者自行完成。

请读者自行完成完整的【ReaderTypeManage.java】程序（既包含界面又包含功能）。

7.4.10 任务10：实现图书类别设置功能

单击"基础信息维护"菜单下的"图书类别设置"子菜单，出现图7－28所示的界面，该界面需要实现图书类别的查询、添加、修改、删除操作。具体操作与实现与"读者类型设置"类似，在此不再赘述，请读者自行完成。

图7－28 "图书类别管理"界面

7.4.11 任务11：实现修改密码功能

修改密码功能，默认只能修改当前用户的密码，如图7-29所示。其中，"用户名"为当前登录系统的用户名称。首先，输入原密码；然后，输入新密码，并确认新密码；单击"确认"按钮后，即可实现对密码的修改。

根据功能的要求，程序应为"确认"按钮添加事件监听。在此监听中，要校验用户输入的新密码和确认的新密码是否一致。如果一致，则修改成功；否则，提示出错信息。此外，还要为"取消"按钮添加事件监听，实现关闭"修改密码"界面。

图7-29 "修改密码"界面

其中，判断用户输入的新密码和确认新密码是否一致的代码，可写成以下语句：

```
String pwd1 = newpwd1JPF.getPassword().toString().trim();
String pwd2 = newpwd2JPF.getPassword().toString().trim();
```

然后，判断用户输入的新密码和确认的新密码是否一致。若一致，则修改密码；否则，不允许修改。判断代码如下：

```
if(pwd1.equals(pwd2)){
    int i = UserDao.updateUserPWD(id,pwd2);
    if(i==1){
        JOptionPane.showMessageDialog(null,"修改成功");
        //更新表中数据
        UpdatePWD.this.setVisible(false);
    }
}else{
    JOptionPane.showMessageDialog(null,"新密码与确认密码不一致,请重新输入!");
    newpwd1JPF.setText(null);
    newpwd2JPF.setText(null);
}
```

通过上述程序修改完密码后，用修改后的密码登录，却登录不成功。其原因是新修改的密码通过密码框存进数据库的是加密之后的密码，并不是修改的真实数据。因此，需要通过以下语句来获取密码框中的真实文本内容来进行存储。

```
String pwd1 = String.valueOf(newpwd1JPF.getPassword());
String pwd2 = String.valueOf(newpwd2JPF.getPassword());
```

再次修改密码，即可正常登录。

【注意】

运行此程序时，由于用户名是只有运行登录界面才能得到的，因此要按照顺序执行：

"登录"→"用户管理"→"修改密码"。

7.4.12 任务 12：实现用户添加功能

图 7-30 "添加用户"界面

在主界面单击"用户管理"菜单下的"用户添加"子菜单，出现图 7-30 所示的界面。输入添加的用户名及密码，单击"添加"按钮即可实现此功能。

根据功能的要求，程序需要为"添加"按钮添加事件监听，才能实现添加用户的功能；为"取消"按钮添加事件监听，才能实现关闭"添加用户"界面。添加用户完成后，可以用新添加的用户登录。此程序请读者自行完成。

7.4.13 任务 13：实现用户删除功能

在主界面单击"用户管理"菜单下的"用户删除"子菜单，出现图 7-31 所示的界面。该界面默认显示的是当前系统的所有用户信息。如果要删除某用户，则单击该用户所在行的任意一列，然后单击"删除"按钮，即可将该用户删除。

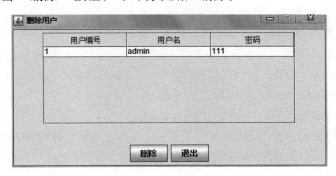

图 7-31 "删除用户"界面

根据功能的要求，程序需要为"删除"按钮添加事件监听，才能实现删除用户的功能；为"退出"按钮添加事件监听，才能实现关闭"删除用户"界面。此程序请读者自行完成。

7.5 本项目实施过程中可能出现的问题

1. 日期时间值的处理

在 Java 中要处理日期时间型数据，有以下两个类可以使用：
- java.util.Date：在除了 SQL 语句的情况下使用。
- java.sql.Date：针对 SQL 语句使用，它只包含日期而没有时间部分。

它们都采用 getTime 方法返回毫秒数，可以直接构建。java.util.Date 是 java.sql.Date 的父类，前者是表示时间的类，通常在格式化（或获取当前时间）时用它。它们之间可以互相转换：

- java.sql.Date 转换为 java.util.Date：

java.sql.Date date=new java.sql.Date();
java.util.Date d=new java.util.Date(date.getTime());
- java.util.Date 转换为 java.sql.Date：

java.util.Date utilDate=new Date();
java.sql.Date sqlDate=new java.sql.Date(utilDate.getTime());

2. 文本框与密码框

文本框（JTextField）处理的是普通文本域；密码框（JPasswordField）处理的是密码文本域。

JTextField 的 getText() 是从 JTextComponent 类中继承而来的，返回 String 类型。当取得的值为空值时，(equals(""))返回 true。

JPasswordField 的 getPassword() 返回 char[] 数组类型。由于 char[] 类型的 equals 方法来自最原始的 Object 类，其相当于 "=="（比较两者的地址是否一致，即指向的内存是否相同），所以永远不会相等。因此，对于数组类型，不能用 equals 方法来比较，而是先把 char[] 类型转换为 String 类型（因为 String 类型的 equals 被 String 类重写过，表示对比两者的内容是否相等），再用 equals 方法比较。

char[] 数组转换成 String 类型有以下两种方法：

1) nameTextField.getPassword().toString()

输出此信息，发现类似 "[C@35ce36" 的密码不能提取出来真实值，因为这里调用的还是 Object 的 toString 方法，它的值遵循公式 "getClass().getName()+'@'+Integer.toHexString(hashCode())"。所以该方法不行。

2) String.valueOf(nameTextField.getPassword())

该方法能真实地返回文本框中输入的字符串。此方法用于修改用户密码和添加用户功能。如果不使用此方法，新的密码将无法用于登录。

3. 字符串比较

进行字符串比较时，不能用 "==" 代替 ".equals("")"。前者表示比较两者地址是否相等，后者表示比较两者内容是否相等。

4. 修改密码等界面运行错误的处理

在独立运行图书借阅、图书归还、修改密码等界面的程序时，会出现错误，因为这些界面中都需要用到登录用户的信息。因此，应先登录，再按顺序执行相应的功能。

7.6 后续项目

本项目到此，已完成全部核心功能，读者可以根据所学的内容进行功能扩充。例如，本项目中仅实现了读者信息和图书信息的添加、查询和修改功能，没有实现其删除的功能。根据本章的内容，读者可以自行完成。

参 考 文 献

[1] 王岩. Java 程序设计 [M]. 北京：清华大学出版社，2015.
[2] 田丹. SQL Server 2008 数据库应用技术（项目教学版）[M]. 北京：清华大学出版社，2018.
[3] 杨玥. C#程序设计 [M]. 北京：北京理工大学出版社，2018.